| 现代安全技术管理系列丛书 |

建筑消防安全评估技术与方法

苗金明 编著

清华大学出版社
北 京

内 容 简 介

本书以国内外典型建筑火灾事故的成因及教训为切入点，在简要阐述消防安全评估基本概念、类别、原则、程序、内容等基础上，对当前常用的消防安全现状评估技术与方法、建筑性能化防火设计评估技术与方法进行系统性总结、归纳和应用分析。借助作者及他人实施具体消防安全评估项目的工作实践，提供了丰富的消防安全评估项目案例。通过对比可明确不同类别的消防安全评估之间在目的、适用范围、程序、方法、结果等方面的相同点和存在的差异以及各自所发挥的不同作用。在总结建筑消防安全评估技术与方法的实际运用情况的同时，展望建筑消防安全评估的前景和未来发展方向。

本书既可作为消防工程技术人员、消防安全管理人员、建筑防火设计人员、安全生产工作人员等专业技术人员从事相关专业工作的参考书和工具书，也可作为大专院校师生、研究人员及自学者、培训机构的教学参考书和培训教材。

图书在版编目(CIP)数据

建筑消防安全评估技术与方法/苗金明编著. —北京：清华大学出版社，2018 (2023.9 重印)
(现代安全技术管理系列丛书)
ISBN 978-7-302-50226-5

Ⅰ. ①建… Ⅱ. ①苗… Ⅲ. ①建筑物—消防—安全评价—评估方法 Ⅳ. ①TU998.1

中国版本图书馆 CIP 数据核字(2018)第 111899 号

责任编辑：田 梅
封面设计：傅瑞学
责任校对：刘 静
责任印制：丛怀宇

出版发行：清华大学出版社
网 址：http://www.tup.com.cn，http://www.wqbook.com
地 址：北京清华大学学研大厦 A 座 **邮 编：**100084
社 总 机：010-83470000 **邮 购：**010-62786544
投稿与读者服务：010-62776969，c-service@tup.tsinghua.edu.cn
质量反馈：010-62772015，zhiliang@tup.tsinghua.edu.cn
印 装 者：三河市龙大印装有限公司
经 销：全国新华书店
开 本：185mm×260mm **印 张：**14.5 **字 数：**331 千字
版 次：2018 年 11 月第 1 版 **印 次：**2023 年 9 月第 5 次印刷
定 价：39.00 元

产品编号：068514-01

FOREWORD

前言

随着我国经济社会的快速发展,我国的综合国力显著增强,对各式各样建筑的需求日趋增加。高大、造型奇特的建筑物在全国各地越来越多,高层及超高层建筑急剧增多,建筑高度不断攀升,体量跨度越来越大,功能更趋多元化。火灾是建筑物需要重点防范的主要灾害之一,特别是一些高层大型城市综合体,经营业态多、人员密集,消防安全问题突出,大火防范和扑救难度极大。

我国城市人口数量剧增、高层建筑林立、地下空间纵横交错、交通车辆密布、燃气管线密集等问题日显突出,致使传统性和非传统性火灾因素不断增加。这些因素决定了城市的火灾风险将不断增大,发生重大火灾事故的风险迅速增加,对城市经济与社会可持续发展的影响越来越大。近几年,我国建筑重特大火灾事故时有发生,不仅给人民的生命财产造成巨大损失,而且给经济建设和社会稳定造成严重危害。如何有效地防范和遏制建筑火灾的发生,最大限度地减少火灾造成的人员伤亡和财产损失,已经成为城市公共安全面临的迫切课题之一。

人们常有这样一种误解,只要达到规范要求、检查合格就不会发生火灾,这就易使人们思想懈怠、意识麻痹。而事实证明,火灾的发生常出乎人们意料。可见传统的消防监督机制局限性很大。消防安全评估即是对消防安全状况进行评估,对各类安全因素参照现行消防法律、法规,运用火灾安全工程学原理进行定性或定量的评价分析,得出全面的具有科学性、系统性和时效性的量化结果。消防安全评估作为一个动态过程,能反映消防安全现状及当前状况下事故结果的预测,反映相对安全与绝对危险的关系,为有针对性地确定科学的火灾事故风险防范及控制措施提供依据。因此,研究建筑火灾风险评估方法,采用以火灾性能为基础的人性化防火措施,并逐步制定相应的性能化防火规范,使火灾安全目标、火灾损失目标和设计目标良好结合,实现火灾防治的科学性、有效性和经济性的统一,对城市安全及社会稳定具有重大现实意义。

本书以国内外典型建筑火灾事故的成因及教训为切入点,在简要阐述消防安全评估基本概念、类别、原则、程序、内容的基础上,对当前常用的消防安全现状评估技术与方法、建筑性能化防火设计评估技术与方法进行系统性总结、归纳和应用分析,并列举了各类消防安全评估方法的实际应用案例;通过总结建筑消防安全评估技术与方法的实际运用情况,展望了建筑消防安全评估的前景和未来发展方向。

为研究和总结建筑消防安全评估技术及方法，书中参考、引用和吸收了许多专家、学者的研究成果与著作论文的内容（见本书参考文献），作者高度尊重他们的创造性工作成果，并在此向他们表示诚挚的感谢。鉴于建筑消防安全评估工作的系统性、科学性与时效性等特点，再加上作者才疏学浅，书中内容难免存在粗糙、纰漏、不足，甚至错误，敬请广大读者批评指正。

编著者

2018 年 6 月

CONTENTS

目录

CHAPTER 1

第一章

火灾风险评估发展现状与存在的问题

第一节　建筑火灾事故的原因、经验教训及最新特点

一、世界五大著名重特大建筑火灾事故

（一）美国米高梅酒店火灾

1. 基本情况

米高梅酒店投资1亿美元，于1973年建成，同年12月营业。该酒店大楼为26层，占地面积3 000m²，客房2 076套，拥有4 600m²的大赌场，有1 200个座位的剧场，有可供11 000人同时就餐的80个餐厅以及百货商场等。旅馆设施豪华、装饰精致，是一个富丽堂皇的现代化旅馆。

2. 起火经过和扑救情况

1980年11月21日上午7时10分左右，“戴丽”餐厅（与一楼赌场邻接）发生火灾，使用水枪扑救，未能成功。由于餐厅内有大量可燃塑料、纸制品和装饰品等，火势迅速蔓延，不久餐厅变成火海。因未设置防火分隔，火势很快发展到邻接的赌场。7时25分，整个赌场也变成火海。着火后，酒店内空调系统没有关闭，烟气通过空调管道到处扩散。火和烟气通过楼梯井、电梯井和各种竖向孔洞及缝隙向上蔓延。在很短时间内，烟雾充满了整个酒店大楼。发生火灾时，酒店内有5 000余人。由于没有报警，客房没有及时发现火灾。许多人闻到焦臭味，见到浓烟或听到敲门声、玻璃破碎声和直升飞机声后才知道酒店发生了火灾。一部分人员被

及时疏散出大楼，另一部分人员被困在楼内，许多人穿着睡衣，带着财物涌向楼顶，等待直升飞机营救。有些旅客因楼梯间门反锁，进入死胡同而丧命。消防队7时15分接警后，调集了500余名消防队员投入灭火和营救，经两个多小时扑救，才将大火扑灭。在清理火场时发现，84名遇难者大部分是因烟气中毒而窒息死亡。

3. 火灾损失

此次火灾造成4 600m^{2}的大赌场室内装饰、用具和"戴丽"餐厅以及许多公共房间的装饰、家具等财物大部分被烧毁，死亡84人，受伤679人。

4. 火灾原因

由吊顶上部空间的电线短路引起，发现之前已隐燃了数小时。

5. 主要经验教训

室内装修、陈设均为木质、纸质及塑料制品（壁纸、地毯），不仅加大了火灾荷载，而且燃烧速度很快，产生了大量有毒气体，加之火灾时没有关闭空调设备，有毒烟气经空调系统迅速吹到各个房间。

大楼未采取防火分隔措施，甚至4 600m^{2}的大赌场也没有采取任何防火分隔和挡烟措施。防火墙上开了许多大孔洞，穿过楼板的各种管道缝隙也未堵塞。电梯和楼梯井也没有防火分隔，因而给火灾蔓延形成了条件，烟火通过这些竖井迅速向上蔓延，使得在很短时间内，浓烟笼罩整个大楼，浓烟烈焰翻滚冲上，高出大楼顶约150m。

大楼内的消防设施很不完善，仅安装了手动火灾报警装置和消火栓给水系统，只有赌场、地下室、26层安装了自动喷水灭火设备。起火部位的"戴丽"餐厅没有安装自动喷水灭火设备，烧损最为严重；拥有1 200个座位的剧场也没有设置消火栓系统；死亡人数最多的20～25层均未安装自动喷水灭火设备，这些都是非常沉痛的经验教训。

（二）巴西焦玛大厦火灾

1. 基本情况

焦玛大厦于1973年建成，地上25层、地下1层，首层和地下1层是办公档案及文件储存室，2～10层是汽车库，11～25层是办公用房，标准层面积585m^2，楼内设有1座楼梯和4台电梯，全部敞开布置在走道两边。建筑主体是钢筋混凝土结构，隔墙和房间吊顶使用的是木材、铝合金门窗，办公室设窗式空调器，铺地毯。

2. 起火经过和扑救情况

1974年2月1日上午8时50分，第12层北侧办公室的窗式空调器起火，窗帘引燃房间吊顶和隔墙，房间在十多分钟就达到轰燃。9时10分消防队到达现场时，火焰已窜出窗外沿外墙向上蔓延，起火楼层的火势在水平方向传播开来。烟、火充满了唯一的开敞楼梯间，并使上部各楼层燃烧起来。外墙上的火焰也逐层向上蔓延。消防队到达现场后仅半个小时，大火就烧到25层。虽然消防局出动了大批登高车、水泵车和其他救险车辆，但消防队员无法到达起火层进行扑救。10时30分，12～25层的可燃物烧尽之后，火势才开始减弱。

3. 火灾损失

此次火灾造成179人死亡，300人受伤，经济损失300余万美元。

4. 火灾原因

由空调器电线短路引起。

5. 主要经验教训

焦玛大厦火灾造成惨重人员伤亡的一个主要原因，是由于这座总高度约70m、集办公和车库于一体的综合性高层建筑，从标准层平面看，楼梯和电梯敞开在连接东、西两部分的走道上，这是极其错误的。根据高层建筑的火灾规律，楼梯间的作用是保证起火层及起火层以上人员疏散的安全，阻止起火层的烟火向其他楼层传播。为此，设计时要采取技术措施，使之成为防烟楼梯间。

焦玛大厦火灾失去控制的重要原因，在于消防队员无法到达起火层进行火灾扑救。因为在建筑设计中没有设置火灾时能保证消防队员迅速到达起火层的消防电梯。消防电梯可保证发生火灾情况下正常运行而不受到火灾的威胁，电梯厅门外有一个可阻止烟火侵袭的安全地区，即前室，并以此为据点可开展火灾扑救。由于设计时没有这样考虑，消防队员到达现场后，只能望火兴叹。

焦玛大厦虽然是钢筋混凝土结构的高层建筑，但隔墙和室内吊顶使用的木材是可燃物。当初期火灾不能及时扑灭，可燃材料容易失去控制而酿成大灾，可见选材不当所造成的严重后果。这是建筑设计中应该认真吸取的经验教训。

火灾时因消防设备不足，缺少消防水源，导致火灾蔓延扩大。焦玛大厦未设自动和手动火灾报警装置、自动喷水灭火设备，无火灾事故照明和疏散指示标志，虽然设有消火栓给水系统，但未设消防水泵，也无消防水泵接合器。

（三）中国江西南昌市万寿宫商城火灾

1. 基本情况

南昌市万寿宫位于南昌市最繁华的商业街胜利路和中山路交会处。该建筑外形仿宋代，古今合璧，集娱乐、商业、办公和居民住宅于一体。商城占地17 400m²，总建筑面积100 000m²，其中商业区50 000m²，共分6个区，区内容纳了3 000多户国营、集体、个体经营者，是江西省最大的室内小商品批发市场。

2. 起火经过和扑救情况

1993年5月13日21时30分，万寿宫商城二区二楼发生火灾。商城内居民发现火情后，只顾抢救财物，没有及时报警。直至22时07分南昌市消防支队才接到报警，此时大火已燃烧了近半个小时，南昌市14个消防中队的25辆消防车和消防人员立即赶到火场灭火。由于火场面积大，22时20分火场调动6个企业专职消防队的9辆消防车增援。在火场指挥员的统一指挥下，在全力阻截火势蔓延的同时，迅速疏散被困群众，终于使350余名被困居民顺利脱险，无一伤亡。5月14日8时30分，经过长达11小时的奋战，大火被扑灭。

3. 火灾损失

这起火灾烧毁(损)、倒塌房屋面积 12 647m^2,造成 123 户的 603 位居民和 209 个集体、个体商业户受灾,568 个摊位和部分机电设备被烧毁,直接经济损失 586 万元,间接经济损失 261 万元。

4. 火灾原因

由电线短路所致。

5. 主要经验教训

商城建设没有严格执行国家的有关建筑防火设计规范要求。商城从规划、设计、施工到竣工投入使用均没有报经公安消防监督部门审核、验收。商城属高层民用建筑,但设计却按多层建筑设计,造成商城消防安全“先天不足”,火险隐患严重。

消防安全管理混乱,从业人员防火意识、安全意识差。一是商城内部消防安全管理工作处于瘫痪状态。商城竣工后,南昌市工商行政管理局于 1992 年 4 月成立“南昌市万寿宫商城工商市场管理处”,但该管理处没有按照“谁主管、谁负责”的原则把消防安全工作列入重要日程,没有配备专(兼)职防火人员,更没有落实领导负责的逐级防火责任制以及其他消防安全管理措施和制度;另外,商城管理处没有与各租赁经营单位签定消防安全责任书,致使消防安全工作责任不清,各自为政,相互推诿、扯皮。二是没有按要求配置灭火器材,也没有在醒目处张贴、悬挂、书写防火警句或防火标语提醒人们注意防火,整个营业大厅内无一块安全疏散标志牌。

消防装备落后,远远适应不了灭火救灾的需要。南昌市区仅有消防执勤车 19 辆(其中曲臂登高车仅一辆),四县和湾里区共 10 辆,其中 3 辆已报停维修;火场破拆工具、空气呼吸器、防火隔热服等装备严重不足;通信器材量少、质差,形成不了火场通信网络,很难适应扑救大型、特殊火灾的需要。

(四) 中国辽宁中日合资大连 JMS 医疗器具有限公司火灾

1. 基本情况

辽宁中日合资大连 JMS 医疗器具有限公司是大连医疗器械厂、大连理工大学和日本医用品供应株式会社共同合资创办的企业,总投资额为 1 000 万美元。公司 1988 年月开始建设,1990 年 4 月竣工投产,主要生产一次性输液器、输血器、注射器等,整个生产过程都是在无菌条件下进行的,主要生产线设备重点部位的自动化、标准化程度较高。

2. 起火经过和扑救情况

1993 年 7 月 5 日 1 时 10 分,化成车间两名当班工人同时闻到焦糊味,立即检查自己操作的注塑机,没发现问题。此时两人发现车间东侧门缝向室内窜黑烟,打开门一看,门外走廊北侧的半成品库房内有浓烟和火苗,两人即用灭火器灭火,同时报警。大连经济技术开发区消防大队 1 时 29 分接到报警,迅速出动 3 辆消防车前往火场,由于车间面积大,四周无窗,有毒气体浓度大,难以排出,给火灾的扑救带来较大困难。市消防支队闻讯后,又先后调集了公安、企业消防队的 13 辆消防车参加扑救,于 6 时许将大火扑灭。

3. 火灾损失

此次火灾烧毁了部分生产原料、半成品、成品和无菌包装箱、塑料包装袋、空调设备、内部装修，750m^2 的建筑被彻底烧毁，还使 5 300 多平方米的建筑因过烟而受到严重污染，直接经济损失 1 364 万元，间接经济损失 727.5 万元。

4. 火灾原因

由日光灯电源线接触镇流器，长时间在镇流器的温度作用下，电源线绝缘逐渐老化造成短路所致。

5. 主要经验教训

在建筑设计、施工中，设计单位和建设单位未执行有关消防技术规范和标准。按国家对洁净厂房、库房的防火要求，该公司库房和车间应设自动喷淋灭火设备、自动报警设施以及排烟设施，而该公司均未按要求设置。自动报警设备发生故障后，该公司不是积极修复，而是关掉电源，致使报警系统处于停止工作状态达一年多，未能在这起火灾中及时准确地报警，使小火酿成大灾。对公安消防监督机构提出的建审意见没有认真落实。对公司厂房进行防火审核时，当地公安消防部门曾对建筑的防火分区、防火隔断、空调系统防火设计、安全疏散、消防车通道等提出防火要求，但该公司一项也没有落实，拒绝消防监督机构检查验收。工程竣工后，该公司不仅没有主动报请消防监督机构进行验收，还以无菌车间非生产人员不得进入为由，将消防人员拒之门外，拒绝消防检查。平时消防监督人员和消防中队指战员到该车间进行防火检查和实施演练时，该公司也以此为由加以阻止，致使消防人员对车间的内部情况和布局均不熟悉。

（五）中国新疆克拉玛依市友谊馆火灾

1. 基本情况

友谊馆位于新疆克拉玛依市人民公园南侧，始建于 1958 年，1991 年重新装修投入使用。1994 年 12 月 8 日下午由市教委组织在友谊馆举办专场文艺汇报演出。该市 7 所中学、8 所小学共 15 个规范班及部分教师、有关领导共计 796 人到会。友谊馆正门和南北两侧共有 7 个安全疏散门，火灾发生时仅有 1 道正门开启。南北两侧的安全疏散门加装了防盗推拉门并上锁，观众厅通向过厅的 6 道过渡门也有 2 道上锁。

2. 起火经过和扑救情况

1994 年 12 月 8 日 18 时 20 分，文艺演出进行到第二个节目时，台上演员和台下许多人看到舞台正中偏后上方掉火星。由于舞台空间大，舞台用品都是高分子化纤织物，因此，火灾一开始便迅速形成立体燃烧，火场温度迅速升高，并伴随大量有毒气体产生。现场灯光因火烧短路而全部熄灭，在场的 7～15 岁中、小学生及其他人员因安全疏散门封闭而来不及疏散，短时间内中毒窒息，造成大量人员伤亡。新疆石油管理局消防支队 18 时 25 分接警，立即出动 3 辆消防车 3 分钟后赶到火场，此时建筑门窗等处冒出大量浓黑、刺鼻烟雾，疏散门除一道正门外，其他 6 道门全部关闭，消防人员奋力破拆门、窗，想方设法抢救人员，同时消防支队又调集 3 个中队 6 辆消防车赶到现场增援，120 余名官兵、11 辆消防车、6 辆指挥车、供水车分别从西、北、南 3 个方向展开救火，抢救伤亡人员 260 余人。19 时 10 分，大火基本扑灭。

3. 火灾损失

此次火灾烧毁了观众厅内装修及灯火、音响设备，烧伤 130 人，烧死 323 人，直接经济损失 210.9 万元。

4. 火灾原因

由于舞台正中偏后北侧上方倒数第二道光柱灯(1 000W)与纱幕距离过近，高温灯具烤燃纱幕。

5. 主要经验教训

安全疏散门上锁关闭，致使在火灾发生时人员疏散中发生拥挤堵塞，来不及逃生，造成大量伤亡；室内装饰、装修、舞台用品大量采用易燃、可燃高分子材料，火灾时产生大量有毒、可燃气体，使现场人员短时间内中毒窒息，丧失逃生能力；火灾初起时处置不当。舞台上方纱幕着火时，馆内工作人员无人在场，现场人员惊慌失措，组织活动的单位也不能及时有效地组织人员疏散；严重违反安全规定，在过厅内堆放杂物，安装、使用电气设备不符合防火规定，对连续发生的电气设备故障、舞台幕布被烤燃等火险未采取任何整改措施，对当地消防部门下发的《防火检查登记表》置之不理；管理松懈，未建立防火安全责任制度。友谊馆改建未经消防部门审核和竣工验收就投付使用。主管单位、友谊馆领导官僚主义严重，明知友谊馆多次发生火险和消防安全存在重大不安全因素，仍不思整改，无人问津。

二、2004 年后国内外发生的典型重特大建筑火灾事故

(一) 2004 年吉林省吉林市"2·15"中百商厦特大火灾

1. 基本情况

吉林市中百商厦位于吉林市船营区长春路 53 号。该商厦建筑设计共四层(因一层架高 6m，中间建有钢结构回廊，设有摊位，人们日常称其为五层)，一、二层(含回廊)为商场，主要经营食品、日杂、五金、家电、钟表、鞋帽、文体用品、化妆品、箱包、针织、服装、布匹、床上用品、工艺品、小百货等；三层为浴池，四层为舞厅和台球厅(其中舞厅 886.05m^2，可容纳 240 人；台球厅 100m^2，可容纳 30 人)。火灾发生时，商厦一、二层有从业人员和顾客 350 余人，三层有浴池工作人员及顾客约 30 人，四层有舞厅工作人员及顾客 60 余人，台球厅工作人员及顾客近 10 人，总计 450 余人。

2. 火灾发生及扑救经过

2004 年 2 月 15 日 11 时许，中百商厦北侧锅炉房锅炉工李铁男(别名李铁成)发现毗邻的中百商厦搭建的 3 号库房向外冒烟，于是便找来该库房的租用人——中百商厦伟业电器行业主焦淑贤的雇工于洪新用钥匙打开门锁，发现仓库着火。他们边用铁锹铲雪边

喊人从商场几个楼层里取来干粉灭火器扑救，未能控制火势。火灾突破该库房与商厦之间的窗户蔓延到营业厅。此时营业厅内人员只顾救火和逃生，没有人向消防队报警。

3. 火灾损失

此次火灾共造成 54 人死亡(男 28 人、女 26 人)，其中烧死 3 人，窒息死亡 42 人；坠楼死亡 9 人；70 人受伤(男性 34 人，女性 36 人)；重伤 14 人。过火面积 2 040m^2，直接财产损失 426.4 万元。

4. 火灾原因

火灾直接原因是中百商厦伟业电器行雇工于洪新在当日 9 时许向 3 号库房送纸板时，不慎将嘴上叼着的烟头掉落在地面上(木板地面)，引燃地面可燃物引起的。

5. 主要教训

从中百商厦消防安全管理方面看，尽管该商厦消防设施比较完备，消防组织和制度健全，也制定了灭火和疏散预案，但通过火灾暴露出的问题仍很突出。一是没有按照《中华人民共和国消防法》(以下简称《消防法》)的有关规定和《机关、团体、企业、事业单位消防安全管理规定》要求，认真落实自身消防安全责任制。火灾发生后没人及时报警，也没有及时组织人员疏散。二是没有认真履行《消防法》第十四条第二项关于单位应当组织防火检查，及时消除火灾隐患等消防安全职责。对于当地公安消防部门指出的违章搭建仓房造成的火灾隐患，没有按照要求认真整改消除。对仓房与商场之间相通的 10 个窗户，仅用砖封堵了东西两侧 6 个，中间 4 个用装修物掩盖了事。三是没有组织开展灭火和应急疏散实地演练，以致火灾发生后，员工惊慌失措，造成 54 名顾客死亡。

(二) 2010 年上海静安区"11.15"特大火灾事故

1. 基本情况

上海市静安区胶州路 728 号公寓大楼所在的胶州路教师公寓小区于 2010 年 9 月 24 日开始实施节能综合改造项目施工。施工内容主要包括外立面搭设脚手架、外墙喷涂聚氨酯硬泡体保温材料、更换外窗等。上海市静安区建设总公司承接该工程后，将工程转包给其子公司上海佳艺建筑装饰工程公司(以下简称佳艺公司)。佳艺公司又将工程拆分成建筑保温、窗户改建、脚手架搭建、拆除窗户、外墙整修和门厅粉刷、线管整理等，分包给 7 家施工单位。

2. 火灾损失

2010 年 11 月 15 日，上海市静安区胶州路 728 号公寓大楼发生一起因企业违规造成的特别重大火灾事故，造成 58 人死亡、71 人受伤，建筑物过火面积 12 000m^2，直接经济损失 1.58 亿元。调查认定，这起事故是一起因企业违规造成的责任事故。

3. 火灾原因

直接原因：在胶州路 728 号公寓大楼节能综合改造项目施工过程中，施工人员违规在 10 层电梯前室北窗外进行电焊作业，电焊溅落的金属熔融物引燃下方 9 层位置脚手架防护平台上堆积的聚氨酯保温材料碎块、碎屑引发火灾。

间接原因：①建设单位、投标企业、招标代理机构相互串通、虚假招标和转包、违法分包。②工程项目施工组织管理混乱。③设计企业、监理机构工作失职。④上海市静安区两级建设主管部门对工程项目监督管理缺失。⑤静安区公安消防机构对工程项目监督检查不到位。⑥静安区政府对工程项目组织实施工作领导不力。

4. 主要教训

①电焊工无特种作业人员资格证上岗作业，严重违反操作规程，且引发大火后逃离事故现场。②装修工程违法层层多次分包，导致安全责任不落实。③施工作业现场管理混乱，安全措施不落实，存在明显的抢工期、抢进度、突击施工行为。④事故现场违规使用大量尼龙网等易燃材料，导致大火迅速蔓延，人员伤亡和财产损失扩大。⑤有关部门安全监管不力，对停产后复工的建设项目安全管理不到位。

（三）2013年“6.3”吉林德惠宝源丰禽业公司特大火灾

1. 基本情况

吉林德惠宝源丰禽业公司（以下简称宝源丰公司）为个人独资企业，位于德惠市米沙子镇，成立于2008年5月9日，法定代表人贾××。该公司资产总额6 227万元，经营范围为肉鸡屠宰、分割、速冻、加工及销售，现有员工430人，年生产肉鸡36 000t，年均销售收入约3亿元。该企业于2009年10月1日取得德惠市肉品管理委员会办公室核发的《畜禽屠宰加工许可证》。2012年9月18日取得德惠市畜牧业管理局核发的《动物防疫条件合格证》。

2. 事故发生经过

2013年6月3日5时20分至50分左右，宝源丰公司员工陆续进厂工作（受运输和天气温度的影响，该企业通常于早6时上班），当日计划屠宰加工肉鸡3.79万只，当日在车间现场人数395人（其中一车间113人，二车间192人，挂鸡台20人，冷库70人）。6时10分左右，部分员工发现一车间女更衣室及附近区域上部有烟、火，主厂房外面也有人发现主厂房南侧中间部位上层窗户最先冒出黑色浓烟。部分较早发现火情人员进行了初期扑救，但火势未得到有效控制。火势逐渐在吊顶内由南向北蔓延，同时向下蔓延到整个附属区，并由附属区向北面的主车间、速冻车间和冷库方向蔓延。燃烧产生的高温导致主厂房西北部的1号冷库和1号螺旋速冻机的液氨输送和氨气回收管线发生物理爆炸，致使该区域上方屋顶卷开，大量氨气泄漏，介入了燃烧，火势蔓延至主厂房的其余区域。

3. 火灾损失

此次火灾共造成121人死亡、76人受伤，17 234m^2 主厂房及主厂房内生产设备被损毁，直接经济损失1.82亿元。

4. 火灾原因

宝源丰公司主厂房一车间女更衣室西面和毗连的二车间配电室的上部电气线路短路，引燃周围可燃物。当火势蔓延到氨设备和氨管道区域，燃烧产生的高温导致氨设备和氨管道发生物理爆炸，大量氨气泄漏，介入了燃烧。

5. 主要教训

宝源丰公司安全生产主体责任根本不落实。企业从未组织开展过安全宣传教育，从未对员工进行安全知识培训，企业管理人员、从业人员缺乏消防安全常识和扑救初期火灾的能力；虽然制定了事故应急预案，但从未组织开展过应急演练；违规将南部主通道西侧的安全出口和二车间西侧外墙设置的直通室外的安全出口锁闭，使火灾发生后大量人员无法逃生。企业违规安装布设电气设备及线路，主厂房内电缆明敷，二车间的电线未使用桥架、槽盒，也未穿安全防护管，埋下重大事故隐患。未按照有关规定对重大危险源进行监控。

（四）2017 年英国伦敦北肯辛顿区“6.14”公寓大楼特大火灾

1. 基本情况

该大楼始建于 1974 年，高 24 层，其中社区共享空间 4 层，居住单元 20 层，内有公寓 120 套、数百人居住，属政府廉租房，除普通住户外，还设有拳击俱乐部、托儿所等场所。2016 年，大楼经过翻新装修，增加保温层，并更换了窗户和公共供热系统。

2. 起火经过和扑救情况

当地时间 2017 年 6 月 14 日凌晨，一座 24 层，起火部位可能位于建筑的 2～4 层，火势迅速蔓延到整栋建筑。伦敦消防局于 0 时 54 分接到报警，先后调集 45 辆消防车和 200 余名消防员到场扑救，11 时 30 分明火被扑灭。

3. 火灾损失

截至 20 日，已确认 79 人死亡或被推定死亡，具体伤亡情况正在调查。

4. 主要教训

综合媒体报道等方面情况，该公寓楼存在以下消防安全问题：①该公寓楼未设置火灾自动报警系统和自动喷水灭火系统，或虽设置但处于故障、瘫痪状态。②2～4 层起火后，因外墙材料可燃，导致火势快速蔓延扩大。③地区规划部门提供的翻新工程回纸显示，该公寓楼仅在核心位置设置了 1 部封闭楼梯。④该公寓楼周边的消防车通道十分狭窄，救援车辆难以通行和展开，致使灭火救援处置受限。⑤公寓管理者未能有效进行日常管理。

早在 2013 年 2 月，该公寓楼的住户组织发现大楼里的灭火器超过 12 个月没有被检查，有的升值从 2009 年后就没有被检查。2016 年 11 月，住户组织发表公开声明称，公寓楼在 2013 年曾因电路布线错误经历了一段时间的大范围电力故障，并警告公寓管理者消防通道遭到严重堵塞，但公寓管理者并未给予回应。

三、建筑火灾呈现的最新特点

从上述介绍的国内外典型建筑火灾的成因和教训中，结合当前城市建筑的发展状况，可以窥探出建筑火灾呈现的最新特点。

1. 高层建筑及大型建筑火灾问题突出，大火防范和扑救难度极大

近年来，随着我国经济社会的快速发展，高层及超高层建筑急剧增多，建筑高度不断攀升，体量跨度越来越大，功能更趋多元化，特别是一些高层大型城市综合体，经营业态多、人员密集，消防安全问题突出，大火防范和扑救难度极大。据不完全统计，目前我国有高层民用建筑36万余栋，其中有超高层民用建筑8 500多栋，类似英国伦敦“6.14”高层建筑火灾时有发生。2009年北京央视新址“2.9”、2010年上海静安公寓“11.15”、2011年辽宁沈阳皇朝王鑫酒店“2.3”等高层建筑火灾，造成重大损失和影响。2017年以来，全国共接报高层建筑火灾2 517起、亡61人、伤61人、直接财产损失4 082万元，与2016年同期相比，起数虽下降7.6%，但亡人、伤人和损失分别上升56.4%、90.6%和7%。

2. 建筑电气火灾隐患问题突出，隐患整改治理难度较大，电气火灾居高不下

2017年2月25日，江西省南昌市一高层建筑内的KTV发生火灾，亡10人、伤13人；2017年6月14日，陕西省西安市一高层居民住宅楼电缆井发生火灾，亡3人。特别是，夏季用电量增大，老旧居民住宅电气设施和线路电气火灾隐患尤为突出。

3. 过去使用可燃建筑保温材料现象比较普遍，火灾发展速度加快

《建筑设计防火规范》(GB 50016—2014)实施之前修建的外墙采用聚氨酯材料保温的高层建筑比较普遍，再加上外墙保温材料覆盖、封堵的可靠性较差，造成了小火快速发展成大火的巨大隐患。

针对上述火灾的新特点，必须深刻吸取国内外火灾经验教训，举一反三，采取针对性措施，强化高层建筑火灾风险防控，严防发生重特大火灾事故。通过开展城市消防风险调研评估和夏季消防检查专项工作，全面精准摸排各类高层建筑存在的消防安全隐患，找准突出问题，及时予以解决，才是彻底防范建筑火灾的必由之路。

第二节　消防安全评估及其重要意义

一、消防安全评估与火灾风险评估

消防安全评估是指对建筑物、构筑物、活动场地等消防工作对象的消防安全状况进行分析和评价，即对这些对象存在的潜在不安全因素及其可能导致的后果进行综合度量的一个过程。消防安全评估的核心内容是火灾风险评估。因此，人们又经常将消防安全评估称为火灾风险评估，有时不加区分地视两个术语为同义语，互换使用。

火灾风险评估(fire risk estimation，fire risk evaluation，fire risk assessment)是指在火灾风险分析的基础上对火灾风险进行估算，通过对所选择的风险抵御措施进行评估，把所收集和估算的数据转化为准确的结论的过程。火灾风险评估与火灾模拟、火灾风险管理和消防工程之间有密切关系，为其提供定性和定量的分析方法，简单地如消防安全设施检查表，复杂的就会涉及概率分析，在应用方面针对风险目标的性质和分析人员的经验有各种变化。

根据评估对象的不同，火灾风险评估可分为以下四类。

（1）以某个区域为研究对象，评估城市或某个区域的火灾风险，建立该区域的火灾分布，为城市配置合理的公共消防力量，为指挥者确定灭火救援出动方案提供基础，进而为城市和区域的综合消防安全管理提供决策支持。

（2）以单体建筑物为研究对象，通过建立火灾模型、烟气扩散模型、人员反应和消防系统模型，评估建筑物内部的生命和财产风险，为建筑物的消防设计提供依据，此类火灾风险评估已发展为建筑性能化防火设计。

（3）以企业为研究对象，通过定性分析和定量计算，预测火灾、爆炸等事故发生的可能性，使建设方、使用方和消防管理部门能够较准确地认识其消防安全风险，进而有针对性地提出消防对策，降低火灾风险，保护人身和财产安全。

（4）以大型公共活动为对象，针对建筑本身、临时活动场所、活动项目等可能存在的火灾风险隐患进行分析，通过合适的方法和手段将火灾危害降低到可接受的水平。

二、消防安全评估的必要性及作用

（一）消防安全评估的必要性分析

1. 科学预测建筑消防安全等级的需要

目前大型复杂的现代建筑、多功能区域性场所不断涌现，其使用功能、建筑材料、结构形式及配套设施等方面都给消防安全带来新问题。而“处方式”规范对此近于束手无策，这就需要依据实际对可能发生的火灾危险性进行定性或定量评估，确定其真实的消防安全等级，采用以火灾性能为基础的人性化防火措施，并逐步制定相应的性能化防火规范，使火灾安全目标、火灾损失目标和设计目标良好结合，实现火灾防治的科学性、有效性和经济性的统一。

2. 准确反映火灾发生客观规律、确定消防监督模式、制定阶段性消防工作方案的需要

有这样一种误解，即只要达到规范要求、检查合格就不会发生火灾。这就易使人们思想懈怠、意识麻痹。而事实证明，火灾的发生常出乎人们意料。可见传统的消防监督机制局限性很大。消防安全评估作为一个动态过程能反映消防安全现状及当前状况下事故结果的预测，反映相对安全与绝对危险的关系，为有针对性地确定科学的监督机制提供依据。

3. 实现消防监督机制与市场经济运作机制有机结合、推动消防工作社会化进程的需要

消防安全评估具有系统性、科学性与时效性，能将隐蔽的、抽象的消防安全状况以量化结果显现出来，直接反映消防安全等级。依据此结果人们可以将消防安全与资产评估、保险、信贷、产品价格、人才选拔等市场运行机制有机结合，实现消防工作的社会化管理。

4. 发挥社会技术力量参与消防工作、增加消防监督工作的科技含量的需要

引入消防安全评估机制，可充分发挥社会各部门、行业的作用，利用社会上的技术力量，委托具有专业性、技术性强的社会消防评估机构或科研机构承担消防安全评估工作，强化其中的科技含量，为消防执法监督提供技术依据或专家意见，共同做好消防工作。

（二）消防安全评估的作用及意义

1. 社会化消防工作的基础

消防工作遵循"预防为主、防消结合"的工作方针，按照"政府统一领导、部门依法监管、单位全面负责、公民积极参与"的工作原则进行，为有效推动各级政府和部门履行其消防工作职责，解决所属区域内火灾防控的薄弱环节，开展区域火灾风险评估工作是一项重要的基础性工作。火灾风险评估结论将指导各级政府和部门有针对性地开展消防工作，更有重点地解决风险较大的行业、区域消防安全问题。

2. 公共消防设施建设的基础

为科学、合理规划城市公共消防设施，满足城市应对火灾扑救和抢险救援的需要，将包括消防站、消防水源、消防装备、消防通信在内的公共消防设施建设纳入城市总体规划，有必要开展区域火灾风险评估工作。火灾风险评估结论将指导政府和部门优先解决制约火灾扑救和抢险救援的基础性、瓶颈性问题，提升城市防灾减灾能力。

3. 重大活动消防安全工作的基础

大型文化体育活动具有人员密集、时间短暂、用电量大等特点。重要的政治和社会活动具有安全要求高、火灾防控难度大等特点。为有效做好上述活动的消防安全工作，在举办这些活动前就活动场所以及主办单位及其组织过程与管理开展火灾风险评估，能够及时发现活动的组织方案、应急措施、责任制落实、消防设施配置、火灾扑救准备、消防救援等存在的薄弱环节，针对性进行完善。

4. 厘定火灾保险费率的基础

根本上，风险评估源于保险业的需求，是随着保险业的发展而逐渐发展起来的，只是我国保险事业本身的起步较晚，目前发展还不完全成熟，加之缺少相应的法规支持，火灾公众责任险还在探索之中，尚未找到成熟的发展和推广模式。随着我国经济社会的发展与进步，人们对安全的认识将不断深化，对安全的需求也将不断提高，可预期在不久的将来，火灾风险评估将会在我国消防工作中发挥越来越大的作用。

三、建筑消防性能化防火设计

建筑消防性能化防火设计，是指根据建设工程使用功能和消防安全要求，运用消防安全工程学原理，采用先进适用的计算分析工具和方法，为建设工程消防设计提供设计参数、方案，或对建设工程消防设计方案进行综合分析评估，完成相关技术文件的工作过程。从事性能化设计评估的单位和个人开展性能化设计评估，公安消防机构对性能化设计评估应用实施监督管理。

近年来,建筑消防性能化设计已成为国际上火灾科学研究的重点。国内外研究成果和实践经验表明,建筑消防性能化设计方法是一种先进、有效、科学、合理的防火设计方法,特别是在解决大型复杂建筑物的防火设计问题方面,弥补了依据传统的规范标准进行设计的不足。

对建筑进行消防安全性分析并进行性能化设计,针对特定的建筑对象建立消防安全目标和消防安全问题的解决方案,采用被广泛认可或被验证为可靠的分析工具和方法对建筑对象的火灾场景进行确定性和随机性定量分析,以判断不同解决方案所体现的消防安全性能是否满足消防安全目标,从而达到合理的消防安全设计目的。

目前,消防性能化设计方法在国内各类新型建筑中应用越来越多。发展消防性能化设计,对于促进我国消防科技的发展,提高我国建筑物消防安全水平,提升我国建筑与消防行业应对国际竞争的能力,具有十分重要的意义。

第三节 消防安全评估发展概况与问题

一、消防安全评估的发展概况

在消防方面,随着人们安全意识的提高和建筑设计性能化的发展,对建筑工程的安全评估日益受到重视。如美国消防协会制定的《NFPA101 生命安全法规》是一部关注火灾中的人员安全的消防法规,与之同源的《NFPA101A 确保生命安全的选择性方法指南》,分别针对医护场所、监禁场所、办公场所等,给出了一系列安全评估方法,多应用于建筑工程的安全性评估方面。

目前,我国在火灾风险评价方面的研究,大部分是以某一企业,或某一特定建筑物为对象的小系统。例如,由武警学院承担的国家"九五"科技攻关项目"石化企业消防安全评价方法及软件开发研究",以"石油化工企业防火设计规范"等消防规范和德尔菲专家调查法为基础,设计了石化企业消防安全评价的指标体系,利用层次分析法和道化指数法确定了各指标的权重,采用线性加权模型得出炼油厂的消防安全评价结果。以某一特定建筑物为对象的火灾风险评价也比较多,如中国矿业大学周心权教授,在分析建筑火灾发生原因的基础上,建立了建筑火灾风险评估因素集,并运用模糊评价法对我国的高层民用建筑进行了消防安全评价。

二、国内外近期消防安全评估方法

(一)国内的火灾风险评估方法

张一先等采用指数法对苏州古城区的火灾危险性进行分级,该方法的指标体系考虑了数量危险性、起火危险性、人员财产损失严重度、消防能力这四个因素。1995 年李杰等在建立火灾平均发生率与城市人口密度、城区面积、建筑面积间的统计关系基础上，选取建筑面积为主导参量，建立了以建筑面积为单一因子的城市火灾危险评价公式。李华军等在 1995 年提出了城市火灾危险性评价指标体系，该体系中城市火灾危险性评价由危害度、危险度和安全度三个指标组成，用以评价现实的风险，不能用来指导城市消防规划。

（二）美国的“风险、危害和经济价值评估”方法

美国国家消防局与(特许金融分析师协会)于 1999 年一起，在“消防局自我评估”及“消防安全标准”工作的基础上，突出强调了“火灾科学”的“科学性”，开发出名为“风险、危害和经济价值评估(Risk，Hazard and Value Evaluation)”的方法。美国消防局于 2001 年 11 月 19 日发布了该方案，这是一个计算机软件系统，包含了多种表格、公式、数据库、数据分析方法，主要用于采集相关的信息和数据，以确定和评估辖区内火灾及相关风险情况，供地方公共安全政策决策者使用，有助于消防机构和辖区决策者针对其消防及应急救援部门的需求做出客观的、可量化的决策，更加充分地体现了把消防力量部署与社区火灾风险相结合的原则。

该方法的要点集中于两个方面：①各种建筑场所火灾隐患评估。其目的是收集各种数据元素，这些数据能够通过高度认可的量度方法，以便提供客观的、定量的决策指导。其中的分值分配系统共包括五类数据元素：建筑设施、建筑物、生命安全、供水需求、经济价值。②社区人口统计信息。用于收集辖区年度收集的相关数据元素。包括居住人口、年均火灾损失总值、每 1 000 人口中的消防员数目等数据元素。

该方法已在一些消防局的救援响应规划中得到应用。以苏福尔斯消防局为例，它利用该方法把其社区风险定义为高、中、低三类区域，进而再考察这些区域的火灾风险可能性和后果：高风险区域包括风险可能性和后果都很大，以及可能性低、后果大的区域，主要指人员密集的场所和经济利益较大的场所；中等风险区域是风险可能性大，后果小的区域，如居住区；低风险区域是风险可能性和后果都较低的区域，如绿地、水域等，然后把这些情况在消防救援响应规划中体现出来。

（三）英国的“风险评估”方法

英国 Entec 公司研发“消防风险评估工具箱”，解决了两个问题：一是评估方法的现实性，是否在一定的时限内能达到最初设定的目标。经过对环境、毒品管理、海事安全等部门所使用的各种风险评估方法的进行广泛考察之后，研究人员认为如果对这些方法加以适当转换，就可以通过不同的方法对消防队应该接警响应的不同紧急情况进行评估。二是建立了表达社会对生命安全风险可接受程度的指标。

Entec 的方法分为三个阶段。

第一个阶段是在全国范围内，对消防队应该接警响应的各类事故和各类建筑设施进行风险评估，这样得到一组关于灭火力量部署和消防安全设施规划的国家指南。对于各类事故和建筑设施而言，由于所采用的分析方法、数据各不相同，所以对于国家水平上的风

险评估设定了一个包括四个阶段的通用的程序：①对生命和(或)财产的风险水平进行估算；②把风险水平与可接受指标进行对比；③确定降低风险的方法，包括相应的预防和灭火力量的部署；④对不同层次的灭火和预防工作的作用进行估算，确定能合理、可行地降低风险的最经济有效的方法。

第二个阶段是在国家指南确定后，能提供一套评估工具，各地消防主管部门可以利用这些工具在国家规划要求范围内，对当地的火灾风险进行评估，并对灭火力量进行相应的部署。该项目要求针对以下四类事故制定风险评估工具：住宅火灾；商场、工厂、多用途建筑和民用塔楼这样人员比较密集的建筑的火灾；道路交通事故一类危及生命安全、需要特种救援的事故；船舶失事、飞机坠落这样的重特大事故。

第三个阶段是对使用上述评估工具的区域进行考察，估算其风险水平，与国家风险规划指南对比，并推荐应具备的消防力量和消防安全设施水平。

（四）数值模拟方法

数值模拟方法又称为性能化防火设计评估方法。

性能化防火设计评估方法与火灾风险评估在内容上有交叉，该方法也能够完成对建筑消防设计的评估任务，这是一种新兴的基于防火性能的设计和评估手段，近年来这种防火设计方法在国内大型公共建筑消防设计评估中取得了广泛的应用。

火灾风险评估和性能化防火设计同样应用于建筑火灾防火设计性能的评价中，作为新兴的建筑火灾评估手段，二者的区别主要表现在以下几个方面。

(1) 建筑火灾风险评价是对建筑火灾风险状态的评价，是从宏观上获得建筑防火安全水平，而性能化防火设计是一种区别于传统设计的消防设计方法，从微观层面为建筑防火设计提供解决方案。

(2) 多数情况下，火灾风险评估是对建筑消防现状的评价，性能化防火设计往往是在建筑设计阶段完善消防设计方案。

(3) 火灾风险评估的对象是消防安全的状态，性能化防火设计既可以提供消防设计方案，也可以完成对方案防火性能的评估，并解决传统消防设计中遇到的问题。

三、我国性能化防火设计发展

美国、英国、日本、澳大利亚等国从 20 世纪 70 年代起就开展了性能化防火设计的相关研究。如火灾增长分析、烟气运动分析、人员安全疏散分析、建筑结构耐火分析和火灾风险评估等，并取得了一些比较实用化的成果，各国纷纷制定各自的性能化防火设计规范和指南等文件。

我国从 20 世纪 80 年代初期就开始了火灾模型方面的研究，此后在火灾科学、火灾动力学演化、建筑火灾烟气运动等方面也开展了大量工作。但直到 1995 年国家“九五”科技攻关项目“地下大型商场火灾研究”，我国还只有少数从事此方面研究的人员对建筑物性能化防火设计有所认识。1996 年，特别是 1997 年 FORUM 会议(天津)以后，我国开始组织人员比较系统地搜集整理和分析研究国内外有关建筑物性能化设计与标准方面的成果与信息。

"十五"期间开始针对建筑性能化防火设计技术进行深入研究，在国家"十五"科技攻关课题《城市火灾与重大化学灾害事故防范与控制技术的研究》中分别开展了建筑物性能化防火设计技术的研究、高层建筑性能化防火设计评估技术研究、中庭式建筑性能化防火设计方法及其应用的研究和人员密集大空间公共建筑性能化防火设计应用研究等。

在这些研究工作的基础上，相关机构同时开展了工程应用。公安部天津消防研究所在"十一五"国家科技攻关项目中，开展了建筑物性能化防火设计规范研究项目，以保障我国建筑工程的消防安全水平，规范建筑消防安全工程技术在实际工程中的应用。

四、消防安全评估存在的主要问题

（一）建筑火灾风险评估存在的主要问题

建筑火灾风险评估其核心是评估的数学模型。国内外的建筑火灾风险评估方法种类繁多，其评估数学模型也五花八门。这些评估方法建立的数学模型各有特点，存在着如下一些问题。

(1) 检验一致性非常困难，一致性标准科学依据。

(2) 考虑因素繁多，权重系数较难确定，且有时带有较强的主观性。

(3) 评估标准不统一，主观性强。评估标准有的根据优良差等级付值法给出标准，有的是根据规范查表法给出相应的数值，或是根据专家打分和经验给出评估标准。这些评估标准受客观因素影响大，带有较强的主观性。

（二）建筑消防性能化防火设计存在的主要问题

1. 基本技术问题

由于建筑消防性能化防火设计是一种新的设计方法，工程应用范围并不广泛，许多性能化防火设计案例尚缺乏火灾验证。目前使用的性能化方法还存在以下一些技术问题。

(1) 性能评判标准尚未得到一致认可。

(2) 设计火灾的选择过程确定性不够。

(3) 对火灾中人员的行为假设的成分过多。

(4) 预测性火灾模型中存在未得到很好证明或者没有被广泛理解的局限性。

(5) 火灾模型的结果是点值，没有将不确定性因素考虑进去。

(6) 设计过程常常要求工程师在超出他们专业之外的领域工作。

2. 传统的防火设计规范与性能化的防火设计规范的协调一致问题

需要注意的是，传统的防火设计规范与性能化的防火设计规范并不是对立的关系，恰恰相反，建筑设计既可以完全按照性能化消防规范进行或与现行规格式规范一起使用，也可以独立按照消防安全工程的性能化判据与要求进行。在实际工程设计中，并不是所有的建筑物都应该或有必要按照性能化的工程方法进行设计。事实上，目前在一些开展这方面工作较早的国家也只有1%～5%的建筑项目需要采用性能化的方式进行设计。如美国，约1%；澳大利亚和新西兰，3%～5%；德国，约1.5%。在我国，部分地区可能达到3%～5%，但总体应不会超过0.5%。

建筑物的消防设计必须依据国家现行的防火规范及相关的工程建设规范进行。只有现行规范中未明确规定、按照现行规范比照施行有困难，或虽有明确规定但执行该规定确有困难的问题，才采用性能化防火设计方法。即便如此，所设计的建筑物的消防安全性能仍不应低于现行规范规定的安全水平。

3. 模型与方法自主性和火灾实验数据库的不足

实际建筑工程的情况千差万别，应积极分析研究国外的相关火灾发展与蔓延、烟气运动、人员安全疏散和结构耐火分析方面的模型与方法，需要开发出具有自主知识产权的分析与计算工具。广泛进行各类场所内火灾荷载调查和各种典型火灾场景的火灾实验，不断丰富补充目前的火灾实验数据库。

随着消防安全工程的快速发展，消防安全工程学已随着其潜力、复杂性以及应用性而在基础理论、方法学和实用工具领域得到较大的发展，性能化的防火设计方法也会越来越完善。

建筑物性能化防火设计与评估为实现建筑设计的多样化，更好地满足建筑功能需要提供的一条新途径。但我国要推广建筑物性能化防火设计与评估技术还需要开展大量工作，既要循序渐进、积极探索、发展和完善这一技术，也要充分认识到现行建筑防火设计方法的重要性。

我国建筑消防设计规范仍处于“处方式”阶段，与国际上正积极向“性能化”规范的转变还存在差距。性能化规范能针对特定建筑的用途，灵活运用各种设计方法进行设计。消防安全评估正是其中关键环节。消防安全评估即是对消防安全状况进行评估，对各类安全因素参照现行消防法律、法规，运用火灾安全工程学原理进行定性或定量的评价分析，得出全面的具有科学性、系统性和时效性的量化结果。

第二章 消防安全评估概述

第一节 风险管理

风险管理是经济学的重要理论支柱之一，已被广泛应用到其他许多学科领域。把风险管理原理引入消防安全工作，可有效提升事故预防水平，全面落实“安全第一，预防为主，综合治理”的方针。消防安全评估属于风险管理的范畴，是风险管理的有机组成部分。

一、风险

按照 ISO 31000 的定义，风险是指不确定性对目标的影响。风险是指客观存在的，在特定情况下、特定期间内，某一事件导致的最终损失的不确定性。

风险具有三个特性：客观性；损失性；不确定性。可采用数学的方式即风险量函数对风险进行定量描述。风险是对人们从事生产或社会活动时可能发生的有害后果的定量描述，即风险量是在一定时期产生有害事件的概率与有害事件后果的函数：

$$R=f(P,C) \tag{2-1}$$

式中：R——风险量；

P——出现该风险的概率；

C——风险损失的严重程度。

风险由以下三个要素构成。

(1) 风险原因：人们在有目的的活动过程中，由于存在或然性、不确定性，或因多种方案存在的差异性而导致活动结果的不确定性。因此不确定性和各种方案的差异性是风险形成的原因。不确定性包括物方面的不确定性（如设备故障）以及人方面的不确定性（如不安全行为）。

（2）风险事件：风险事件是风险原因综合作用的结果，是产生损失的原因。根据损失产生的原因不同，企业所面临的风险事件分为生产事故风险（技术风险）、自然灾害风险、企业社会风险、企业法律风险与企业市场风险等。

（3）风险损失：风险损失是由风险事件所导致的非故意的和非预期的收益减少。风险损失包括直接损失（财产损失和生命损失）和间接损失。

二、风险管理

风险管理是指通过识别风险、估计（衡量）风险、评价风险，选择有效的措施或手段，尽可能以最少的资源或成本，有计划地处理风险，以获得化解和防范风险最佳效果的管理过程及活动的总称。其中，识别风险、估计（衡量）风险属于风险分析；选择有效的措施或手段，尽可能以最少的资源或成本，有计划地处理风险，属于风险控制。风险管理是指导和控制某一组织与风险相关问题的协调活动。风险管理通过分析不确定性及其对目标的影响，采取相应的措施，为组织的运行和决策及有效应对各类突发事件提供支持。风险管理适用于组织的生命周期及其任何阶段，包括整个组织的所有领域和层次，以及包括组织的具体部门和活动。

三、风险管理原则

为有效管理风险，组织在实施风险管理时，可遵循下列原则。

1. 控制损失，创造价值

以控制损失、创造价值为目标的风险管理，有助于组织实现目标、取得具体可见的成绩和改善各方面的业绩，包括人员健康和安全、合规经营、信用程度、社会认可、环境保护、财务绩效、产品质量、运营效率和公司治理等方面。

2. 融入组织管理过程

风险管理不是独立于组织主要活动和各项管理过程的单独的活动，而是组织管理过程不可缺少的重要组成部分。

3. 支持决策过程

组织的所有决策都应考虑风险和风险管理。风险管理旨在将风险控制在组织可接受的范围内，有助于判断风险应对是否充分、有效，有助于决定行动优先顺序并选择可行的行动方案，从而帮助决策者做出合理的决策。

4. 应用系统的、结构化的方法

系统的、结构化的方法有助于风险管理效率的提升，并产生一致、可比、可靠的结果。

5. 以信息为基础

风险管理过程要以有效的信息为基础。这些信息可以通过经验、反馈、观察、预测和专家判断等多种渠道获取，但使用时要考虑数据、模型和专家意见的局限性。

6. 环境依赖

风险管理取决于组织所处的内部和外部环境以及组织所承担的风险。需要特别指出的是，风险管理受人文因素的影响。

7. 广泛参与、充分沟通

组织的利益相关者之间的沟通，尤其是决策者在风险管理中适当、及时的参与，有助于保证风险管理的针对性和有效性；利益相关者的广泛参与有助于其观点在风险管理过程中得到体现，其利益诉求在决定组织的风险偏好时得到充分考虑。利益相关者的广泛参与要建立在对其权力和责任明确认可的基础上。利益相关者之间需要进行持续、双向和及时的沟通，尤其是在重大风险事件和风险管理有效性等方面需要及时沟通。

8. 持续改进

风险管理是适应环境变化的动态过程，其各步骤之间形成一个信息反馈的闭环。随着内部和外部事件的发生、组织环境和知识的改变以及监督和检查的执行，有些风险可能会发生变化，一些新的风险可能会出现，另一些风险则可能消失。因此，组织应持续不断地对各种变化保持敏感并做出恰当反应。组织通过绩效测量、检查和调整等手段，使风险管理得到持续改进。

四、风险管理过程

风险管理过程是组织管理的有机组成部分，嵌入在组织文化和实践当中，贯穿于组织的经营过程。风险管理过程包括明确环境信息、风险评估、风险应对、监督和检查。其中风险评估包括风险识别、风险分析和风险评价。沟通和记录应贯穿于风险管理全过程。风险管理过程流程图如图 2-1 所示。

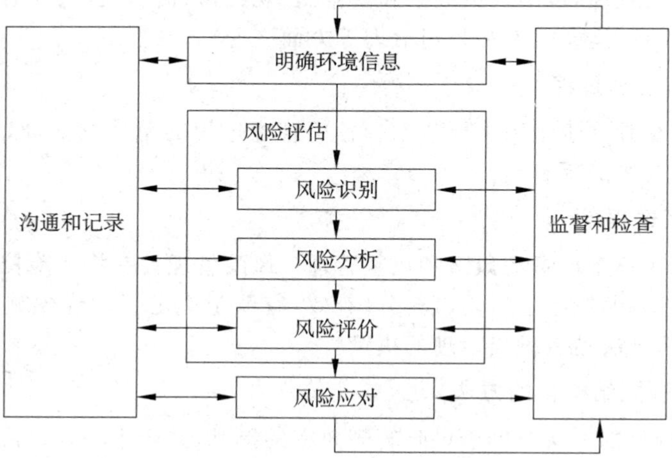

图 2-1　风险管理过程流程图

（一）风险评估

风险评估包括风险识别、风险分析和风险评价三个步骤。风险识别是通过识别风险源、影响范围、事件及其原因和潜在的后果等，生成一个全面的风险列表。

进行风险识别时要掌握相关的和最新的信息。除了识别可能发生的风险事件外，还要考虑其可能的原因和可能导致的后果。不论风险事件的风险源是否在组织的控制之下，或者原因是否已知，都应对其进行识别。此外，要关注已经发生的风险事件，特别是新近发生的风险事件。识别风险需要所有相关人员的参与。组织所采用的风险识别工具和技术应当适合于其目标、能力及其所处环境。

风险分析是根据风险类型、获得的信息和风险评估结果的使用目的，对识别出的风险进行定性和定量的分析，为风险评价和风险应对提供支持。风险分析要考虑导致风险的原因和风险源、风险事件的正面和负面的后果及其发生的可能性、影响后果和可能性的因素、不同风险及其风险源的相互关系以及风险的其他特征，还要考虑现有的管理措施及其效果和效率。在风险分析中，应考虑组织的风险承受度及其对前提和假设的敏感性，并适时与决策者和其他利益相关者有效地沟通。另外，还要考虑可能存在的专家观点中的分歧及数据和模型的局限性。根据风险分析的目的、获得的信息数据和资源，风险分析可以是定性的、半定量的、定量的或以上方法的组合。一般情况下，首先采用定性分析，初步了解风险等级和揭示主要风险。适时进行更具体和定量的风险分析。后果和可能性可通过专家意见确定，或通过对事件或事件组合的结果建模确定，也可通过对实验研究或可获得的数据的推导确定。对后果的描述可表达为有形或无形的影响。在某些情况下，可能需要多个指标来确切描述不同时间、地点、类别或情形的后果。

风险评价是将风险分析的结果与组织的风险准则比较，或者在各种风险的分析结果之间进行比较，确定风险等级，以便做出风险应对的决策。如果该风险是新识别的风险，则应当制定相应的风险准则，以便评价该风险。风险评价的结果应满足风险应对的需要，否则，应做进一步分析。

（二）风险应对

风险应对是选择并执行一种或多种改变风险的措施，包括改变风险事件发生的可能性或后果的措施。风险应对决策应当考虑各种环境信息，包括内部和外部利益相关者的风险承受度，以及法律、法规和其他方面的要求等。

（三）监督和检查

组织应当明确界定监督和检查的责任。监督和检查可能包括：监测事件，分析变化及其趋势并从中吸取教训；发现内部和外部环境信息的变化，包括风险本身的变化、可能导致的风险应对措施及其实施优先次序的改变；监督并记录风险应对措施实施后的剩余风险，以便适时做进一步处理。适当时，对照风险应对计划，检查工作进度与计划的偏差，保证风险应对措施的设计和执行有效；报告关于风险、风险应对计划的进度和风险管理方针的遵循情况；实施风险管理绩效评估。风险管理绩效评估应被纳入组织的绩效管理以及组织对内、对外的报告体系中。

监督和检查活动包括常规检查、监控已知的风险、定期或不定期检查。定期或不定期检查都应被列入风险应对计划。

（四）沟通和记录

组织在风险管理过程的每一个阶段都应当与内部和外部利益相关者有效沟通，以保证实施风险管理的责任人和利益相关者能够理解组织风险管理决策的依据，以及需要采取某些行动的原因；由于利益相关者的价值观、诉求、假设、认知和关注点不同，其风险偏好也不同，并可能对决策产生重要影响，因此，组织在决策过程中应当与利益相关者进行充分沟通，识别并记录利益相关者的风险偏好。

在风险管理过程中，记录是实施和改进整个风险管理过程的基础。建立记录应当考虑以下方面：出于管理的目的而重复使用信息的需要；进一步分析风险和调整风险应对措施的需要；风险管理活动的可追溯要求；沟通的需要；法律、法规和操作上对记录的需要；组织本身持续学习的需要；建立和维护记录所需的成本和工作量；获取信息的方法、读取信息的容易程度和储存媒介；记录保留期限；信息的敏感性。

第二节　火灾风险评估的相关概念与辨析

一、火灾风险评估的相关概念

(1) 火灾风险评估：对目标对象可能面临的火灾危险、被保护对象的脆弱性、控制风险措施的有效性、风险后果的严重度以及上述各因素综合作用下的消防安全性能进行评估的过程。

(2) 可接受风险：在当前技术、经济和社会发展条件下，组织或公众所能接受的风险水平。

(3) 消防安全：发生火灾时，可将对人身安全、财产和环境等可能产生的损害控制在可接受风险以下的状态。

(4) 火灾危险：引发潜在火灾的可能性，针对的是作为客体的火灾危险源引发火灾的状况。

(5) 火灾隐患：由违反消防法律法规的行为引起、可能导致火灾发生或发生火灾后会造成人员伤亡、财产损失、环境损害或社会影响的不安全因素。

(6) 火灾风险：对潜在火灾的发生概率及火灾事件所产生后果的综合度量。常可表达为，火灾风险＝概率×后果。其中“×”为数学算子，不同的方法“×”的表达会有所不同。

(7) 火灾危险源：可能引起目标遭受火灾影响的所有来源。

(8) 火灾风险源:能够对目标发生火灾的概率及其后果产生影响的所有来源。

(9) 火灾危险性:物质发生火灾的可能性及火灾在不受外力影响下所产生后果的严重程度,强调的是物质固有的物理属性。

二、火灾隐患与火灾风险

最近有文献对火灾隐患和重大火灾隐患进行了定义,但没有对一般火灾隐患进行定义。其中,火灾隐患是指可能导致火灾发生或火灾危害增大的各类潜在不安全因素;重大火灾隐患是指违反消防法律法规,可能导致火灾发生或火灾危害增大,并由此可能造成特大火灾事故后果和严重社会影响的各类潜在不安全因素。然而,修改后的火灾隐患定义没有反映出违反法律法规这一前提,从字面上看,“患”本身就是一种不利的事情,应该进行治理。但是从火灾隐患的定义表述中,并没有指明违反法律法规这一前提,即使存在不安全因素,也有可能未有相应的执法依据,只能通过协商解决。从上述定义看,火灾隐患本身属于火灾风险的一个方面,但是与火灾风险相比,后者涵盖了前者的内容,比前者更为全面。开展火灾风险评估,首先就是要进行火灾隐患排查,但是火灾隐患排查不完全等同于火灾风险评估。一般情况下,凡是存在火灾隐患的地方,就一定会有火灾风险;但是有火灾风险的地方,不一定有火灾隐患。例如,在一些古文物建筑和“城中村”等老旧场所中,由于年代较为久远,这些建筑在建时还没有相应的建筑消防设计规范,或者随着消防设计规范的修订,可接受水平的提高,一些原本符合消防设计规范的建筑变得不符合规范,但是又没有相应的规范和法规对此进行说明。从这个意义上来说,这些建筑不存在火灾隐患,但是存在着很高的火灾风险。因此,这二者既有联系,又有区别。火灾隐患与火灾风险的关系如图 2-2 所示。

三、火灾危险源与火灾风险源

按照危险源在事故发生、发展过程中的作用,危险源可分为以下两类。

第一类危险源是指产生能量的能量源或拥有能量的载体。它的存在是事故发生的前提,没有第一类危险源就谈不上能量或危险物质的意外释放,也就无所谓事故。由于第一类危险源在事故时释放的能量是导致人员伤害或财物损坏的能量主体,所以它决定事故后果的严重程度。

第二类危险源是指导致约束、限制能量屏蔽措施失效或破坏的各种不安全因素。它是第一类危险源导致事故的必要条件,如果没有第二类危险源破坏第一类危险源的控制,也就不会发生能量或危险物质的意外释放。第二类危险源出现的概率决定事故发生可能性的大小。

根据上述危险源分类,火灾中的第一类危险源包括可燃物、火灾烟气及燃烧产生的有毒、有害气体成分;第二类危险源是人们为了防止火灾发生、减小火灾损失所采取的消防措施中的隐患。对于第一类火灾危险源,人们普遍接受。按照上述表述,火灾自动报警、自动灭火系统、应急广播及疏散系统等消防措施属于第二类危险源。因此,对火灾危险源进行界定，将其含义限定为引起火灾的一些因素，同时引入火灾风险源的概念，则会容易理解。应该说，关于危险源和风险源的概念，来自两个不同的方向。危险源首先来自理论上的定义，而风险源则来自实践的需要，采用由实践向理论的提升，将会有更大的适用性。火灾危险源与火灾风险源的关系如图 2-3 所示。

图 2-2　火灾隐患与火灾风险的关系

图 2-3　火灾危险源与火灾风险源的关系

四、火灾危险、火灾危险性与火灾风险

危险所表达的是某事物对人们构成的不良影响或后果等，它强调的是客体，是客观存在的随机现象；而风险表达的则是人们采取了某种行动后可能面临的有害后果，它强调的是主体，说的是人们将遭受的危害或需要承担的责任。而危险性不仅指火灾事件发生的可能性，而且包括火灾危险的程度及产生危害的后果。进一步研究认为：火灾危险不仅指火灾事件的可能性，而且包括火灾危险的程度及产生危害的后果，它强调的是客体（火灾事件本身），是客观存在的随机现象；火灾风险是对火灾引起人的生命、健康、财产和环境遭受潜在危害后果的认识，火灾风险的大小通常用火灾发生的概率乘以火灾后果的期望值来衡量。它表达的是人们采取了某种行动后可能面临的危害后果，强调的主体（火灾的危害对象），隐含人们将遭受的危害或需要承担的责任。而根据英文翻译，似乎最初使用火灾危险性这一概念时表达的就是目前所关注的火灾风险。这些不同概念的相似性可能会导致推广和普及火灾风险评估作用的怀疑。因此，有必要对其做进一步的界定。

为了对火灾危险、火灾危险性和火灾风险这三个相似概念进行界定，此处将火灾危险、火灾危险性和火灾风险分为三个层次。火灾危险作为第一个层次，是火灾风险的基本来源，关心的是目标对象是否会着火的问题。如果不存在火灾危险，则火灾风险不会存在。例如，在一幢满是桌椅的建筑内，如果不使用明火、无任何电气线路和用电设备，以及无其他任何起火的原因存在，则可以认为该建筑根本不存在任何火灾风险。火灾危险性作为第二个层次，回答的是物质能否着火以及着火后会有多大的规模。在《建筑设计防火规范》（GB 50016—2014）中有很多地方提及火灾危险性。例如标准中，“表 3.1.1 生产的火灾危险性分类”和“表 3.1.3 储存物品的火灾危险性分类”，从其内容看，主要是从物质的闪点、爆炸极限以及其他发生氧化燃烧或爆炸的条件进行分类，重点是针对物质的物理属性。因此，如此进行界定在大多数情况下是适用的。火灾风险作为第三个层次，回答的是物质着火的概率以及火灾发生后的预期损失情况。火灾危险、火灾危险性和火灾风险之间的关系如图 2-4 所示。采用这三个层次的界定，一般情况下可以解释火灾危险源评估、火灾危险性评估和火灾风险评估之间的区别。

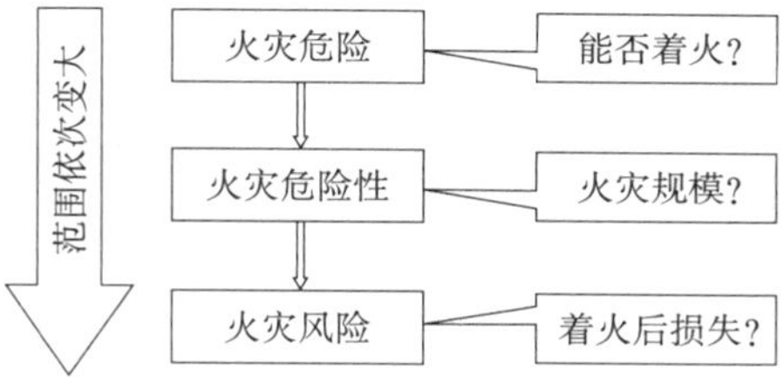

图 2-4 火灾危险、火灾危险性和火灾风险关系示意图

第三节 火灾风险评估方法的分类与基本流程

一、火灾风险评估方法的分类

(一)按建筑所处状态

根据建筑所处的不同状态,可以将火灾风险评估分为预先评估和现状评估。

1. 预先评估

预先评估是在建设工程的开发、设计阶段所进行的风险评估,用于指导建设工程的开发和设计,以在建设工程的基础阶段最大限度地降低建设工程的火灾风险。以计算机模拟为主的性能化防火设计评估属于预先评估。

建筑防火设计以防止和减少火灾危害,保护人身和财产安全为目标。消防性能化设计以消防安全工程学为基础,采用的防火设计方法区别于传统的按照建筑规范标准进行设计,但其防火设计目标具有一致性。因此,不能以消防性能化设计为由任意突破现行的国家标准规范,必须确保采用消防性能化设计的建筑的消防安全水平不低于按照现行国家标准规范进行防火设计的消防安全水平。

2. 现状评估

现状评估是在建筑(区域)建设工程已经竣工,即将投入运行前或已经投入运行时所处的阶段进行的风险评估,用于了解建筑(区域)的现实风险,以采取降低风险的措施。由于在建筑(区域)的运行阶段,对建筑(区域)的风险已有一定了解,因而与预先评估相比,现状评估更接近于现实情况。当前的火灾风险评估大多数属于现状评估。

(二)按指标处理方式

在建筑(区域)风险评估的指标中,有些指标本身就是定量的,可以用一定的数值来表示;有些指标则具有不确定性,无法用一个数值来准确地度量。因此,根据建筑(区域)风险评估指标的处理方式,可以将风险评估分为定性评估和定量评估。常用的定性评估方法有安全检查表。

1. 定性评估

定性评估是依靠人的观察分析能力，借助于经验和判断能力进行评估。在风险评估过程中，无须将不确定性指标转化为确定的数值进行度量，只需进行定性比较。

2. 半定量评估

半定量评估是在风险量化的基础上进行的评估。在评估过程中，需要通过数学方法将不确定的定性指标转化为量化的数值。由于其评估指标可进行一定程度的量化，因而能够比较准确地描述建筑（区域）的风险。

3. 定量评估

定量评估是在评估过程中所涉及的参数均已经通过实验、测试、统计等各种方法实现了完全的量化，且其量化数值可被业界公认。因其评估指标可完全量化，因而评估结果更为精确。

（三）按照评估原理及过程划分

1. 对照规范评定

以消防规范为依据，逐项检查消防设计方案是否符合规范要求。这也是我国进行防火设计审查采用的基本方法，简便易行，适用于符合现行消防规范的一般建筑，但对应用最新技术成果、结构和功能复杂的新型建筑可能不适用。

2. 逻辑分析方法

基于演绎分析，运用运筹学原理对火灾发生原因及结果进行逻辑分析，揭示其中的逻辑关系。该法能对导致事故的隐患及其逻辑关系进行定性描述，构造有关事故隐患的逻辑图，并对各隐患以事故概率的形式进行定量分析。但因涉及因素多，数据量大，对大型事故进行逻辑分析较难。

3. 计算机模化法

应用计算机数值分析建立火灾模型，对火灾过程的各方面（如火灾发生发展、烟气产生与扩散、消防设施情况及人员反应与行为等）进行动态模拟，计算火场温度、压力、气体浓度、烟密度等参数，并考察其影响，估计对人员和财产的危险程度，从而做出安全性评价。该方法能定量比较不同方案的火灾危险程度，方便、科学地进行火灾模拟与评估，选定最经济合理的消防措施，但评估结果的可靠性依赖于模型的精确性，需要丰富的数据，涉及面广，工作量大。

4. 综合评估方法

基于数据统计建立评估对象的影响因素集，并确定它们的影响程度等级和权重实施计算。通过系统工程的方法，考察各系统组成要素的相互作用以及对建筑物火灾发生发展的影响，做出对整个建筑物消防安全性能的评价。此方法面向实际，但过多依赖专家，主观成分较大，且评估结果仅能确定危险等级，不能得出精确的定量结果。

上述几种方法通常被认为最具推广价值的当属计算机模化法。该方法离实际的普及虽尚待时日，却是研究消防安全评估的主要工具，也更符合火灾工程学的发展方向。计算机模化法的步骤主要分为设定消防安全目标、确定定量分析方法、设定指标参数、设计火灾、定量分析等几个步骤。

二、火灾风险评估基本流程

火灾风险评估的基本流程有以下几方面。

（一）前期准备

明确火灾风险评估的范围，收集所需的各种资料，重点收集与实际运行状况有关的各种资料与数据。评估机构依据经营单位提供的资料，按照确定的范围进行火灾风险评估。

所需主要资料从以下方面收集。

（1）评估对象的功能；

（2）可燃物；

（3）周边环境情况；

（4）消防设计图样；

（5）消防设备相关资料；

（6）火灾应急救援预案；

（7）消防安全规章制度；

（8）相关的电气检测和消防设施与器材检测报告。

（二）火灾危险源的识别

应针对评估对象的特点，采用科学、合理的评估方法，进行火灾危险源识别和危险性分析。

（三）定性、定量评估

根据评估对象的特点，确定消防评估的模式及采用的评估方法。在系统生命周期内的运行阶段，应尽可能采用定量化的安全评估方法，或定性与定量相结合的综合性评估模式进行分析和评估。

（四）消防管理现状评估

消防安全管理水平的评估主要包含以下三个方面。

（1）消防管理制度评估；

（2）火灾应急救援预案评估；

（3）消防演练计划评估。

（五）确定对策、措施及建议

根据火灾风险评估结果，提出相应的对策措施及建议，并按照火灾风险程度的高低进行解决方案的排序，列出存在的消防隐患及整改紧迫程度，针对消防隐患提出改进措施及改善火灾风险状态水平的建议。

（六）确定评估结论

根据评估结果明确指出生产经营单位当前的火灾风险状态水平，提出火灾风险可接受程度的意见。

（七）编制火灾风险评估报告

评估流程完成后，评估机构应根据火灾风险评估的过程编制专门的技术报告。

第四节 火灾风险源识别与分析

火灾风险评估是查找评估对象面临的火灾风险来源的一个过程。火灾风险识别是开展火灾风险评估工作所必需的基础环节，只有充分、全面地把握评估对象所面临的火灾风险的来源，才能完整、准确地对各类火灾风险进行分析、评判，进而采取针对性的火灾风险控制措施，确保将评估对象的火灾风险控制在可接受的范围之内。一般情况下，火灾风险的来源不是一成不变的，而是与评估对象的特点息息相关。此外，由于人们对火灾风险概念的认识不同，对火灾风险来源的理解也会存在差异，因此最终的风险识别结果也会发生一些变化，但是这种变化通常不会影响最终的评估结果，只是评估过程因人而异。总体而言，火灾风险的来源与火灾的发生发展过程密切相关，而由于火灾的发生发展过程具有一定的随机性，因此，火灾风险评估也具有较强的动态特性。

一、火灾发展过程与火灾风险评估

火灾评估的过程与火灾发生发展的过程是紧密相联的。一般情况下，火灾发生发展过程可以分为起火（阴燃或明火引起）、增长、充分发展、衰退直至最终熄灭几个阶段，建筑内火灾的发展过程一般可用图 2-5 示意描述。

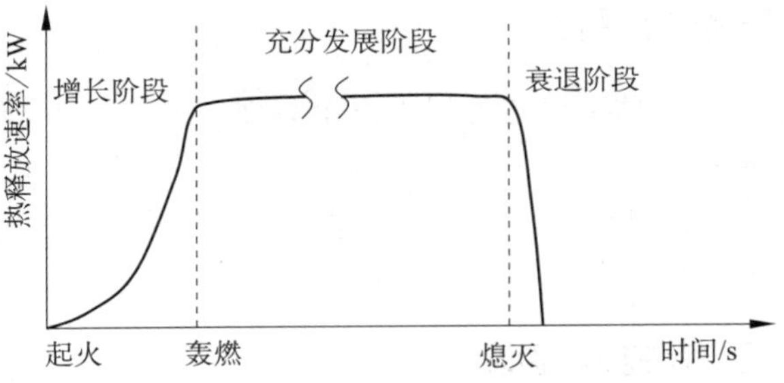

图 2-5 火灾的各个发展阶段示意图

（一）火灾发生

由于各种因素的影响，致使有火源突破控制，例如，雷电、地震、电气或设备故障以及人为纵火，造成物质的燃烧，引起火灾的发生。

这一阶段考虑的是评估对象是否存在着火的可能性，其中有哪些因素可能导致火源突破控制，引起火灾的发生，重点评估着火因素，这些可能引起火灾的因素即为火灾危险源，这一阶段的评估称为火灾危险源评估。火灾危险源的评估不能完全采用定量化的方法进行，需要根据以往的经验和历史统计数据进行分析和判断。

（二）火灾发生初期

在火灾的发生初期，物质的燃烧主要受其物理性质和周边环境的影响，通常用如通风状况、燃料数量、环境温度、燃烧时间等自然状态下的条件影响来衡量火灾可能造成的后果损失。

这一阶段考虑的是物质着火后，在纯自然状态下评估火灾可能引起的后果损失，不考虑各种内外部消防措施和消防力量的干预作用，这一阶段的评估称为火灾危险性评估。由于物质的火灾荷载、可燃物之间的距离、通风状况、建(构)筑物的耐火性能、人员数量等参数均存在可量化的数值，因此火灾危险性评估可采用量化的方法(现场实验、相似模拟实验和计算机模拟方法)进行。

（三）火灾发展中期

火灾发生后，物质的燃烧受到建(构)筑物内自动灭火系统启动灭火，防排烟系统发挥防烟分隔和排烟功能，人员参与灭火等消防措施和内部消防力量的影响。根据这些因素的共同作用效率，来衡量火灾产生的后果损失。

通常情况下，按照相应的建筑防火设计规范等相关消防标准规范，建(构)筑物内部会设有火灾自动报警、自动灭火系统、防排烟系统等建筑消防设施。此外，建(构)筑物内会安排消防值守人员，并且内部人员接受过初期火灾扑救、组织疏散的训练，有时还可能拥有自己的消防队伍，具有专业的灭火救援能力。物质着火后，由于物质的燃烧受到这些因素的共同作用的影响，因此后果损失的严重程度与这些因素的作用效率密切相关，这一阶段的评估称为狭义火灾风险评估。

（四）火灾发展中后期

在物质着火后，除了上述建筑消防设施功能和单位相关人员能力外，还考虑在初期火灾扑救失败之后，外部的消防力量(如消防部队、专职消防队、义务消防队等)进行干预，投入灭火救援工作，根据这些因素共同作用的效率，来衡量火灾产生的后果损失。

物质着火后，虽然建筑消防设施和内部人员对物质的燃烧过程进行了干预，但是由于某项消防措施失效，或者人员灭火能力欠缺等种种原因导致依靠单位自身的能力无法扑灭火灾，这时就需要出动消防部队以及调动专职消防队、义务消防队赶赴现场灭火，这一阶段的评估称为广义火灾风险评估。

目前已经有许多可用的评估方法，而这些方法有其各自的特点和适用性，因此，可以根据评估的目标对象所处的不同阶段来选择适用的方法。

根据上述火灾发生发展的四个阶段，建筑防灭火工作大体上也可以划分为四个主要环节，即火灾预防、火灾报警、人员疏散和灭火救援，其中防止火灾发生是消防工作的首要任务。为了防止和预防火灾的发生，以及在火灾发生后采用各种手段减少火灾造成的损失，人们根据火灾发生发展的不同阶段采取了不同的设计，设置了不同的消防控制措施。火灾风险评估需要针对这些设计和消防控制措施逐一进行。因此，评估需要首先对可能引起建筑物发生火灾的主要原因（火灾危险源）进行分析，以便从源头上做好消防安全工作。

由于火灾发生发展的过程涉及多种因素，火灾风险的大小与这些因素及其共同作用的结果密切相关，因此，火灾风险评估的过程，就是探索各影响因素之间的动态变化的过程。在这些影响因素之间，既有有利因素，也有不利因素。火灾风险评估的结果就是不利因素与有利因素动态博弈的结果。火灾风险评估需要承认火灾的内在规律性，并在此基础上，实现火灾自然属性与社会属性的有机统一。进行火灾风险评估，离不开其评估的环境。火灾风险是随着经济社会的发展而发生变化的，在不同的经济社会发展阶段，人们对火灾风险的可接受水平也不同。由于火灾的随机性和不确定性，以及火灾与人民群众生活息息相关，目前还未发现有哪个国家和地区明确表明可接受的火灾量化风险水平。

二、影响火灾发生的因素

可燃物、助燃剂（主要是氧气）和火源是物质燃烧三个要素。火灾是时间和空间上失去控制的燃烧，简单说就是人们不希望出现的燃烧。因此，可以说可燃物、助燃剂、火源、时间和空间是火灾的五个要素。

消防工作的主要对象就是围绕着这五个要素进行控制。控制可分为两类：对于存在生产生活用燃烧的场所，即将燃烧控制在一定的范围内，控制的对象是时间和空间；对于除此之外的任何场所，控制不发生燃烧，控制的对象是燃烧三要素，即控制这三要素同时出现的条件。

在非燃烧必要场所，除了生产用可燃物存放区域以外，可燃物贯穿于穿、住、行、用等日常生活的各个方面，所以无法完全消除可燃物，只能是对可燃物进行控制。在这些可燃物之中，有些是易燃物，有些是非易燃物。可燃物控制的目标，就是将可燃物限制在一定的范围内，包括可燃物的数量和存在场所，控制的重点是易燃物质。控制的效果越好，发生火灾的可能性就越小，造成人员生命、财产损失的后果严重性就越低，火灾风险也就越小。氧气作为助燃剂，是真正的无所不在，人们根本无法控制，所能控制的是可作为助燃剂的强氧化剂。火源与人们的生产生活密切相关，也是人们最容易控制的要素，因此这也是火灾控制的首要任务。在燃烧必要场所，只要燃烧在我们预想的时间和空间中进行，就不会发生火灾。在时间和空间的控制中，也包含对燃烧三要素的控制，它受燃烧三要素的影响。从以上分析可以看出，在这三要素中，受人的主观能动性影响最大的是火源。正如前所述，火灾是不能完全避免的，也就是说，由于各种因素的影响，总会有火源突破控制，导致火灾的发生。例如雷电、地震、电气或设备故障以及人为纵火。

三、影响火灾后果的因素

在发生火灾之后，人们希望能够在第一时间发现，并发出警报，提示人员疏散，采取初步灭火措施，并向公安消防机构报警。对于规模相同的初起火灾，对于其火灾危险来说是相同的，但是由于后续步骤的不同，所存在的火灾风险是不同的。例如，由于警报失效，未能及时发现，导致小火酿成大火；疏散通道不畅，指示标志不明，人员大量伤亡；着火场所无灭火设施，未能有效进行初期控制，火灾大规模蔓延；消防队伍未能及时到场、灭火设备质量无法满足要求、消防队伍技能受限等，都会导致火灾损失加大，从而提高火灾风险。

从上述火灾发展的动态特性分析可以看出，根据评估对象的范围和对评估结果要求的深度和广度不同，火灾风险表达式中的后果，在不同阶段会有不同的表现形式。通常可分为以下几种情形。

(1) 在物质着火后，不考虑各种消防力量的干预作用，只根据物质的物理性质和周边环境条件，如通风状况、燃料数量、环境温度、燃烧时间等自然状态下的发生发展过程，来确定火灾产生的后果。

(2) 在物质着火后，考虑建筑物内部自动报警、自动灭火和防火隔烟等建筑消防设施的功能，单位内部人员的消防意识、初期火灾扑救能力、组织疏散能力，以及单位内部可能拥有的消防队伍的灭火救援能力等因素。根据这些因素的共同作用效率，来确定火灾生产的后果。

(3) 在物质着火后，除了上述建筑消防设施功能和单位相关人员能力外，还要考虑在初期火灾扑救失败之后，外部的消防力量(如消防部队、专职消防队、义务消防队等)进行干预，投入灭火救援工作，根据这些因素共同作用的效率，来确定火灾产生的后果。

四、火灾危险源

(一) 客观因素

1. 电气引起火灾

在全国的火灾统计中，由各种诱因引发的电气火灾，一直居于各类火灾原因的首位。根据以往对电气火灾成因的分析，电气火灾原因主要有以下几种。

(1) 接头接触不良导致电阻增大，发热起火。

(2) 可燃油浸变压器油温过高导致起火。

(3) 高压开关的油断路器中由于油量过高或过低引起气体爆炸起火。

(4) 熔断器熔体熔断时产生电火花，引燃周围可燃物。

(5) 使用电加热装置时，不慎放入高温时易爆物品导致爆炸起火。

(6) 机械撞击损坏线路导致漏电起火。

(7) 设备过载导致线路温度升高，在线路散热条件不好时，经过长时间的过热，导致电缆起火或引燃周围可燃物。

(8) 照明灯具的内部漏电或发热引起燃烧或引燃周围可燃物。

2. 易燃易爆物品引起火灾

爆炸一般是由易燃易爆物品引起。可燃液体的燃烧实际上是可燃液体蒸气的燃烧。柴油属于丙类火灾危险性可燃液体,其闪点为60～120℃,爆炸极限范围为1.5%～6.5%。柴油的电阻率较大,易于积聚静电。柴油的爆炸可分为物理爆炸和化学爆炸。如果存放柴油的油箱过满,没有预留一定的空间,则在高温环境下,柴油受热鼓胀会发生爆炸。另外,如果油箱密封不严,造成存放的柴油泄漏挥发,或油箱内的柴油蒸气向外挥发,在储油间内的柴油蒸气达到其爆炸极限的情况下,遇到明火、静电或金属撞击形成的火花时,都会产生爆炸。

3. 气象因素引起火灾

火灾的发生与气象条件密切相关,影响火灾的气象因素主要有大风、降水、高温以及雷击。

(1) 大风。大风是影响火灾发生的重要因素。大风时不但可能吹倒建筑物、刮倒电线杆或者吹断电线,引起火灾,而且它可以作为火的媒介,将某处的飞火吹落至别处,导致火场扩大,或产生新的火源,造成异地火灾。此外,大风也是助长火势蔓延的一个重要因素。风速大,火灾蔓延也快,特别是风干物燥,大风天易于起火成灾,而且易于扩大燃烧面积。

(2) 降水。降水对火灾的影响作用可以分为两个方面。一方面,降水增加了可燃物的含水量,潮湿的可燃物遇火不易燃烧,火势也不易蔓延,所以降水是火灾发生、蔓延的抑制因素。另一方面,降水大小对自燃物质也有显著的影响。由于降水增加了空气湿度,使自燃物质的湿度加大,一定的水分能起到催化剂的作用,可加速自燃物质的氧化而自燃。尤其是在出现暴雨的时候,由于具有突发性、来势猛、强度大及局部性强的特点,往往在短时间内积聚大量的雨水,如果排水不畅,可能造成局部积水,严重时甚至会形成局部洪涝,使电气线路和设备短路,引起火灾。

(3) 高温。在高温环境下,生产生活用电负荷将增大,使电气线路处于满负载状态,加速了电气线路的老化。同时,对于存在自燃起火危险的物品,高温环境将有利于其自然氧化。气象上把最高气温高于35℃定义为高温天气;把日平均气温高于30℃(或日最低气温高于25℃)定义为高温闷热天气。

(4) 雷击。在雷雨天气中,如果建筑物防雷击设施不够齐备,在受到雷击时,电气线路容易发生故障、出现燃烧,或者建筑物内部电器设备受到雷的直击发生爆炸,引起火灾。严重时可能直接击中人体,造成人员伤亡。

(二) 人为因素

1. 用火不慎引起火灾

用火不慎主要发生在居民住宅中,主要表现为:用易燃液体引火或灶前堆放柴草过多,引燃其他可燃物;用液化气、煤气等气体燃料时,因各种原因造成气体泄漏,在房内形成可燃性混合气体，遇明火产生爆炸起火；家庭炒菜炼油，油锅过热起火；未完全熄灭的燃料灰随意倾倒引燃其他可燃物；夏季驱蚊，蚊香摆放不当或点火生烟时无人看管；停电使用明火照明，不慎靠近可燃物，引起火灾；烟囱积油高温起火。

2. 不安全吸烟引起火灾

吸烟人员常常会出现随便乱扔烟蒂、无意落下烟灰、忘记熄灭烟蒂等不良吸烟行为，一部分导致火灾。由香烟引起的火灾，以引燃固体可燃物，尤其是引燃床上用品、衣服织物、室内装潢、家具摆设等居多。据美国加利福尼亚消防部门试验，烧着的烟头的温度范围从 288℃（不吸时香烟表面的温度）到 732℃（吸烟时香烟中心的温度）。有的资料还介绍，一支香烟停放在一个平面上可连续点燃 24min。炽热的香烟温度，从理论上讲足以引起大多数可燃固体以及易燃液体、气体的燃烧。

3. 人为纵火

放火造成的人员伤亡仅次于用火不慎。放火的原因有多种，主要可分为是社会内部矛盾的激化和敌对势力蓄意破坏。根据火灾燃烧学的原理，引起火灾的前提是满足物质燃烧的三个必要条件，即点火源（能量）、可燃物和助燃剂（氧气等）。在这几个条件中，可燃物和助燃物无处不在，所以要防止放火致灾，关键是控制火种和易燃物，如果火种或易燃易爆危险物品控制不力，都有可能发生人为纵火的事件。

五、建筑防火

（一）被动防火

1. 防火间距

防火间距是两栋建（构）筑物之间，保持适应火灾扑救、人员安全疏散和降低火灾时热辐射等的必要间距。为了防止建筑物间的火势蔓延，各栋建筑物之间留出一定的案例距离是非常必要的。这样能减少辐射热的影响，避免相邻建筑物被烤燃，并可提供疏散人员和灭火战斗人员的必要场地。影响防火间距的主要因素：①热辐射；②热对流；③建筑物外墙开口面积；④建筑物内可燃物的性质、数量和种类；⑤风速；⑥相邻建筑物的高度；⑦建筑物内消防设施的水平；⑧灭火时间的影响。

2. 耐火等级

为了保证建筑物的安全，必须采取必要的防火措施，使之具有一定的耐火性，即使发生了火灾也不至于造成太大的损失，通常用耐火等级来表示建筑物所具有的耐火性。一座建筑物的耐火等级不是由一两个构件的耐火性决定的，而是由组成建筑物的所有构件的耐火性决定的，即是由组成建筑物的墙、柱、梁、楼板等主要构件的燃烧性能和耐火极限决定的。

3. 防火分区

防火分区是指采用防火分隔措施划分出的、能在一定时间内防止火灾向同一建筑的其余部分蔓延的局部区域(空间单元),主要通过涵盖面积来确定。通过划分防火分区这一措施,在建筑物一旦发生火灾时,可以有效地把火势控制在一定的范围内,减少火灾损失,同时可以为人员安全疏散、消防扑救提供有利条件。防火分区主要是通过能在一定时间内阻止火势蔓延,且能把建筑内部空间分隔成若干较小防火空间的防火分隔设施来实现的,常用防火分隔有防火墙、防火门、防火卷帘等。

4. 消防扑救条件

建筑的消防扑救条件可根据消防通道和消防扑救面的实际情况进行衡量。消防通道是指包括有无穿越建筑的消防通道、环形消防车道以及消防电梯等。消防通道的畅通及完备可以保证发生火灾时消防车能够顺利到达火场,消防人员迅速开展灭火战斗,及时扑灭火灾,最大限度地减少人员伤亡和火灾损失。在实际建筑中,消防车道一般可与交通道路、桥梁等结合布置。消防扑救面是指登高消防车能靠近主体建筑,便于消防车作业和消防人员进入建筑进行抢救人员和扑灭火灾的建筑立面。

5. 防火分隔设施

如前所述,常用的防火分隔设施有防火墙、防火门以及防火卷帘等。在通过消防设计审核和验收之后,防火墙就基本上就不会发生什么变化。而防火门和防火卷帘即使在消防设计审核和验收之后,在实际运行时也有可能出现一些问题,包括常闭防火门未关闭或关闭不严、防火门损坏;防火卷帘下部堆放物品,或是维护保养不及时,致使滑轨滑槽锈蚀,造成防火卷帘无法达到预定位置;常开防火门由于控制系统损坏或出现故障,紧急情况下无法关闭。如果出现上述种种问题,都会使防火分区不能达到预定的消防设计要求,无法实现火灾时防止火灾蔓延的目的。

(二)主动防火

1. 灭火器材

灭火器材在很大程度上相当于一线的卫士,担负着扑灭或控制初期火灾的重任。灭火器材的配置是否符合要求,以及是否能够及时维护,保持其完好可用性,都将决定着潜在火势的发展状况。根据《建筑灭火器配置设计规范》(GB 50140—2010),民用建筑灭火器配置场所的危险等级,应根据其使用性质、火灾危险性、可燃物数量、火灾蔓延速度以及扑救难易程度等因素,划分为以下三级。

严重危险级:功能复杂、用电用火多、设备贵重、火灾危险性大、可燃物多、起火后蔓延迅速或容易造成重大火灾损失的场所。

中危险级:用电用火较多、火灾危险性较大、可燃物较多、起火后蔓延迅速的场所。

轻危险级:用电用火较少、火灾危险性较小、可燃物较少、起火后蔓延较慢的场所。

2. 消防给水

消防给水系统完善与否,直接影响火灾扑救的效果。据火灾统计,在扑救成功的火灾案例中,93%的火场消防给水条件较好,水量、水压有保障;而在扑救失利的火灾案例中,81.5%的火场消防供水不足。许多大火失去控制,造成严重后果,大多与消防给水系统不完善、火场缺水有密切关系。

3. 火灾自动报警系统

火灾自动报警系统是一套不需要人工操作的智能化系统，一旦建筑物内某个部位发生火灾，火灾探测器就可以检测到现场的火焰、烟雾、高温和特有气体等信号，并转换成电信号，经过与正常状态阈值比较后，给出火灾的报警信号，通过自动报警控制器上的报警显示器显示出来，告知值班人员某个部位失火。同时通过自动报警控制器启动报警装置报警。

火灾探测器是火灾自动报警系统的重要组成部分，它分为感烟火灾探测器、感温火灾探测器、气体火灾探测器、感光火灾探测器四种。在实际应用中将根据火灾的特点、安装场所环境特征、房间高度等因素选择合适的探测器，以达到及时、准确报警的目的。

4. 防排烟系统

防烟、排烟的目的是要及时排除火灾产生的大量烟气，阻止烟气向防烟分区外扩散，确保建筑物内人员的顺利疏散和安全避难，并为消防救援创造有利条件。建筑内的防烟、排烟是保证建筑内人员安全疏散的必要条件。排烟方式主要有机械排烟和自然排烟两种；防烟方式主要有固体防烟、加压送风防烟和空气流防烟三种。在进行排烟的同时还必须进行补风，因为排烟过程是烟气与空气对流置换过程。补风口的面积必须足够大，且应分布合理，否则容易造成烟气与空气的混合，达不到预定的排烟速率。另外，如果补风口过于靠近火源，还可能造成燃烧强度的增大。

5. 自动灭火系统

此处自动灭火系统主要指水自动灭火系统，是指以水为主要灭火介质的灭火系统，它包括自动喷水灭火系统、水喷雾灭火系统、细水雾灭火系统和水炮灭火系统。同样，随着建筑领域的巨大变化，相应灭火系统的选择也更加多样化，设计者应根据建筑的功能、布局、结构特点选择高效、经济、合理的灭火系统，才能有效地扑灭火灾。

6. 疏散设施

安全疏散设施的目的主要是使人能从发生事故的建筑中，迅速撤离到安全场所(室外或避难层、避难间等)，及时转移室内重要的物资和财产，同时，尽可能地减少火灾造成的人员伤亡与财产损失，也为消防人员提供有利的灭火救援条件等。因此，如何保证安全疏散是十分必要的。建筑物中的安全疏散设施，如楼梯、疏散走道和门等，是依据建筑物的用途、人员的数量、建筑物面积的大小以及人们在火灾时的心理状态等因素综合考虑的，因此要确保这些疏散设施的完好有效，保障建筑物内人员和物资安全疏散，减少火灾所造成的人员伤亡与财产损失。根据建筑消防设计规范，公共建筑安全出口的数目通常不应少于两个。设计规范对疏散的距离也做了相应的规定，根据建筑的耐火等级，疏散距离会有所变化。此外，应急照明和疏散指示标志的设置及是否合理，对人员安全疏散也具有主要作用。

六、人员状况

确保在火灾发生时人员安全疏散是实现建筑物功能和活动举办的基本前提，对风险评估结果影响最大的因素之一就是建筑物或活动场地人员的安全疏散。为了确保人员能够在紧急情况下的安全疏散，消防法规中规定应设置消防照明、消防指示、消防广播等消防设施。然而，评估建筑或活动场地内人员是否能够安全疏散，除了上述消防设施，还需要考虑建筑物或活动场地内人员自身的一些特点对安全疏散的影响，主要表现在人员荷载、人员素质、人员熟知度和人员体质几个方面。

（一）人员荷载

人员荷载是决定疏散分析结论的基础，是评估建筑疏散安全性的前提条件。疏散设计是建立在正确的人员荷载统计的基础之上，不同区域人员密度指标不仅与国家、地区、地段以及空间场所的类型和使用因素有关，而且受其平面布置、空间布局、使用面积和内部物体的配置等因素的制约。一方面，如果建筑物实际使用时容纳的人员数量超出设计规模，则会增加人员安全疏散的风险。另一方面，即使建筑物的整体人员荷载在设计的规模范围内，也有可能由于人员分布不均衡，导致建筑物内局部人员荷载过大，造成紧急情况下局部人员疏散存在困难，增加人员安全疏散的风险。一般情况下，建筑物内人员数量越多，造成拥堵的可能性越高。

（二）人员素质

人员素质是一个较为笼统的概念，不同的人会有不同的理解。此处所指人员素质包括人的心理承受能力、应急反应能力和遵守纪律能力。在特定的建筑火灾场景下，因人的心理承受能力、应急反应能力和遵守纪律能力不同，即使在相同的设计安全范围内，疏散相同人员所需的时间也会存在较大差异。定期的人员疏散逃生训练能够显著提高人的心理承受能力、应急反应能力和遵守纪律能力，因此在目前对人员素质高低的衡量还没有明确的判定标准时，可以通过在建筑物中，人员接受疏散逃生的次数和问卷调查结果进行参照判定。

（三）人员熟知度

对于不同的建筑物而言，其使用人群通常是不同的。例如住宅、办公楼、写字楼等，通常情况下除了少量外来办事人员，其使用人员是基本固定的。这些人员长年累月在固定的场所工作活动，对建筑物内结构布局、出口数量及位置、疏散通道和疏散楼梯位置等都非常熟悉，在紧急情况下能够第一时间找到正确的疏散逃生通道，及时疏散到安全区域。而对于影院、剧场、商场等建筑，由于人员流动非常频繁，这些人员对建筑物的消防疏散设施不了解甚至非常不熟悉，紧急情况下容易出现慌乱，在紧急情况下难以正确地找到疏散通道，从而不能及时有效地疏散到安全区域。

（四）人员体质

建筑物中的使用人员通常包含老人、儿童、成年人等，其中还可能有残障人士。由于不同的人群其身体状况不同，其行动能力也存在显著差异。成年人的行走速度要快于老人、儿童和残障人士，其中有些残障人士可能需要别人的协助才有行动能力。对于不同的建筑，人员的比例会有所不同，一般住宅、商场等场所老人和儿童的比例相对较高；办公楼、写字楼、歌舞厅等场所以中青年人员为主；除了体育比赛、演唱会、展览等大型活动有时会有相对集中的残障人士以外，其他场所的残障人士一般较少。不同的建筑物由于健康的老人、儿童、成年人及残障人士所占比例不同，紧急情况下人员安全疏散逃生的风险也会不同，评估时需要综合考虑建筑物中使用人员中不同人群比例的差异。

七、消防安全管理

（一）单位内部管理

1. 消防安全责任制

消防工作的基本制度是实行防火安全责任制。这一制度的基本要求是从各级政府到社会各单位，以及每个公民，都应当对所管辖工作范围内的消防工作负责，切实做到“谁主管、谁负责；谁在岗、谁负责”，保证消防法律、法规和规章的贯彻执行，保证消防安全措施落到实处。

2. 消防设施维护管理

公共建筑内大多采用消防中介机构对消防设施进行维护保养，因此，定期对此类消防中介服务组织行抽查、测试、考核，是强化建筑消防设施维护保养资质管理的重要组成部分。同时还要统一维护保养技术标准，定期向消防部门报告建筑消防设施维护保养的状况。

3. 管理人员及员工消防安全培训

社会单位应当采用理论授课、现场参观、实地操作、火灾事故案例分析等多种方式，定期对全体管理人员和员工进行消防安全培训，系统地开展消防安全法规和消防知识教育，使消防安全责任人、消防安全管理人和部门负责人完全具备检查消除火灾隐患、组织扑救初期火灾、组织人员疏散逃生以及开展消防宣传教育四个能力；使特殊岗位人员全员参加监管部门组织进行的消防案例培训直至通过考核获得上岗证；使全体员工认识到火灾对生命财产的危害，树立防火安全的重要性，了解单位建筑火灾易发的部位、灭火器材的位置和疏散出口的方向等消防常识，基本掌握上述四个能力，自觉防火和维护消防安全设施的有效性。

4. 隐患检查整改机制

火灾隐患的整改，按发生火灾的危险性和整改的难易程度，可以采用当场整改和限期整改两种办法。如果发现单位内部存在违章使用和存放易燃易爆危险物品、违章使用明火作业，在具有火灾、爆炸危险的场所吸烟等容易诱发火灾的隐患，以及锁闭、遮挡、占用安全出口和疏散通道，遮挡或挪用消防器材，常闭式防火门敞开，防火卷帘下方堆放物品，消防设施管理和值班人员脱岗、违章关闭消防设施和切断消防电源等整改起来不需要花费较多时间、人力、物力和财力的火灾隐患，单位及消防部门应当责成有关人员当场整改，并做好记录。

（二）消防监督管理

1. 消防宣传

开展社会面消防宣传工作是做好消防工作的重要基础。通过消防宣传，可以提高社会对消防安全的重视程度，对火灾安全的防范意识，了解火灾的危险性，落实消防制度，消除火灾隐患的重要性以及树立良好的消防法制观念。

2. 消防培训

消防培训是提高公众消防知识水平的重要途径之一。通过消防培训，公众可以掌握最新的技术方法和装备操作技能，并提高实战的分析和解决问题的能力。公众可以在消防培训中了解常见火灾的规律，掌握正确的逃生方法，简单消防器材的使用和处置方法。

3. 监督检查

对火灾危险源状况、建筑防火状况以及单位内部管理状况的监督管理，尤其是隐患排查整治等消防安全保卫的许多方面，在很大程度上依赖于消防监督人员的巡查检查力度。

八、消防力量

（一）消防站

消防站是一座城市、一个地区、一个乡村开展灭火行动的基础设施，也是抵御火灾的根本所在。为了科学合理地建设消防站，有关部门制定了《城市消防站建设标准》，对消防站的建设规模、布局、选址以及装备和人员配备都做了相应的规定。但是，由于各地经济发展水平不平衡以及建设用地的不足，有的地区消防站建设可能达不到《城市消防站建设标准》的要求。另外，对于奥运会、世博会等重大活动，为了确保活动的消防安全，许多场馆设置了固定或临时消防站。临时消防站一般采用的是简易的临时建筑。如果未安装避雷设施，在夏季雷雨天气中，可能会由于雷击引起消防站自身起火或对消防员造成人身伤害。

（二）消防员

消防员数量的多少，直接反映出突发火灾事故时的处置能力。为了提高全社会防控火灾能力和公共消防安全水平，我国正努力构建以公安消防队为主体，政府专职消防队、企业事业单位专职消防队、群众义务消防队和志愿消防队、保安消防队伍等多种形式消防队伍为基础，全面覆盖城乡，有效控制各类火灾的中国特色的消防力量体系。

（三）消防装备

消防装备包括消防车辆、灭火救援装备和防护装备。消防车辆是消防员灭火救援的根本。高层建筑中各种新材料新工艺的应用，火场环境越来越复杂，如果没有一套过硬的消防装备，即使是再优秀的消防员，也不能很好地完成各种灭火救援任务。灭火救援器材是消防员的武器，即使是再优秀的消防员，也必须仰仗其完成各种灭火救援任务，否则，消防员自身将面临巨大的危险。

（四）到场时间

火灾过程一般可分为阴燃、增长、充分发展、衰退直至最终熄灭几个阶段。在发生火灾时，我们希望自动报警系统能够及时报警，启动自动灭火系统灭火；或是建筑内部人员能够使用灭火器材，在阴燃或火灾初期阶段就扑灭火灾。但是由于可燃物的燃烧特性不同，或是各种原因，致使未能在这一阶段尽快扑灭火灾。通常情况下，从消防队接警出动至到达火灾现场，会需要一些时间，我们将这段时间称为到场时间。消防队伍的到场时间长短，将影响到消防队首次灭火时燃烧所处的阶段。通常情况下，消防队的到场时间，主要取决于以下两个因素。

1. 出警距离

消防队与火灾现场之间最近的道路交通的距离越短，到场时间越短。通常情况下，消防队与火灾现场之间可能会有多条可选的道路，此时需能够通过地理信息系统(GIS)系统，实现最优化路径的自动选择，选择最短距离，尽快抵达火灾现场。

2. 道路交通状况

火灾发生时，消防队出警时所选路线的道路交通状况，对消防队的到场起着至关重要的影响。有时即使距离很短，但由于道路限高措施，导致消防车辆无法通行；或者道路年久失修，影响车辆时速；或者交通严重堵塞，消防车寸步难移，都会造成消防队无法及时进入火灾现场，延误最佳灭火时机。同样，需要有实时路况信息系统，在选择行车路线时，避开拥挤道路路段，尽快抵达火灾现场。

（五）预案完善

1. 预案制定

应急预案是筹划灭火救援作战准备与实施的作战文书，是消防部队平时业务建设的一项主要工作。完善的预案能够反映出指挥员的组织、指挥、决策和部署的科学性，同时也是消防官兵对目标单位的熟悉程度、重点部位认定的准确性、指挥流程的科学性以及警力部署的合理性的一个重要体现。

2. 预案演练

预案演练是提升消防部队战斗力的一个必不可少的环节。在完成应急预案之后，还需要进行定期的演练，以检验和完善指挥流程的科学性和实用性、加深官兵对角色和职能的理解、提高实践操作的成效以及查找其中的不足之处，并在此基础上修订完善。

（六）后勤保障

1. 心理保障

长时间的精神压力会对消防官兵的心理状态产不利的心理影响，产生疲惫、厌战的想法。如果不能采取有效的措施消除这些不利的心理状态，将严重削弱消防队伍的战斗力。

2. 食宿保障

灭火救援是一项集技术与体力为一体的特殊工作，消防官兵时刻面临着血与火的考验，他们不但要具备尽可能丰富的专业知识，还必须具有强健的体魄，即力量、速度、耐力、灵活以及柔韧性，这一切在很大程度上取决于合理的膳食营养和充足的睡眠，也是保持充沛体力与准确判断力的前提。

3. 医疗保障

俗话说“打铁须得自身硬”，即使是铁打的金刚、铜铸的罗汉，也抵不过病患。如果疾病预防工作不到位，或者在消防官兵意外患病时，得不到及时的治疗与恢复，将有可能出现非战斗性减员，而且在警力非常紧缺的情况下，要想弥补非战斗性减员空缺，势必需要相关部门投入大量的时间和精力，从其他地区抽调警备进行补充，即使能够及时抽调警备，也有可能造成其他地区保卫力量的不足。

消防安全现状评估技术与方法

第一节　消防安全现状评估常用方法

一、安全检查表法

（一）基本概念

在安全系统工程学科中，安全检查表是最基础最简单的一种系统安全分析方法。它不仅是为了事先了解与掌握可能引起系统事故发生的所有原因而实施的安全检查和诊断的一种工具，也是发现潜在危险因素的一个有效手段和用于分析事故的一种方法。

系统地对一个生产系统或设备进行科学的分析，从中找出各种不安全因素，确定检查项目，预先以表格的形式拟定好用于查明其安全状况的"问题清单"，作为实施时的蓝本，这样的表格就称为安全检查表。

（二）安全检查表的形式

1. 提问式

检查项目内容采用提问方式进行，提问式一般格式见表 3-1 和表 3-2。

表 3-1　×××安全检查表(提问式 1)

<table>
<tr><td>序号</td><td colspan="2">检查项目</td><td colspan="2">检查内容(要点)</td><td colspan="2">是"√"，否"×"</td><td>备注</td></tr>
<tr><td></td><td colspan="2"></td><td colspan="2"></td><td colspan="2"></td><td></td></tr>
<tr><td>检查人</td><td></td><td>时间</td><td></td><td colspan="2">直接负责人</td><td colspan="2"></td></tr>
</table>

表 3-2 ×××安全检查表(提问式 2)

序号	检查项目			是"√",否"×"	备注
检查人		时间		直接负责人	

2. 对照式

检查项目内容后面附上合格标准,检查时对比合格标准进行作答,对照式一般格式见表 3-3。

表 3-3 ×××安全检查表(对照式)

类别	序号	检查项目	合格标准	检查结果	备注
大类分项	编号	检查内容		"合格"打"√" "不合格"打"×"	

(三) 安全检查表的内容和要求

安全检查表的要求包括以下几个方面。

(1) 应按专门的作业活动过程或某一特定的范畴进行编制。

(2) 应全部列出可能造成事故的危险因素,通常从人、机、环境、管理四方面考虑。

(3) 内容文字要简单、明了、确切。

(四) 安全检查表的作用

安全检查表的作用包括以下几个方面。

(1) 根据不同的单位、对象和具体要求编制相应的安全检查表,可以实现安全检查的标准化和规范化。

(2) 使检查人员能够根据预定的目的去实施检查,避免遗漏和疏忽,以便发现和查明各种问题和隐患。

(3) 依据安全检查表检查,是监督各项安全规章制度的实施,制止"三违"的有效方法。

(4) 安全检查表是安全教育的一种手段。

(5) 检查表是主管安全部门和检查人员履行安检职责的凭证,有利于落实安全生产责任制,便于分清责任。

(6) 安全检查表能够带动广大干部职工认真遵守安全纪律,提高安全意识,掌握安全知识,形成全员管安全的局面。

(五) 安全检查表的编制依据

安全检查表的编制依据包含以下几个方面。

1. 有关法律、法规、规章、标准、规程、规范及规定

为了保证安全生产,国家及有关部门发布了一些安全生产的法律、法规、规章、安全标准及文件，这是编制安全检查表的一个主要依据。为了便于工作，有时可将检查条款的出处加注明，以便能尽快统一不同的意见。

2. 国内外事故案例及行业经验

前事不忘，后事之师，以往的事故教训和生产过程中出现的问题都曾付出了沉重的代价，有关的教训必须记取。因此，要收集国内外同行业及同类产品行业的事故案例，从中发掘出不安全因素，作为安全检查的内容。国内外及本单位在安全管理及生产中的有关经验，自然也是一项重要内容。

编制时，应认真收集以往发生的事故教训及使用中出现的问题，包括同行业及同类产品生产中事故案例和资料，把那些能导致发生工伤或损失的各种不安全状态都一一列举出来，此外还应参照对事故和安全操作规程等的研究分析结果，把有关基本事件列入检查表中。

3. 通过系统安全分析确定的危险部位及防范措施是制定安全检查表的依据

结合本单位的经验及具体情况的基础上进行系统安全分析得出的科学结论（确定的危险部位及防范措施）。系统安全分析的方法可以多种多样，如预先危险分析、可操作性研究、故障树等。

由管理人员、技术人员、操作人员和安技人员一起，共同总结本单位生产操作的实践经验，系统分析本单位各种潜在的危险因素和外界环境条件，从而编制出完美的检查表。

4. 相关的科学技术研究成果可作为制定安全检查表的依据

在现代信息社会和知识经济时代，知识的更新很快，编制安全检查表必须采用最新的知识和研究成果。包括新的方法、技术、法规和标准。

（六）安全检查表的编制方法

安全检查表的编制一般采用经验法和系统安全分析法。

1. 经验法

找熟悉被检查对象的人员和具有实践经验的人员，以三结合的方式（工人、工程技术人员、管理人员）组成一个小组。依据人、物、环境的具体情况，根据以往积累的实践经验以及有关统计数据，按照规程、规章制度等文件的要求，编制安全检查表。

2. 系统安全分析法

根据编制的事故树的分析评价结果来编制安全检查表。通过事故树进行定性分析，求出事故树的最小割集，按最小割集中基本事件的多少，找出系统中的薄弱环节，以这些薄弱环节作为安全检查的重点对象，编制成安全检查表。

还可以通过对事故树的结构重要度分析、概率重要度分析和临界重要度分析，分别按事故树中基本事件的结构重要度系数、概率重要度系数和临界重要度系数的大小，编制安全检查表。

（七）安全检查表的编制与实施

1. 确定系统

确定系统是确定出所要检查的对象。检查的对象可大可小，它可以是某一工序，某个工作地点，某一具体设备等。

2. 找出危险点

这一部分是制作安全检查表的关键，因检查表内的项目及内容都是针对危险因素而提出的，所以，找出系统的危险点至关重要。在找危险点时，可采用系统安全分析法及经验和实践等分析寻找。

3. 确定项目与内容编制成表

根据找出的危险点，对照有关制度、标准法规、安全要求等分类确定项目，并写出其内容，按检查表的格式制成表格形式。

4. 检查应用

放到现场实施检查时，要根据要点中所提出的内容，逐一地进行核对，并作出相应回答。

5. 整改

如果在检查中，发现现场的操作与检查内容不符，则说明这一点已存在事故隐患，应该马上给予整改，按检查表的内容实施。

6. 反馈

由于在安全检查表的制作中，可能存在某些考虑不周的情况。所以在检查应用过程中，若发现问题应马上向上汇报、反馈，进行补充完善。

（八）安全检查表的优缺点及注意事项

1. 安全检查表的优点

(1) 安全检查表能够事先编制，可以做到系统化、科学化，不漏掉任何可能导致事故的因素，为事故树的绘制和分析做好准备。

(2) 可以根据现有的规章制度、法律、法规和标准规范等检查执行情况，容易得出正确的评估。

(3) 通过事故树分析和编制安全检查表，将实践经验上升到理论，从感性认识上升到理性认识，并用理论去指导实践，充分认识各种影响事故发生的因素的危险程度（或重要程度）。

(4) 安全检查表按照原因实践的重要顺序排列，有问有答，通俗易懂，能使人们清楚地知道哪些原因事件最重要，哪些次要，促进职工采取正确的方法进行操作，起到安全教育的作用。

(5) 安全检查表可以与安全生产责任制相结合，按不同的检查对象使用不同的安全检查表，易于分清责任，还可以提出改进措施，并进行检验。

(6) 安全检查表是定性分析的结果，是建立在原有的安全检查基础和安全系统工程之上的，简单易学，容易掌握，符合我国现阶段的实际情况，为安全预测和决策提供坚实的基础。

2. 安全检查表的缺点

（1）只能做定性的评价，不能定量。

（2）只能对已经存在的对象评价。

（3）编制安全检查表的难度和工作量大。

（4）要有事先编制的各类检查表，有赋分、评级标准。

3. 使用安全检查表时的注意事项

（1）应用安全检查表实施检查时，应落实安全检查人员。

企业厂级日常安全检查，可由安全技术部门现场人员和安全监督巡检人员会同有关部门联合进行。车间的安全检查，可由车间主任或指定车间安全员检查。岗位安全一般指定专人进行。检查后应签字并提出处理意见备查。

（2）为保证检查的有效定期实施，应将检查表列入相关安全检查管理制度，或制定安全检查表的实施办法。

（3）应用安全检查表检查，必须注意信息的反馈及整改。对查出的问题，凡是检查者当时能督促整改和解决的应立即解决；当时不能整改和解决的应进行反馈登记、汇总分析由有关部门列入计划安排解决。

（4）应用安全检查表检查，必须按编制的内容，逐项、逐内容、逐点检查。有问必答、有点必检，按规定的符号填写清楚。为系统分析及安全评价提供可靠准确的依据。

（九）案例分析

××厂为做好汽车库防火，拟制定安全检查表。

（1）确定系统——“手持灭火器”安全检查表。

当系统确定以后，就应针对所确定的系统，通过标准法规、经验教训、安全要求等，找出系统的危险点。

（2）找出危险点。

① 数量不够。

② 放置位置不当，难于被人看到。

③ 通往灭火器的通道不畅通。

④ 灭火器失效。

⑤ 灭火器选型不当。

⑥ 大家不熟悉灭火器的操作。

⑦ 禁止使用的灭火器类型未更换。

⑧ 未在所规定的地点都配上灭火器。

⑨ 有可能冻结的灭火器未采取防冻措施。

⑩ 用过的或损坏的灭火器未更换。

⑪ 工作人员不知道自己工作区域内的灭火器放置位置。

⑫ 车库内无必备的灭火器。

(3) 确定项目与内容，编制成表，见表3-4。

表3-4 手持式灭火器安全检查表

序号	检查项目	是"√"，否"×"	备注
1	手持灭火器的数量足够吗？		
2	任何人都能迅速看到灭火器吗？		
3	通往灭火器的通道畅通无阻吗？		
4	每个灭火器都有有效的检查标志吗？		
5	灭火器对所要扑灭的火灾适用吗？		
6	每个人都熟悉灭火器的操作吗？		
7	禁止使用的四氯化碳灭火器已被其他类型灭火器更换了吗？		
8	在规定的所有地点都配备灭火器了吗？		
9	灭火剂有可能冻结的灭火器采取防冻措施了吗？		
10	能保证用过的或损坏的灭火器及时地更换吗？		
11	每个人都知道自己工作区域内灭火器放置何处吗？		
12	汽车库内有必备的手持灭火器吗？		

二、预先危险性分析法

(一) 基本概念

预先危险性分析也称初始风险分析，是安全评估的一种方法。预先危险性分析(Preliminary Hazard Analysis，PHA)是一种起源于美国军用标准安全计划要求的方法，主要用于对危险物质和装置的主要区域等进行分析，包括设计、施工和生产前，在一个系统或子系统(包括设计、施工、生产)运转之前，首先对系统中存在的危险性类别、出现条件、导致事故的后果进行分析，其目的是识别系统中的潜在危险，确定其危险等级，防止危险发展成事故。

预先危险分析可以达到以下四个目的。

(1) 大体识别与系统有关的主要危险。

(2) 鉴别产生危险的原因。

(3) 预测事故发生对人员和系统的影响。

(4) 判别危险等级，并提出消除或控制危险性的对策措施。

预先危险分析方法通常用于对潜在危险了解较少和无法凭经验觉察的工艺项目的初期阶段。通常用于初步设计或工艺装置的研究和开发，当分析一个庞大的现有装置或受环境所限无法使用更合适的方法时，常优先考虑PHA法。

(二) 预先危险性分析的评价步骤

(1) 通过经验判断、技术诊断或其他方法调查确定危险源(即危险因素存在于哪个子系统中)，对所分析系统的生产目的、物料、装置及设备、工艺过程、操作条件以及周围环境等进行详细的调查了解。

(2) 根据经验教训及同类行业生产中发生的事故(或灾害)情况，对系统的影响、损坏程度，类比判断所要分析的系统中可能出现的情况，查找能够造成系统故障、物质损失和人员伤害的危险性，分析事故(或灾害)的可能类型。

(3) 对确定的危险源分类，制成预先危险性分析表。

(4) 转化条件，即研究危险因素转变为危险状态的触发条件和危险状态转变为事故(或灾害)的必要条件，并进一步寻求对策措施，检验对策措施的有效性。

(5) 进行危险性分级，排列出重点和轻、重、缓、急次序，以便处理。

(6) 制定事故(或灾害)的预防性对策措施。

在分析系统危险性时，为了衡量危险性的大小及其对系统破坏性的影响程度，一般将预先危险性分析及各类危险性划分为四个等级，见表 3-5。

表 3-5　危险性等级的划分

级别	危险程度	可能导致的后果
Ⅰ	安全的	不会造成人员伤亡及系统损坏
Ⅱ	临界的	处于事故的边缘状态，暂时还不至于造成人员伤亡、系统损坏或降低系统性能，但应予以排除或采取控制措施
Ⅲ	危险的	会造成人员伤亡和系统损坏，要立即采取防范措施
Ⅳ	灾难性的	造成人员重大伤亡及系统严重破坏的灾难性事故，必须果断排除并进行重点防范

(三) 预先危险性分析格式

1. 预先危险性分析的基本格式

预先危险性分析可采用表格形式进行归纳。所用表格格式以及分析内容，可根据预先危险性分析的实际情况确定。此处介绍两种预先危险性分析的基本格式。

(1) 预先危险性分析工作的典型格式表

预先危险性分析工作的典型格式表，见表 3-6。其编制过程是：第一，要了解系统的基本目的、工艺过程、控制条件及环境因素等；第二，将整个系统划分为若干个子系统(单元)；第三，参照同类产品或类似的事故教训及经验，查明分析单元可能出现的危险或有害因素；第四，确定可能出现危险的起因；第五，提出消除或控制危险的对策，在危险不能完全有效控制的情况下，采用损失最少的预防方法。

表 3-6　预先危险性分析工作的典型格式

地区(单元)：＿＿＿＿	会议日期：＿＿＿＿	图号：＿＿＿＿	小组成员：＿＿＿＿		
意外事故	阶段	原因	后果	危险等级	对策
简要的事故名称	危害发生的阶段，如生产、试验、运输、维修、运行等	产生危害的原因	对人员及设备的危害		消除、减少或控制危害的措施

（2）预先危险性分析工作表的通用格式

预先危险性分析工作表的通用格式，采用固定项统计格式，便于计算机管理，见表3-7。表中所标注的数字为固定统计项。

表 3-7 预先危险性分析工作表的通用格式

系统—1 子系统—2 状态—3 编号： 日期：				预先危险性分析表			制表者： 制表单位：	
潜在危险	危险因素	触发事件（1）	发生条件	触发事件（2）	事故后果	危险等级	防范措施	备注
4	5	6	7	8	9	10	11	12

表3-7中各栏目的填写内容：在栏目1中填入所要分析的子系统归属的车间或工段的名称；在栏目2中填入所要分析的子系统的名称；在栏目3中填入子系统处于何种状态或运行方式；在栏目4中填入子系统可能发生的潜在危害；在栏目5中填入产生潜在危害的原因；在栏目6中填入导致产生“栏目5危险因素”的那些不希望发生的事件或错误；在栏目7中填入使“栏目5危险因素”发展成为潜在危害的那些不希望发生的错误或事件；在栏目8中填入导致产生“发生事故的条件栏目7”的那些不希望发生的时间及错误；在栏目9中填入事故后果；在栏目10中填入危险等级；在栏目11中填入为消除或控制危害可能采取的措施，其中包括对装置、人员、操作程序等方面的考虑；在栏目12中填入有关必要说明的内容。

2. 预先危险性分析改良格式

表3-8是预先危险性分析的一种改良表格形式。火灾风险定性评估的最终结果以风险等级表征。火灾风险等级确定主要是针对那些易发生火灾的关键部位，确定出减少和清除发生的可能性及发生后损失的最佳方法。表3-9和表3-10摘录自澳大利亚/新西兰防火标准AS/NZS 4360，分别给出定性后果分级和频率分级，由定性后果和频率的等级可以得到定性风险矩阵，见表3-11。

表 3-8 预先危险性分析表格形式

1	2	3	4	5	6	7	8	9
引发火灾事故的子事件	运作形式	故障模式	概率估计（基于经验）	危害状况	影响分析	危险等级	预防措施	确认

表 3-9 结果的定性分析

等　级	描述词	描述词的详例
1	无关紧要	无人受伤，低经济损失
2	较小	患者急救处理，中等经济损失
3	中等	伤者需要医疗救护，较大经济损失
4	较大	伤者较多，很大的经济损失
5	灾难	有人死亡，巨大的经济损失

表 3-10　概率的定性分析

等　　级	描述词	详　　述
A	基本确定	在大多数情况下会发生
B	很可能	在大多数情况下不可能发生
C	可能	在某一时刻会发生
D	不太可能	在某一时刻可能会发生
E	几乎不可能	异常情况下会发生

表 3-11　定性风险矩阵模型

可能性	造成后果				
	无关紧要 1	较小 2	中等 3	较大 4	灾难 5
A	H	H	N	N	N
B	M	H	H	N	N
C	L	M	H	N	N
D	L	L	M	H	N
E	L	L	M	H	H

注：N——风险极大，需要立刻采取行动；H——风险性高，需要引起上级的高度重视；M——中等风险性，需要指定人员负责处理；L——低风险性，需要日常定期维护管理。

三、事故树分析方法

（一）基本概念

事故树分析(Fault Tree Analysis，FTA)又称故障树分析，是安全系统工程最重要的分析方法之一。该方法是一种演绎推理法，由事故树演绎推理事故过程和原因的评估方法。这种方法把系统可能发生的某种事故与导致事故发生的各种原因之间的逻辑关系用一种称为事故树的树形图表示，通过对事故树的定性与定量分析，找出事故发生的主要原因，为确定安全对策提供可靠依据。事故树评估方法是具体运用运筹学原理对事故原因和结果进行逻辑分析的方法。事故树分析方法先从事故开始，逐层次向下演绎，将全部出现的事件，用逻辑关系联成整体，将能导致事故的各种因素及相互关系，作出全面、系统、简明和形象的描述。

事故树分析的目的：①查找事故原因，以避免或减少事故的发生。②对导致灾害事故的各种因素及逻辑关系作出全面、简洁和形象的描述。③便于查明系统内固有的或潜在的各种危险因素，为设计、施工和管理提供科学依据。④使有关人员、作业人员全面了解和掌握各项防灾要点。⑤便于进行逻辑运算，进行定性、定量分析和系统评价。

事故树定义：树是一个无圈的连通图，事故树是从结果到原因描绘事故发生的有向逻

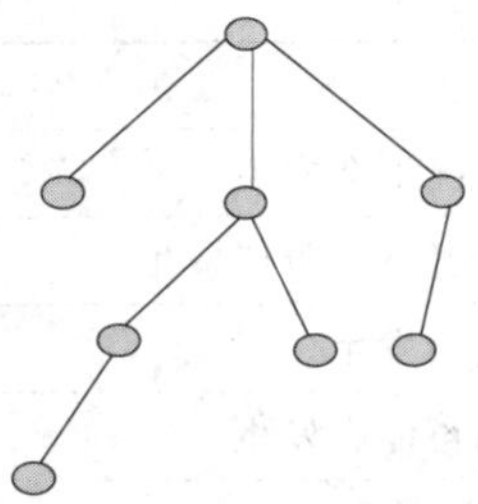
图 3-1 事故树的结构示意图

辑树，形似倒立着的树。“根部”（顶点）表示系统的某一事故；“树杈”（中间节点）表示事故的中间原因；“梢”（叶节点）表示事故发生的基本原因；树中的节点具有逻辑判别性质，用不同逻辑门表示。如图 3-1 所示。

（二）事故树的符号及其意义

事故树采用的符号包括事件符号、逻辑门符号和转移符号三大类。

1. 事件符号

事件符号示意图如图 3-2 所示。

（1）矩形符号。表示顶上事件或中间事件，即需要向下分析的事件。顶上事件一定要明确定义，不能笼统、含糊。如图 3-2(a)所示。

（2）圆形符号。表示基本原因事件。即最基本的不可再向下分析的事件，一般表示缺陷事件。如图 3-2(b)所示。

（3）屋形符号。表示正常事件，即系统在正常状态下发挥正常功能的事件，如图 3-2(c)所示。

（4）菱形符号。有两种含义：①省略事件，即没有必要详细分析或其原因尚不明确的事件；②二次事件，即来自系统之外的原因事件，如图 3-2(d)所示。

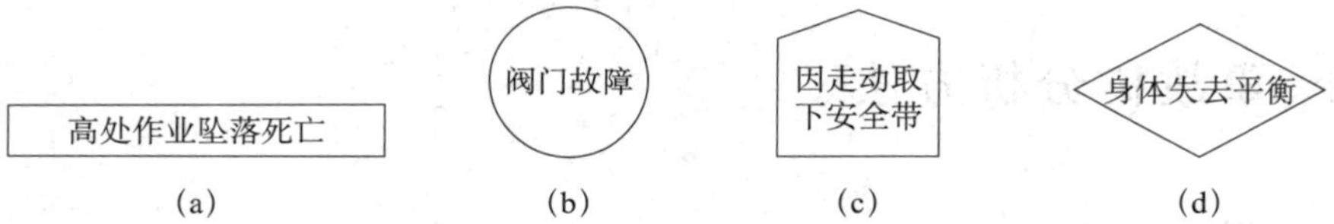

图 3-2 事件符号示意图

上述圆形符号、屋形符号、菱形符号表示的事件都属于基本事件，不必再向下分析。

2. 逻辑门及其符号

逻辑门及其符号如图 3-3 所示。

逻辑门是连接各事件并表示其逻辑关系的符号。

（1）与门(AND gate)。表示输入事件 $E_1, E_2, \cdots, E_n$ 都发生时，输出事件 A 才发生。如图 3-3(a)所示。其逻辑表达式为：

$$A = E_1 \cdot E_2 \cdots E_n \text{（逻辑乘）}$$

（2）条件与门。表示输入事件 $E_1, E_2, \cdots, E_n$ 同时发生，且满足条件 α 时，事件 A 发生。如图 3-3(b)所示。其逻辑表达式为：

$$A = E_1 \cdot E_2 \cdots E_n \cdot \alpha$$

（3）或门(OR gate)。表示输入事件 $E_1, E_2, \cdots, E_n$ 中任意一个发生时，输出事件 A 就会发生。如图 3-3(c)所示。其逻辑表达式为：

$$A = E_1 + E_2 + \cdots + E_n \text{（逻辑和）}$$

（4）条件或门。表示输入事件 $E_1, E_2, \cdots, E_n$ 任一事件发生，还必须满足条件 β 时，输出事件 A 才会发生。如图 3-3(d)所示。其逻辑表达式为：

$$A=(E_1+E_2+\cdots+E_n)\cdot\beta$$

（5）限制门。逻辑上的一种修饰符号，即当输入事件 E 发生且满足事件 α 时，才产生输出事件 A。如图 3-3(e)所示。其逻辑表达式为：

$$A=E\cdot\alpha$$

其他逻辑门还有：非门、排斥或门、优先与门、表决门等。

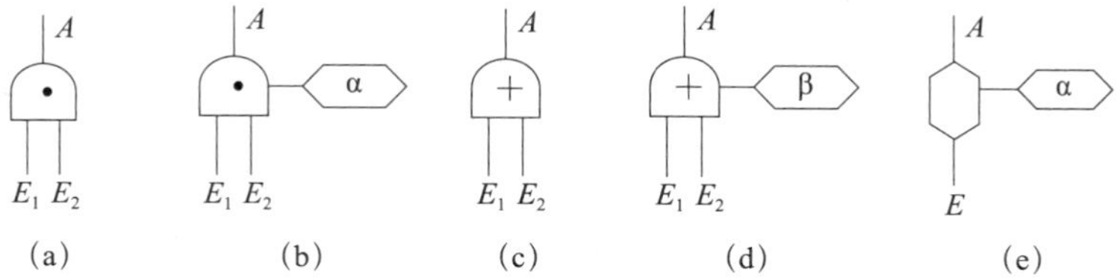

图 3-3　逻辑门及其符号示意图

3. 转移符号

转移符号示意图如图 3-4 所示。

表示部分树的转入和转出。主要用在：①当故障树规模很大，一张图样不能绘出树的全部内容，需要在其他图样上继续完成时。②整个树中多处包含同样的部分树。

（1）转出符号。表示故障树的这部分向其他部分转出。如图 3-4(a)。

（2）转入符号。表示来自于“转出”相对应的转入。如图 3-4(b)。

三角形内应标出向何处转出或何处转入。有多处转移时，三角形内要对应标明数码。

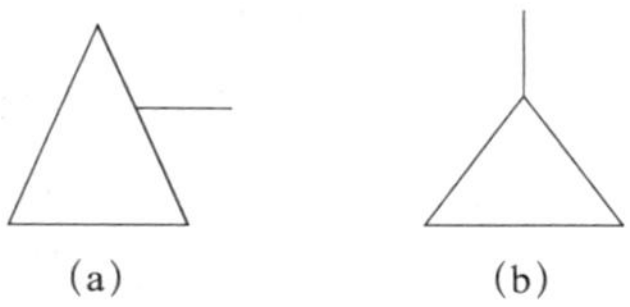

图 3-4　转移符号示意图

（三）事故树分析的步骤和优点及应用

1. 事故树分析的步骤

（1）编制故障树

① 确定所分析的系统，即确定系统所包括的内容及其边界范围。

② 熟悉所分析的系统，即熟悉系统的整体情况。

③ 调查系统发生的各类事故，收集、调查所分析系统或其他同类系统过去及现在发生的所有事故以及将来可能发生的事故。

④ 确定事故树的顶上事件，综合考虑事故发生的频率和事故损失的严重程度这两个参数来确定。

⑤ 调查与顶上事件有关的所有原因事件。

⑥ 事故树作图。从顶上事件起，逐级分析各自的直接原因事件，用逻辑门连接上下层事件，直至所要求的分析深度，最后就形成一株倒置的逻辑树形图。图 3-5 给出了初期灭火失败的事故树分析图。

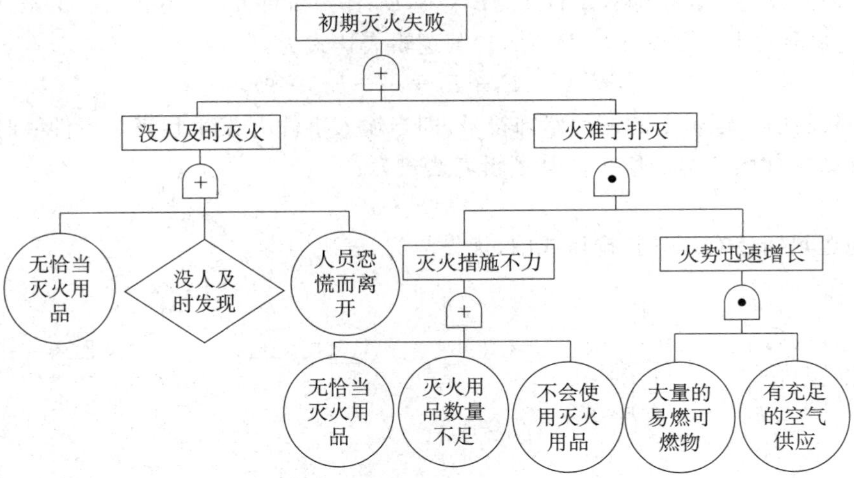

图 3-5 初期灭火失败的事故树分析图

（2）事故树定性分析

① 利用布尔代数化简事故树，求取事故树的最小割集或最小径集。

② 进行结构重要度分析。

（3）事故树定量分析

① 确定各基本原因事件的发生概率。

② 计算事故树顶上事件发生概率，并验证计算结果的正确性。

③ 进行概率重要度和临界重要度分析。

（4）制定事故预防对策

根据分析结论并结合本企业的实际情况，制订具体、切实可行的预防措施。

2. 事故树分析的优点及应用

（1）优点

① 既能找到引起事故的直接原因，又能揭示事故发生的潜在原因，本质原因。

② 逻辑性强，灵活性高，适应范围广。

③ 既可定性分析，又可定量分析。

④ 简单适用，宜于推广。

（2）应用

可用来分析事故，特别是重大恶性事故的因果关系。可进行事故的调查分析、系统的危险性评价、事故的预测、安全措施优化决策、系统安全性设计等很多方面。

（四）事故树的定性分析

1. 割集和最小割集

在事故树中，我们把引起顶上事件发生的基本事件的集合称为割集，也称截集或截止集。一个事故树中的割集一般不止一个，在这些割集中，凡不包含其他割集的，叫作最小割集。换言之，如果割集中任意去掉一个基本事件后就不是割集，那么这样的割集就是最小割集。所以，最小割集是引起顶上事件发生的充分必要条件。

简单的事故树，可以直接观察出它的最小割集。但是，对一般的事故树来说，就不易判断，对于大型复杂的事故树来说就更难。这时，就需要借助某些算法，并需要应用计算机进行计算。求最小割集的常用方法有布尔代数法、行列法、矩阵法等。

用布尔代数法计算最小割集，通常分三个步骤：①建立事故树的布尔表达式。②将布尔表达式化为析取标准式。③化析取标准式为最简析取标准式。

化简最普通的方法是当求出割集后，对所有割集逐个进行比较，使之满足最简析取标准式的条件。但当割集的个数及割集中的基本事件个数较多时，这种方法不但费时，而且效率低。所以常用素数法或分离重复事件法进行化简。

最小割集在事故树分析中起着非常重要的作用，归纳起来有三个方面。

(1) 表示系统的危险性。最小割集的定义明确指出，每一个最小割集都表示顶上事件发生的一种可能，事故树中有几个最小割集，顶上事件发生就有几种可能。从这个意义上讲，最小割集越多，说明系统的危险性越大。

(2) 表示顶上事件发生的原因组合。事故树顶上事件发生，必然是某个最小割集中基本事件同时发生的结果。一旦发生事故，就可以方便地知道所有可能发生事故的途径，并可以逐步排除非本次事故的最小割集，而较快地查出本次事故的最小割集，这就是导致本次事故的基本事件的组合。显而易见，掌握了最小割集，对于掌握事故的发生规律，调查事故发生的原因有很大的帮助。

(3) 为降低系统的危险性提出控制方向和预防措施。每个最小割集都代表了一种事故模式。由事故树的最小割集可以直观地判断哪种事故模式最危险，哪种次之，哪种可以忽略，以及如何采取措施使事故发生概率下降。

2. 径集与最小径集

在事故树中，当所有基本事件都不发生时，顶上事件肯定不会发生。然而，顶上事件不发生常常并不要求所有基本事件都不发生，而只要某些基本事件不发生，则顶上事件就不会发生。这些不发生的基本事件的集合称为径集，也称通集或路集。在同一事故树中，不包含其他径集的径集称为最小径集。如果径集中任意去掉一个基本事件后就不再是径集，那么该径集就是最小径集。所以，最小径集是保证顶上事件不发生的充分必要条件。

求最小径集的方法一般采用对偶树法。根据对偶原理，成功树的顶上事件发生，就是其对偶树(事故树)顶上事件不发生。因此，求事故树最小径集的方法是首先将事故树变换成其对偶的成功树，然后求出成功树的最小割集，即是所求事故树的最小径集。

将事故树变为成功树的方法是将原事故树中的逻辑或门改成逻辑与门，将逻辑与门改成逻辑或门，并将全部事件变成事件补的形式，这样便可得到与原事故树对偶的成功树。

最小径集在事故树分析中的作用与最小割集同样重要，主要表现在以下两个方面。

(1) 表示系统的安全性。最小径集表明，一个最小径集中所包含的基本事件都不发生，就可防止顶上事件发生。可见，每一个最小径集都是保证事故树顶上事件不发生的条件，是采取预防措施，防止发生事故的一种途径。从这个意义上来说，最小径集表示了系统的安全性。

(2) 选取确保系统安全的最佳方案。每一个最小径集都是防止顶上事件发生的一个方案,可以根据最小径集中所包含的基本事件个数的多少、技术上的难易程度、耗费的时间以及投入的资金数量,来选择最经济、最有效地控制事故的方案。

(五) 事故树的定量分析

1. 计算事故树顶上事件的发生概率

事故树的定量分析首先是确定基本事件的发生概率,然后求出事故树顶上事件的发生概率。求出顶上事件的发生概率之后,可与系统安全目标值进行比较和评价,当计算值超过目标值时,就需要采取防范措施,使其降至安全目标值以下。

基本事件的发生概率包括系统的单元(部件或元件)故障概率及人的失误概率等,在工程上计算时,往往用基本事件发生的频率来代替其概率值。

设有事件 $A_1, A_2, \cdots, A_n$ 与顶上事件的发生是"或门"连接,且相互间是独立的,则顶上事件的发生概率为

$$P(A_1 + A_2 + \cdots + A_n) = 1 - \prod_{i=1}^{n} [1 - P(A_i)]$$

设有事件 $A, B, \cdots, N$ 与顶上事件的发生是"与门"连接,且相互间是独立的,则顶上事件的发生概率为

$$P(ABC\cdots N) = P(A) \cdot P(B) \cdot P(C) \cdots P(N)$$

若事件 A、B 与顶上事件的发生是"与门"连接,且 A、B 互为条件,则顶上事件的发生概率为

$$P(AB) = P(A) \cdot P(B|A) = P(B) \cdot P(A|B)$$

2. 结构重要度分析

从事故树结构上分析各基本事件的重要程度,即分析各基本事件的发生对顶上事件的发生所产生的影响程度。结构重要度分析经常采用一种简化算法,即假定各基本事件的发生概率都相等,每个基本事件对顶上事件发生的贡献程度。

结构重要度分析可采用两种方法:①求结构重要系数。②利用最小割集或最小径集判断重要度。前者精确,但烦琐;后者简单,但不够精确。

由于 n 个事件两种状态的组合数共有个 $2n$。把 X_i 作为变化对象,其他事件的状态保持不变的对应组共 $2n-1$ 个。在这些组中共有多少对应组是第二种情况,这个比值就是该事件 X_i 的结构重要系数 $I(i)$,用公式表示为

$$I_{\varphi}(i) = \frac{1}{2^{n-1}} \sum [\varphi(1_i, x) - \varphi(0_i, x)]$$

四、事件树分析方法

(一) 基本概念

事件树分析(Event Tree Analysis,ETA)起源于决策树分析(DTA),它是一种按事

故发展的时间顺序由初始事件开始推论可能的后果,从而进行危险源辨识的方法。事件树分析也称为事故过程分析,其实质是利用逻辑思维的规律和形式,分析事故的起因、发展和结果的整个过程。

事件树分析法是一种时序逻辑的事故分析方法,它以一起初始事件为起点,按照事故的发展顺序,分成阶段,一步一步地进行分析。每一事件可能的后续事件只能取完全对立的两种状态(成功或失败,正常或故障,安全或危险等)之一的原则,逐步向结果方面发展,直到达到系统故障或事故为止。它既可以定性地了解整个事件的动态变化过程,又可以定量计算出各阶段的概率,最终了解事故发展过程中各种状态的发生概率。

(二)事件树分析法的作用

(1) ETA 可以事前预测事故及不安全因素,估计事故的可能后果,寻求最经济的预防手段和方法。

(2) 事后用 ETA 分析事故原因,十分方便明确。

(3) ETA 的分析资料既可作为直观的安全教育资料,也有助于推测类似事故的预防对策。

(4) 当积累了大量事故资料时,可采用计算机模拟,使 ETA 对事故的预测更为有效。

(5) 在安全管理上用 ETA 对重大问题进行决策,具有其他方法所不具备的优势。

(三)事件树的编制程序

1. 确定初始事件

事件树分析是一种系统地研究作为危险源的初始事件如何与后续事件形成时序逻辑关系而最终导致事故的方法。正确选择初始事件十分重要。初始事件是事故在未发生时,其发展过程中的危害事件或危险事件。可以用两种方法确定初始事件:①根据系统设计、系统危险性评价、系统运行经验或事故经验等确定。②根据系统重大故障或事故树分析,从其中间事件或初始事件中选择。

2. 判定安全功能

系统中包含许多安全功能,在初始事件发生时消除或减轻其影响以维持系统的安全运行。常见的安全功能列举如下。对初始事件自动采取控制措施的系统,如自动停车系统等;提醒操作者初始事件发生了的报警系统;根据报警或工作程序要求操作者采取的措施;缓冲装置,如减振、压力泄放系统或排放系统等;局限或屏蔽措施等。

3. 绘制事件树

从初始事件开始,按事件发展过程自左向右绘制事件树,用树枝代表事件发展途径。首先考察初始事件一旦发生时最先起作用的安全功能,把可以发挥功能的状态画在上面的分枝,不能发挥功能的状态画在下面的分枝。然后依次考察各种安全功能的两种可能状态,把发挥功能的状态(又称成功状态)画在上面的分枝,把不能发挥功能的状态(又称失败状态)画在下面的分枝,直至到达系统故障或事故为止。事件树编制过程如图 3-6 所示。

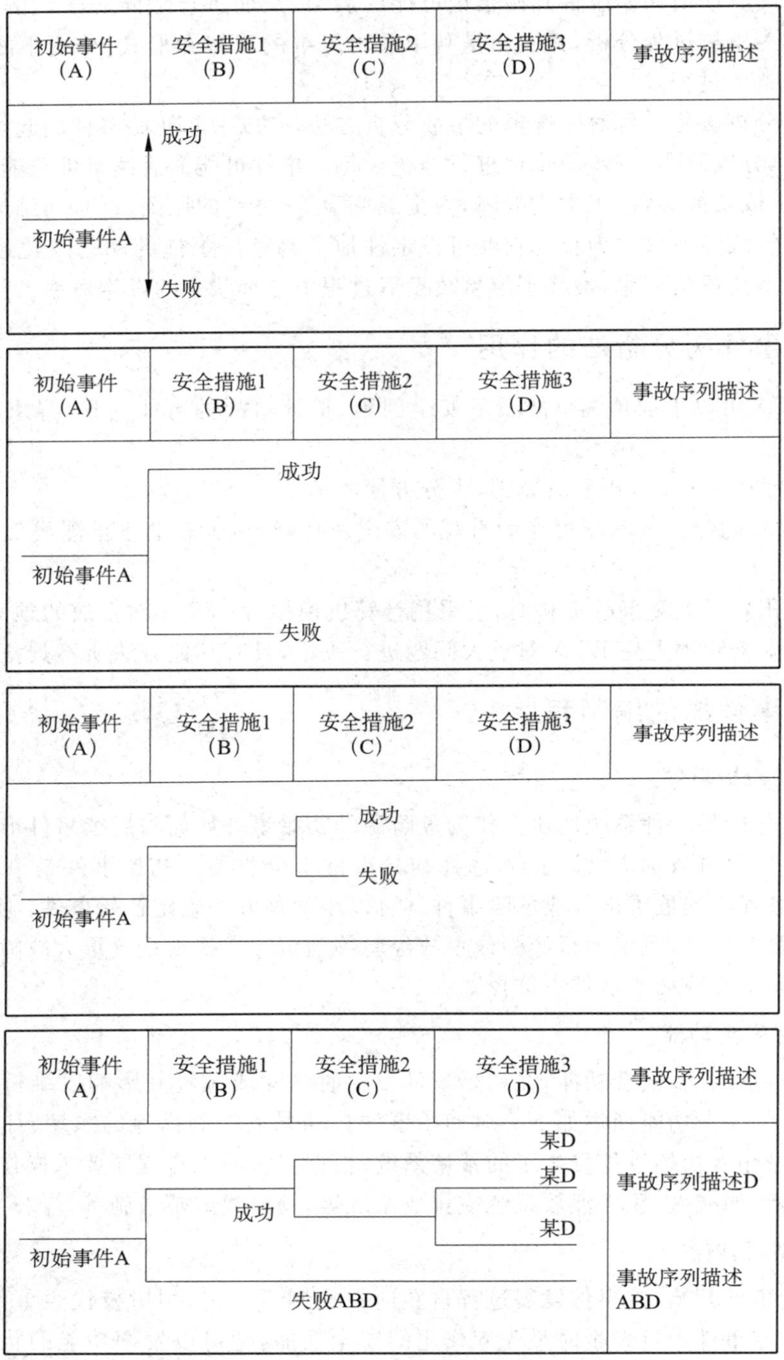

图 3-6 编制事件树过程

4. 简化事件树

在绘制事件树的过程中，可能会遇到一些与初始事件或与事故无关的安全功能，或者其功能关系相互矛盾、不协调的情况，需用工程知识和系统设计的知识予以辨别，然后从树枝中去掉，即构成简化的事件树。

在绘制事件树时，要在每个树枝上写出事件状态，树枝横线上面写明事件过程内容特征，横线下面注明成功或失败的状况说明。

（四）事件树的定性分析

事件树定性分析在绘制事件树的过程中就已进行，绘制事件树必须根据事件的客观条件和事件的特征做出符合科学性的逻辑推理，用与事件有关的技术知识确认事件可能状态，所以在绘制事件树的过程中就已对每一发展过程和事件发展的途径做了可能性的分析。

事件树画好之后的工作，就是找出发生事故的途径和类型以及预防事故的对策。

1. 找出事故连锁

事件树的各分枝代表初始事件一旦发生其可能的发展途径。其中，最终导致事故的途径即为事故连锁。一般地，导致系统事故的途径有很多，即有许多事故连锁。事故连锁中包含的初始事件和安全功能故障的后续事件之间具有“逻辑与”的关系，显然，事故连锁越多，系统越危险；事故连锁中事件越少，系统越危险。

2. 找出预防事故的途径

事件树中最终达到安全的途径指导我们如何采取措施预防事故。在达到安全的途径中，发挥安全功能的事件构成事件树的成功连锁。如果能保证这些安全功能发挥作用，则可以防止事故。一般地，事件树中包含的成功连锁可能有多个，即可以通过若干途径来防止事故发生。显然，成功连锁越多，系统越安全，成功连锁中事件树越少，系统越安全。

（五）事件树的定量分析

事件树定量分析是指根据每一事件的发生概率，计算各种途径的事故发生概率，比较各个途径概率值的大小，做出事故发生可能性序列，确定最易发生事故的途径。一般地，当各事件之间相互统计独立时，其定量分析比较简单。当事件之间相互统计不独立时，则定量分析变得非常复杂。这里仅讨论前一种情况。

1. 各发展途径的概率

各发展途径的概率等于自初始事件开始的各事件发生概率的乘积。

2. 事故发生概率

事件树定量分析中，事故发生概率等于导致事故的各发展途径的概率和。

定量分析要有事件概率数据作为计算的依据，而且事件过程的状态又是多种多样的，一般都因缺少概率数据而不能实现定量分析。

3. 事故预防

事件树分析把事故的发生发展过程表述得清楚而有条理，对设计事故预防方案，制定事故预防措施提供了有力的依据。

从事件树上可以看出，最后的事故是一系列危害和危险的发展结果，如果中断这种发展过程就可以避免事故发生。因此，在事故发展过程的各阶段，应采取各种可能措施，控制事件的可能性状态，减少危害状态出现概率，增大安全状态出现概率，把事件发展过程引向安全的发展途径。

采取在事件不同发展阶段阻截事件向危险状态转化的措施，最好在事件发展前期过程实现，从而产生阻截多种事故发生的效果。但有时因为技术经济等原因无法控制，这时就要在事件发展后期过程采取控制措施。显然，要在各条事件发展途径上都采取措施才行。

（六）事件树分析应用实例

天然气泄漏遇到点火源会着火，引发火灾甚至是燃爆事故。具体分析如图 3-7 所示。

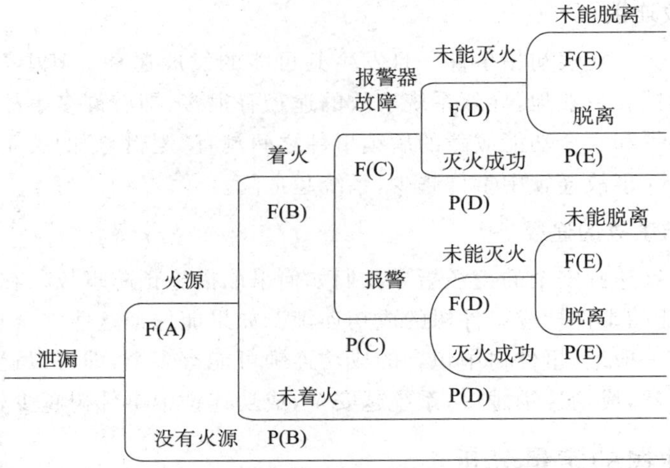

图 3-7 天然气泄漏着火事件树分析示意图

五、专家评分综合评估法

专家评分综合评估法的基本步骤：首先建立消防安全评估指标体系，然后根据不同层次评估指标的特性，选择合理的评估方法，按照不同的风险因素确定风险概率（评分值）；根据各风险因素对评估目标的影响程度，进行定量或定性的分析和计算，确定各风险因素的风险等级。

（一）构建评价指标体系

火灾风险评估的过程，就是探索各影响因素之间动态变化的过程。在这些影响因素之间，既有有利因素，也有不利因素。火灾风险评估的结果就是不利因素与有利因素动态博弈的结果。消防安全涉及许多因素，评估指标体系的构建，就是最大限度地确定这些影响因素，以及综合考虑各种影响因素之间的相互作用。风险评估的核心问题是建立评估指标体系问题，评估指标体系的构建是否科学、合理，直接关系到评估的信度和效度。因此，构建评估指标体系或确定影响因素是火灾风险评估的首要工作。

（二）风险因素量化及处理

考虑人的判断能力的不确定性和个体的认识差异，评分值的设计采用一个分值范围，由参加评估的团队人员运用集体决策的思想，根据所建立的指标体系，按照对安全有利的情况，进行了评分，越有利得分越高，从而降低不确定性和认识差异对结果准确性的影响。然后根据模糊集值的统计方法，通过计算得出统一的结果。

（三）模糊集值统计

对于评估指标 u_i，专家 p_j 依据其评估标准和对该指标有关情况的了解给出一个特征值区间$[a_{ij},b_{ij}]$，由此构成一集值统计系列：$[a_{i1},b_{i1}]$，$[a_{i2},b_{i2}]$，…，$[a_{ij},b_{ij}]$，…，$[a_{mq},b_{mq}]$，见表 3-12。

表 3-12　评估指标特征值的估计区间

专家＼评估	评估指标					
	u_1	u_2	…	u_j	…	u_m
p_1	$[a_{11},b_{11}]$	$[a_{21},b_2]$	…	$[a_{i1},b_{i1}]$	…	$[a_{m1},b_m]$
p_2	$[a_{12},b_{12}]$	$[a_{22},b_2]$	…	$[a_{i2},b_i]$	…	$[a_{m2},b_m]$
⋮	⋮	⋮	⋮	⋮	⋮	⋮
p_j	$[a_{1j},b_{1j}]$	$[a_{2j},b_2]$	…	$[a_{ij},b_{ij}]$	…	$[a_{mj},b_m]$
⋮	⋮	⋮	⋮	⋮	⋮	⋮
p_q	$[a_{1q},b_{1q}]$	$[a_{2q},b_2]$	…	$[a_{iq},b_{iq}]$	…	$[a_{mq},b_m]$

则评估指标 u_i 的特征值可按下式进行计算，即

$$x_i=\frac{1}{2}\sum_{j=1}^{q}[b_{ij}^2-a_{ij}^2]\Big/\sum_{j=1}^{q}[b_{ij}-a_{ij}] \tag{3-1}$$

式中：$i=1,2,\cdots,m$；$j=1,2,\cdots,q$。

（四）指标权重确定

目前，国内外常用评估指标权重的方法主要有专家打分法（即 Delphi 法）、集值统计迭代法、层次分析法等、模糊集值统计法。下面介绍采用专家打分法确定指标权重，这种方法是分别向若干专家（一般以 10～15 名为宜）咨询并征求意见，来确定各评估指标的权重系数。

设第 j 个专家给出的权重系数为 $\lambda_{1j},\lambda_{2j},\cdots\lambda_{ij},\cdots,\lambda_{mj}$。

若其平方和误差在其允许误差 ε 的范围内，即

$$\max_{1\leqslant j\leqslant n}\left[\sum_{i=1}^{m}\left(\lambda_{ij}-\frac{1}{n}\sum_{j=1}^{n}\lambda_{ij}\right)^2\right]\leqslant\varepsilon \tag{3-2}$$

则

$$\bar{\lambda}=\left(\frac{1}{n}\sum_{j=1}^{n}\lambda_{1j},\cdots,\frac{1}{n}\sum_{j=1}^{n}\lambda_{ij},\cdots,\frac{1}{n}\sum_{j=1}^{n}\lambda_{mj}\right) \tag{3-3}$$

为满意的权重系数集。否则,对一些偏差大的 λ_i 再征求有关专家意见进行修改,直到满意为止。

(五)风险等级判断

根据基本指标的分值范围,可以通过下述公式计算上层指标的风险分值。

$$x_i=\frac{1}{2}\sum_{j=1}^{q}\left[b_{ij}^2-a_{ij}^2\right]\Big/\sum_{j=1}^{q}\left[b_{ij}-a_{ij}\right] \tag{3-4}$$

式中:$i=1,2,\cdots,m;j=1,2,\cdots,q$。

最终应用线性加权方法计算火灾风险度,即

$$R=\sum_{i-1}^{n}W_i\times F_i \tag{3-5}$$

式中:R——上层指标火灾风险;

W_i——下层指标权重;

F_i——下层指标评估得分。

根据 R 值的大小可以确定评估目标所处的风险等级。

(六)风险分级

在设定量化范围的基础上结合中华人民共和国公安部2007年下发的《关于调整火灾等级标准的通知》中的火灾事故等级分级标准,可将火灾风险分为四级。见表3-13。

表3-13 风险分级量化和特征描述

风险等级	名称	量化范围	风险等级特征描述
Ⅰ级	低风险	(85,100]	几乎不可能发生火灾,火灾风险性低。火灾风险处于可接受的水平,风险控制重在维护和管理
Ⅱ级	中风险	(65,85]	可能发生一般火灾,火灾风险性中等。火灾风险处于可控制的水平,在适当采取措施后可达到接受水平,风险控制重在局部整改和加强管理
Ⅲ级	高风险	(25,65]	可能发生较大火灾,火灾风险性较高。火灾风险处于较难控制的水平,应采取措施加强消防基础设施建设和完善消防管理水平
Ⅳ级	极高风险	[0,25]	可能发生重大或特大火灾,火灾风险性极高。火灾风险处于很难控制的水平,应当采取全面的措施对建筑的设计主动防火设施进行完善,加强对危险源的管控,增强消防管理和救援力量

火灾风险分级和火灾等级的对应关系如下。

(1) 极高风险,特别重大火灾、重大火灾。特别重大火灾是指造成30人以上死亡,或者100人以上重伤,或者1亿元以上直接财产损失的火灾。

重大火灾是指造成10人以上30人以下死亡,或者50人以上100人以下重伤,或者5 000万元以上1亿元以下直接财产损失的火灾。

(2) 高风险/较大火灾。是指造成3人以上10人以下死亡,或者10人以上50人以下重伤,或者1 000万元以上5 000万元以下直接财产损失的火灾。

(3) 中风险/一般火灾。是指造成3人以下死亡,或者10人以下重伤,或者1 000万元以下直接财产损失的火灾。

(七) 确定评估结论

根据评估结果,明确指出建筑设计或建筑本身的消防安全状态,提出合理可行的消防安全意见。

(八) 风险控制

根据火灾风险分析与计算结果,遵循针对性、技术可行性、经济合理性的原则,按照当前通行的风险规避、风险降低、风险转移以及风险自留四种风险控制措施,根据当前经济、技术、资源等条件下所能采用的控制措施,提出消除或降低火灾风险的技术措施和管理对策。

六、其他火灾风险评估方法简介

(一) NFPA101M 火灾安全评估系统

火灾安全评估系统(FSES)是20世纪70年代美国国家标准局火灾研究中心和公共健康事务局合作开发的。FSES相当于NFPA101生命安全规范,主要针对一些公共机构和其他居民区,是一种动态的决策方法,它为评估卫生保健设施提供一种统一的方法。

该方法把风险和安全分开,通过运用卫生保健状况来处理风险。五个风险因素:患者灵活性、患者密度、火灾区的位置、患者和服务员的比例、患者平均年龄,并因此派生了13种安全因素。通过专家打分法,让火灾专家给每一个风险因素和安全因素赋予相对的权重。总的安全水平以13个参数的数值计算得出,并与预先描述的风险水平比较。

(二) SIA81 法

SIA81法是20世纪60年代首先在瑞士发展起来的,1965年首次公开出版,向外正式推行,迄今已修改过多次。在1984年,出版的《火灾风险评估法 SIA DOC81》,又称为Gretener法。这个方法在瑞士和其他几个国家受到很好的认可和欢迎。此方法可作为快速评估法,用于评价大型建筑物可选方案的火灾风险。因为,此方法考虑了保险率和执行规范,所以它是最重要的火灾风险等级法之一。

FRAME(Fire Risk Analysis Method for Engineering)方法是在Gretener法的基础

上发展起来的，是一种计算建筑火灾风险的综合方法，它不仅以保护生命安全为目标，而且考虑对建筑物本身、室内物品及室内活动的保护，同时也考虑间接损失或业务中断等火灾风险因素。FRAME方法属于半定量分析法，用于新建或者已建的建筑物的防火设计，也可以用来评估当前火灾风险状况以及替代设计方案的效能。

FRAME方法基于以下五个基本观点。

(1) 在一个受到充分保护的建筑中存在着风险与保护之间的平衡。

(2) 风险的可能严重程度和频率可以由许多影响因素的结果来表示。

(3) 防火水平也可以表示为不同消防技术参数值的组合。

(4) 建筑风险评估是分别对财产(建筑物以及室内物品)、居住者和室内活动进行评估。

(5) 分别计算每个隔间的风险及保护。

FRAME方法中火灾风险定义为潜在风险与接受标准和保护水平的商。需要分开计算潜在风险，接受标准和保护水平。主要用途有，指导消防系统的优化设计；检查已有消防系统的防护水平；评估预期火灾损失；折中方案的评审和控制消防工程师的质量。

(三) Entec消防风险评估法

英国Entec公司研发“消防风险评估工具箱”，解决了两个问题：①评估方法的现实性，是否能在一定的时限内达到最初设定的目标。经过对环境、毒品管理、海事安全等部门所使用的各种风险评估方法进行广泛考察之后，研究人员认为如果对这些方法加以适当转换，就可以通过不同的方法对消防队应该接警响应的不同紧急情况进行评估。②建立了社会对生命安全风险可接受程度的指标。

首先应该在全国范围内，对消防队应该接警响应的各类事故和各类建筑设施进行风险评估，得到一组关于灭火力量部署和消防安全设施规划的相关国家指南。对于各类事故和建筑设施而言，由于所采用的分析方法、数据各不相同，所以对于国家级水平上的风险评估设定了一个包括四个阶段的通用的程序。

(1) 对生命和/或财产的风险水平进行估算。

(2) 把风险水平与可接受指标进行对比。

(3) 确定降低风险的方法，包括相应的预防和灭火力量的部署。

(4) 对不同层次的灭火和预防工作的作用进行估算，确定能合理、可行地降低风险的最经济有效的方法。

相关国家指南确定后，才能提供一套评估工具，各地消防主管部门可以利用这些工具在国家规划要求范围内，对当地的火灾风险进行评估，并对灭火力量进行相应的部署。该项目要求针对以下四类事故制定风险评估工具：住宅火灾；商场、工厂、多用途建筑和民用塔楼这类人员比较密集的建筑的火灾；道路交通事故一类危及生命安全、需要特种救援的事故；船舶失事、飞机坠落等重特大事故。

(四) 火灾风险指数法

瑞典Magnusson等人提出了另一种半定量火灾风险评估方法——火灾风险指数法

(fire risk index method)。该方法最初是为评价北欧木屋火灾安全性而建立的,从“木制房屋的火灾安全”项目发展演化而来,子项目“风险评估”部分由瑞典隆德大学承担,目标是建立一种简单的火灾风险评估方法,可以同时应用于可燃的和不可燃的多层公寓建筑。此方法就是“火灾风险指数法”。

(五) 基于抵御和破坏能力的建筑火灾风险评价

1. 抵御和破坏能力风险分析方法

抵御和破坏能力风险分析方法也被称作能力和脆弱型风险评价方法,国际公共安全评估框架存在能力与脆弱性评估两方面,基于能力与脆弱性视角的国际公共安全评估框架,可归纳为三大类:

(1) 单纯评估脆弱性的框架,如 DRI 等。

(2) 单纯评估能力的框架,如 COOP 等。

(3) 综合评估能力与脆弱性两方面的框架,如 DRMI 等。

将能力和脆弱性分析方法引入建筑火灾风险评价体系中,对于目前建筑消防状况而言,社会的快速发展决定了消防安全系统的脆弱性和消防能力的动态失衡。所以,应对抵御力量和破坏力量进行综合分析,设计可根据社会发展动态调整的公共消防评价体系。

2. 确定指标权重

通过对比分析,采用模糊数学和层次分析、检查表等方法,确定各指标所占权重的大小。

3. 建筑火灾风险判定

用线性加权模型分别计算破坏力量和抵御力量的分值,见式(3-6):

$$V = \sum_{i-1}^{n} W_i F_i \tag{3-6}$$

式中:V——破坏力量或抵御力量的分值;

W_i——各级指标的权重;

F_i——最基层指标的分值。

通过比较破坏力量和抵御力量的分值判断评价对象的火灾风险。设 R=破坏力量/抵御力量,R 的大小与火灾风险的关系可用表 3-14 表示。

表 3-14 *R* 与火灾风险分级标准

R	风险等级
<0.4	低风险
0.4~0.8	较低风险
0.8~1.2	中等风险
1.2~1.6	较高风险
>1.6	极高风险

通过破坏力量与抵御力量的比值 R，可以得到评价对象的火灾风险水平，针对不同的火灾风险等级，可以进行火灾风险特征描述，采取不同的应对措施。

（六）火灾风险评估的试验方法

火灾风险评估的试验方法可以作为火灾风险评估的重要手段，一般可以考虑对评价目标的相关子系统的运行效果进行测试。如通风排烟系统；在地铁、隧道等大型公共建筑内进行通风效果的测试；人员流量的统计等。火灾试验方法可归纳为实体试验、热烟试验和相似试验等。

实体试验模拟研究在火灾科学的烟气流动规律、燃烧特性、统计分析以及数值模型验证等研究领域具有重要意义。对既有的评价目标进行实验测试是最理想的研究方法。然而，由于许多大型公共建筑实体试验的复杂性、对安全的敏感性以及巨大实验投入的限制，火灾风险评价中实体试验的开展受到很大的制约。

实体试验尽管最为有效，但限于实体火灾试验往往具有破坏性，为达到近似体现火灾效果，热烟试验得到更为广泛的应用。热烟试验是利用受控的火源与烟源，在实际建筑中模拟真实的火灾场景而进行的烟气测试。该试验是以火灾科学为理论基础，通过加热试验中产生的无毒人造烟气，呈现热烟由于浮力作用在建筑物内的蔓延情况，可用于测试烟气控制系统的排烟性能，各消防系统的实际运作效能以及整个系统的综合性能等。

火灾风险评价中，试验手段除了实体试验和热烟试验外，相似试验也是重要的技术途径之一。与原型相比，尺寸一般都是按比例缩小（只在少数特殊情况下按比例放大），所以制造容易，装拆方便，试验人员少，较之实物试验，能节省资金、人力和时间。

第二节　区域消防安全现状评估技术要求

一、区域消防安全现状评估的目的

当前，我国城市人口数量剧增、高层建筑林立、地下空间纵横交错、交通车辆密布、燃气管线密集等问题日益凸显，致使传统性和非传统性火灾因素不断增加。这些因素决定了城市的火灾风险将不断增大，发生重大火灾事故的风险迅速增加，事故的危害性成倍增大，对城市经济与社会可持续发展的影响越来越强。特别是一些重特大火灾事故的发生，不仅给人民的生命财产造成巨大损失，而且给经济建设和社会稳定造成严重危害。因此，研究区域火灾风险评估方法，对城市安全及社会稳定具有重大的现实意义。

区域火灾风险评估旨在分析区域的火灾风险因素及其影响的权重，针对不同的火灾风险提出有效的预防和控制措施，将城市火灾风险降低，对科学规划消防基础设施建设、优化消防力量配备、指导日常消防安全检查、提高消防指挥的科学性和有效性、减少火灾损失、促进城市社会经济协调发展具有重要意义。它是解决诸多难题和挑战的有效途径之一。

对区域进行火灾风险评估是分析区域消防安全状况，查找当前消防工作薄弱环节的有效手段。根据不同的火灾风险级别，部署相应的消防救援力量，建设消防基础设施，使公众和消防员的生命财产的预期风险水平与消防安全设施，以及火灾和其他应急救援力量的种类和部署达到最佳平衡，为今后一段时期政府明确消防工作发展方向、指导消防事业发展规划提供参考依据。

二、区域消防安全现状评估的原则

（一）系统性原则

评估指标应当构成一个完整的体系，即全面地反映所需评价对象的各个方面。为此应按照安全系统原理来建立指标体系。该指标体系由几个子系统构成，且呈一定的层次结构，每个子系统又可以单独作为一个有机的整体。区域火灾风险评估指标体系应力求系统化、理论化、科学化，所包含的内容力求广泛，应能涉及影响区域火灾的各个因素，既包括内部因素，也包括外部因素，还包括管理因素。

（二）实用性原则

评估指标必须与评价目的和目标密切相关。开展区域火灾风险评估指标体系的研究，是为了更好地用于指导防火实践，是为实践需求服务的。因此，它既是一个理论问题，又必须时刻把握其实用性。

（三）可操作性原则

构建区域火灾风险评估指标体系要有科学的依据和方法，要充分收集资料，并运用科学的研究手段。评估指标体系应具有明确的层次结构，每一个子指标体系应相对独立，建立评估指标体系时需注意风险分级的明确性，以便操作。

三、区域消防安全现状评估的内容

分析区域范围内可能存在的火灾危险源，合理划分评估单元，建立全面的评估指标体系。

对评估单元进行定性及定量分级，并结合专家意见建立权重系统。

对区域的火灾风险做出客观公正的评估结论。

提出合理可行的消防安全对策及规划建议。

四、区域消防安全现状评估范围

整个区域范围内存在火灾危险的社会面、建筑群和交通路网。

五、区域消防安全现状评估流程

区域火灾风险评估可按照以下六个步骤来进行。

（一）信息采集

在明确火灾风险评估的目的和内容的基础上，收集所需的各种资料，重点收集与区域安全相关的信息，包括评估区域内人口、经济、交通概况、区域内消防重点单位情况、周边环境情况、市政消防设施相关资料、火灾事故应急救援预案、消防安全规章制度等。

（二）区域火灾风险识别

火灾风险源一般分为客观因素和人为因素两类。

1. 客观因素

（1）气象因素引起火灾。火灾的起数与气象条件密切相关，影响火灾的气象因素主要有大风、降水、高温以及雷击。

（2）电气引起火灾。在全国的火灾统计中，由各种诱因引发的电气火灾一直居于各类火灾原因的首位。根据以往对电气火灾成因的分析，电气火灾原因主要有以下几种。

① 接头接触不良导致电阻增大，发热起火。

② 可燃油浸变压器油温过高导致起火。

③ 高压开关的油断路器中由于油量过高或过低引起气体爆炸起火。

④ 熔断器熔体熔断时产生电火花，引燃周围可燃物。

⑤ 使用电加热装置时，不慎放入高温时易爆物品导致爆炸起火。

⑥ 机械撞击损坏线路导致漏电起火。

⑦ 设备过载导致线路温度升高，在线路散热条件不好时，经过长时间的过热，导致电缆起火或引燃周围可燃物。

⑧ 照明灯具的内部漏电或发热引起燃烧或引燃周围可燃物。

（3）易燃易爆物品引起火灾。爆炸一般是由易燃易爆物品引起。可燃液体的燃烧实际上是可燃液体蒸气的燃烧。柴油属于丙类火灾危险性可燃液体，其闪点为 60～120℃，爆炸极限为 1.5%～6.5%。柴油的电阻率较大，易于积聚静电。柴油的爆炸可分为物理爆炸和化学爆炸。如果存放柴油的油箱过满，没有预留一定的空间，则在高温环境下，柴油受热膨胀发生爆炸。另外，如果油箱密封不严，造成存放的柴油泄漏挥发，或油箱内的柴油蒸气向外挥发，在储油间内的柴油蒸气达到其爆炸极限的情况下，遇到明火、静电或金属撞击形成的火花时，都会产生爆炸。

2. 人为因素

（1）用火不慎引起火灾。用火不慎主要发生在居民住宅中，主要表现：用易燃液体引火；用液化气、煤气等气体燃料时，因各种原因造成气体泄漏，在房内形成可燃性混合气体，遇明火产生爆炸起火；家庭炒菜时油锅过热起火；未完全熄灭的燃料灰随意倾倒引燃其他可燃物；夏季驱蚊，蚊香摆放不当或点火生烟时无人看管；停电使用明火照明，不慎靠近可燃物，引起火灾；烟囱积油高温起火。

（2）不安全吸烟引起火灾。吸烟人员常常会出现随便乱扔烟蒂、无意落下烟灰、忘记熄灭烟蒂等不良吸烟行为，可能会导致火灾。据美国加利福尼亚消防部门试验，烧着的烟头的温度范围从288℃（不吸时香烟表面的温度）到732℃（吸烟时香烟中心的温度）。有的资料还介绍，一支香烟停放在一个平面上可连续点燃24min。

（3）人为纵火。

（三）评估指标体系建立

在火灾风险源识别的基础上，进一步分析影响因素及其相互关系，选择出主要因素，忽略次要因素，然后对各影响因素按照不同的层次进行分类，形成不同层次的评估指标体系。区域火灾风险评估，一般分为二层或三层，每个层次的单元根据需要进一步划分为若干因素，再从火灾发生可能性和火灾危害等方面分析各因素的火灾危险度，各个组成因素的危险度是进行系统危险分析的基础，在此基础上确定评估对象的火灾风险等级。

区域火灾风险评估可选择以下几个层次的指标体系结构。

1. 一级指标

一级指标一般包括火灾危险源、区域基础信息、消防力水平和社会面防控能力等。

2. 二级指标

二级指标包括客观因素、人为因素、城市公共消防基础设施、灭火救援能力、消防管理、消防宣传教育、灾害抵御能力等。

3. 三级指标

三级指标包括易燃易爆危险品、燃气管网密度、加油加气站密度、电气火灾、用火不慎、放火致灾、吸烟不慎、温度、湿度、风力、雷电、建筑密度、人口密度、经济密度、路网密度、重点保护单位密度、消防车通行能力、消防站建设水平、消防车通道、消防供水能力、消防装备配置水平、消防员万人比、消防通信指挥调度能力、多种形式消防力量、消防安全责任制落实情况、应急预案完善情况、重大隐患排查整治情况、社会消防宣传力度、消防培训普及程度、多警联动能力、临时避难区域设置、医疗机构分布及水平等相关内容。

（四）风险分析与计算

根据不同层次评估指标的特性，选择合理的评估方法，按照不同的风险因素确定风险概率，根据各风险因素对评估目标的影响程度，进行定量或定性的分析和计算，确定各风险因素的风险等级。

（五）确定评估结论

根据评估结果，明确指出建筑设计或建筑本身的消防安全状态，提出合理可行的消防安全意见。

（六）风险控制

根据火灾风险分析与计算结果，遵循针对性、技术可行性、经济合理性的原则，按照当前通行的风险规避、风险降低、风险转移以及风险自留四种风险控制措施，根据当前经济、技术、资源等条件下所能采用的控制措施，提出消除或降低火灾风险的技术措施和管理对策。

六、注意事项

进行区域火灾风险评估时，应注意收集相关消防基础设施建设的情况，如消防站、市政消防水源等。

根据住房和城乡建设部和国家发改委联合发布的《城市消防站建设标准》（建标152—2011）标准的要求，消防站建设“普通消防站不宜大于7km^2；设在近郊区的普通消防站不应大于15km^2。也可针对城市的火灾风险，通过评估方法确定消防站辖区面积”，为确保城市服务经济发展和市民生活的功能实现，新建消防站应重点布局在人口稠密区、产业功能区、新城和副中心以及消防设施相对薄弱的城乡接合部和农村地区。随着消防部门职能的拓展，还应加强消防站对于高层救援、交通事故救援、化学灾害抢险、危险品事故处理、地震和建筑物倒塌等紧急事件的处置能力。因此，进行区域火灾风险评估时，及时了解消防站等基础设施的建设情况，既有助于合理安排消防站布局，又可通过评估确定消防站辖区面积，有利于推进消防站的建设。

我国市政消防水源建设普遍处于滞后的状态，主要原因是市政消火栓建设是根据市政道路建设和供水管网铺设确定的，缺乏明确的规划和建设标准。进行火灾风险评估时，可将消防水源建设作为评价指标之一，可解决远郊区县村庄和住宅小区绝大部分没有规划建设公共消防水源，消防水源匮乏的问题，杜绝“扑救小火建筑内部有设施，扑救大火室外无水源”的现象。

第三节　建筑消防安全现状评估技术要求

一、建筑消防安全现状评估的目的

建筑火灾风险评估的目的，是指通过各种手段和方法，消除或减少建筑中存在的不安全因素，当建筑发生火灾或在意外发生火灾时能够保证人员及时、安全撤离，尽快扑救火灾，降低火灾损失，提高建筑的安全程度。按照建筑消防安全管理工作方式的不同，可以分为一般目的和特定目的的评估。

所谓一般目的的评估，是指建筑的所有者、使用者自身出于提高建筑的消防安全程度的需要，采取建筑火灾风险评估方法，更为精细地管理建筑消防安全问题。其内容主要包括两点。

(1) 查找、分析和预测建筑及其周围环境存在的各种火灾风险源，以及可能发生火灾事故的严重程度，并确定各风险因素的火灾风险等级。

(2) 根据不同风险因素的风险等级，根据自身的经济和运营等承受能力，提出针对性的消防安全对策与措施，为建筑的所有者、使用者提供参考依据，最大限度地消除和降低各项火灾风险。

所谓特定目的的评估，是指建筑的所有者、使用者根据消防法规的要求，必须进行的建筑火灾风险评估。特定目的评估时，消防部门通常会提出一系列要求，有时也会制定参照的方法和标准。它除了包含一般目的的评估内容外，对所有者、使用者的经济和运营承受能力的判定需要与消防主管部门进行协商。对于存在高风险的建筑，消防主管部门可以根据情况采取停产、停业、停止运营等强制措施。

二、建筑消防安全现状评估的原则

在建立建筑火灾风险评估指标体系时，一般遵循如下原则。

（一）科学性

指标体系应能够全面反映所评估建筑火灾风险的各主要方面，必须以可靠数据资料为基础，采取科学合理的分析方法，最大限度地排除评估人主观因素影响和干扰，以保障分析评估的质量。

（二）系统性

实际的分析对象往往是一个复杂系统，包括多个子系统。因此，需要对评估对象进行详细剖析，研究系统与子系统间的相互关系，最大限度地识别被评估对象的所有风险，这样才能评估它们对系统影响的重要程度。

（三）综合性

系统的安全涉及人、机、环境等多个方面，不同因素对安全的影响程度不同。因此，分析方法既要充分反映评估对象各方面的最重要功能，又要防止过分强调某个因素而导致系统失去平衡。风险评估应综合考虑各方面的情况，对于同类系统应采用一致的评估标准。

（四）适用性

风险评估的方法要适合被评估建筑的具体情况，并应具有较强的可操作性。所采用的方法要简单、结论要明确、效果要显著。若设定的不确定因素过多，计算过于复杂，导致使用部门难于理解和应用，反而得不到好的效果。

三、建筑消防安全现状评估的内容

分析建筑内可能存在的火灾危险源,合理划分评估单元,建立全面的评估指标体系。

对评估单元进行定性及定量分级,并结合专家意见建立权重系统。

对建筑的火灾风险做出客观公正的评估结论。

提出合理可行的消防安全对策及规划建议。

四、建筑消防安全现状评估的流程

(一)信息采集

在明确火灾风险评估的目的和内容的基础上,收集与建筑安全相关的各种资料,包括建筑的地理位置、使用功能、消防设施、演练与应急救援预案、消防安全规章制度等。

(二)建筑火灾风险识别

衡量火灾风险的高低,不但要考虑起火的概率,而且要考虑火灾所导致的后果严重程度。

1. 影响火灾发生的因素

可燃物、助燃剂(主要是氧气)和火源是物质燃烧三个要素。火灾是时间和空间上失去控制的燃烧,简单说就是人们不希望出现的燃烧。因此,可以说可燃物、助燃剂、火源、时间和空间是火灾的五个要素。

消防工作的主要对象就是围绕这五个要素进行控制。控制可分为两类:对于存在生产生活用燃烧的场所,即将燃烧控制在一定的范围内,控制的对象是时间和空间;对于除此之外的任何场所,控制不发生燃烧,控制的对象是燃烧三要素,即控制这三要素同时出现的条件。

在非燃烧必要场所,除了生产用可燃物存放区域以外,可燃物贯穿于穿、住、行、用等日常生活的各个方面,因此无法完全消除可燃物,只能对可燃物进行控制。可燃物控制的目标,就是将可燃物限制在一定的范围内,包括可燃物的数量和存在场所,控制的重点是易燃物质。控制的效果越好,发生火灾的可能性就越小,造成人员生命、财产损失的后果严重性就越低,火灾风险也越小。氧气作为助燃剂,是真正的无所不在,人们根本无法控制,所能控制的是可作为助燃剂的强氧化剂。火源与人们的生产生活密切相关,也是人们最容易控制的要素,因此,这也是火灾控制的首要任务。在燃烧必要场所,只要燃烧在我们预想的时间和空间中进行,就不会发生火灾。在时间和空间的控制中,也包含着对燃烧三要素的控制,它受燃烧三要素的影响。从以上分析可以看出,在这三要素之中,受人的主观能动性影响最大的是火源。正如前所述,火灾是不能完全避免的,也就是说,由于各种因素的影响,总会有火源突破控制,导致火灾的发生。

2. 影响火灾后果的因素

在发生火灾之后，人们希望能够在第一时间发现，并发出警报，提示人员疏散，采取初步灭火措施，并向公安消防机构报警。对于规模相同的初起火灾，对于其火灾危险来说是相同的，但是由于后续步骤的不同，所存在的火灾风险也是不同的。例如，由于警报失效，未能及时发现，导致小火酿成大火；疏散通道不畅，指示标志不明，人员大量伤亡；着火场所无灭火设施，未能有效地进行初期控制，火灾大规模蔓延；消防队伍未能及时到场、灭火设备质量无法满足要求、消防队伍技能受限等，都会导致火灾损失加大，从而提高火灾风险。

火灾风险表达式中的后果，在不同阶段会有不同的表现形式。通常可分为以下几种情形。

(1) 在物质着火后，不考虑各种消防力量的干预作用，只根据物质的物理性质和周边环境条件(如通风状况、燃料数量、环境温度、燃烧时间)等自然状态下的发生发展过程，来确定火灾产生的后果。

(2) 在物质着火后，考虑建筑物内部自动报警、自动灭火和防火隔烟等筑消防设施的功能，单位内部人员的消防意识、初期火灾扑救能力、组织疏散能力，以及单位内部可能拥有的消防队伍的灭火救援能力，根据这些因素的共同作用效率，来确定火灾生产的后果。

(3) 在物质着火后，除了上述建筑消防设施功能和单位相关人员能力外，还考虑在初期火灾扑救失败之后，外部的消防力量(如消防部队、专职消防队、义务消防队等)进行干预，投入灭火救援工作，根据这些因素共同作用的效率，来确定火灾产生的后果。

3. 措施有效性分析

消防安全措施有效性分析一般可以从以下几个方面入手。

(1) 防止火灾发生。建筑防火的首要因素是防止火源突破限制引起火灾。引起火灾的原因主要包括电气引起火灾、易燃易爆物品引起火灾、气象因素引起火灾、用火不慎引起火灾、不安全吸烟引起火灾、违章操作引起火灾、人为纵火等。当建筑中存在这些火灾风险因素时，相应的控制措施是否有效需要详细分析。

(2) 防止火灾扩散。防止火灾扩散的措施通常都包括在建筑被动防火措施里面，包括建筑耐火等级、防火间距、防火分区、防火分隔设施等是否满足设计、使用要求。

(3) 初期火灾扑救。火灾发生后，人们希望第一时间发现并及时扑灭火灾。在有人在场的情况下，由于火灾会发生刺鼻的气味，人们一般能够很快发现，正确地使用人工报警装置和灭火器材将会发挥重要的作用。对于一些特定的场所，设置的火灾自动探测报警系统、自动灭火系统、防排烟系统等系统是否完好、有效极大地影响着建筑的消防安全。

(4) 专业队伍扑救。由于各种原因，有时无法及时将火灾消灭在初期状态，导致火灾扩散蔓延，形成大规模的火灾，这时候就需要专业队伍进行扑救。专业队伍包括经过专业训练的义务消防队、专职消防队和消防部队。建筑物是否具有扑救条件以及专业队伍距离建筑的距离、队伍的消防装备、训练情况、人员配备等因素都需要仔细进行分析。

(5) 紧急疏散逃生。安全疏散设施的目的主要是使人能从发生事故的建筑中，迅速撤离到安全场所(室外或避难层、避难间等)，及时转移室内重要的物资和财产，同时，尽可能地减少火灾造成的人员伤亡与财产损失，也为消防人员提供有利的灭火救援条件。因此，如何保证安全疏散是十分必要的。建筑物中的安全疏散设施，如楼梯、疏散走道和门等，是依据建筑物的用途、人员的数量、建筑物面积的大小以及人们在火灾时的心理状态等因素综合考虑的。因此要确保这些疏散设施的完好有效，保障建筑物内人员和物资安全疏散，减少火灾所造成的人员伤亡与财产损失。

(6) 消防安全管理。消防安全管理包括消防安全责任制的落实；消防安全教育、培训；防火巡查、检查；消防(控制室)值班，消防设施、器材维护管理；火灾隐患整改，灭火和应急疏散预案演练，重点工种人员以及其他员工消防知识的掌握情况，组织、引导在场群众疏散的知识和技能等内容在内的宣传教育和培训等。

建筑消防安全措施涉及的内容非常广泛，上述内容只是一个简要的介绍，在实际评估中，应根据建筑的结构形式、使用功能等具体情况进行仔细的分析。

(三) 评估指标体系建立

在火灾风险识别的基础上，进一步分析影响因素及其相互关系，选择出主要因素，忽略次要因素，然后对各影响因素按照不同的层次进行分类，形成不同层次的评估指标体系。建筑火灾风险评估，一般分为二层或三层，每个层次的单元根据需要进一步划分为若干因素，再从火灾发生的可能性和火灾危害等方面分析各因素的火灾危险度，各个组成因素的危险度是进行系统危险分析的基础，在此基础上确定评估对象的火灾风险等级。

(四) 风险分析与计算

根据不同层次评估指标的特性，选择合理的评估方法，按照不同的风险因素确定风险概率，根据各风险因素对评估目标的影响程度，进行定量或定性的分析和计算，确定各风险因素的风险等级。

(五) 风险等级判断

在经过火灾风险因素识别、建立指标体系、消防安全措施有效性分析等几个步骤之后，对于评估的建筑是否安全，其安全性处于哪个层次，需要得出一个评估结论。根据选用的评估方法的不同，评估结果有的是局部的，有的是整体的，这需要根据评估的具体要求选取适用的评估方法。

(六) 风险控制措施

经过评估之后，建筑的总体评估结果可能会是属于极高或高风险，也可能属于中风险及以下。通常情况下极高风险和高风险超出了可接受的风险水平，需要采取一定风险控制措施，将建筑的火灾风险控制在所能接受的风险水平以下。常用的风险控制措施包括风险消除、风险减少、风险转移。

(1) 风险消除。风险消除是指消除能够引起火灾的要素，也是控制风险的最有效的方法。由于空气无处不在，因此主要可行的措施是消除火源和可燃物。例如，不在可燃物附近燃放烟花、电焊作业时清除附近的可燃物。

(2) 风险减少。在建筑的使用过程中,经常会出现需要在有可燃物的附近进行用火、电焊等存在引起火灾可能性的情况,这时既不能消除火源,也不能清除可燃物。为了减少火灾风险,需要采取降低可燃物的存放数量或者安排适当的人员看管等措施。

(3) 风险转移。风险转移是指与他人共同分担可能面对的风险。对于建筑物而言,风险转移并不能消除或降低其面临的风险,但是对于建筑所有者或使用者而言,通过风险转移可以降低其面临的风险。风险转移主要通过建筑保险来实现。

五、注意事项

(一) 做好与现行技术规范的衔接

根据建筑的建设时间不同,其适用的设计规范也会有所不同,这使得在评估中经常会遇到一些老旧建筑的指标参数与现行规范的不一致。如果按照建设时参照的技术规范,这些指标参数是满足消防安全要求的。但是随着时间的推移以及科学技术的进步,许多规范会进行相应的修订,如果参照现行规范,则有可能不满足消防安全要求。当遇见这种情况时,应做好与现行技术规范的衔接,涉及的指标参数要参照现行的技术规范进行评估。

(二) 确认特殊设计建筑的边界条件

一些建筑由于规范未能完全涵盖,或者由于采用新技术、新材料,或者由于使用功能的特殊要求导致不能完全按照现行规范进行建筑消防设计,而是采用性能化消防设计的方法对这些建筑进行特殊设计。按照相关参数进行性能化设计及专家论证后,可以认为这些建筑满足规范规定的基本安全要求。但是这种合规的特殊设计必须满足一定的条件,即特殊设计时选用的参数始终保持与设计时的一致。如果建筑在投入使用后其中的参数发生了变化,则会对该建筑的消防安全造成不利影响。对这些建筑进行评估时,要确认特殊边界条件参数的发生变化情况。

第四章 CHAPTER 4

建筑性能化防火设计评估技术与方法

第一节　建筑性能化防火设计评估的适应范围与主要内容

一、建筑性能化防火设计与消防安全评估

建筑物的性能化防火设计是通过采用与现行国家标准的规定等效的方法来实现建筑物的消防安全目标，以解决现行标准与实际需求不相适应或某些不完善的规定所带来的问题。消防安全评估既是为了验证其设计方法及其结果是否与现行规范的规定等效，或者是否能达到与该建筑相适应的消防安全水平，也是为了便于进一步修改和完善现有设计方案。

任何一项性能化防火设计均须在设计后经过相应的消防安全性能评估程序。此外，消防安全评估不仅局限于对新建建筑设计的安全性能进行评价，而且可以单独对现有建筑或新建筑设计中采用的新材料等的消防安全性能进行评估，以确定其是否需要改造以及如何改造。所以，建筑物的性能化防火设计应包括设计、消防安全性能评估和方案改进与完善，设计与消防安全性能评估是一个相互有机结合的整体。

建筑物的消防安全性能技术评估也可以由第三方中介技术组织独立进行。在验证其等效性时，不得从其他国家的规范中断章取义引用条文，而应以我国国家标准的规定为基础进行等效性验证。

二、性能化防火设计评估适用范围

（一）适用的工程项目

消防性能化设计以消防安全工程学为基础，采用的防火设计方法区别于传统的按照建筑规范标准进行设计，但其防火设计目标具有一致性。因此，不能以消防性能化设计为由任意突破现行的国家标准规范，必须确保采用消防性能化设计的建筑的消防安全水平不能低于按照现行的国家标准规范进行防火设计的消防安全水平。目前，具有下列情形之一的工程项目，可对其全部或部分进行消防性能化设计。

（1）超出现行国家消防技术标准适用范围的。

（2）按照现行国家消防技术标准进行防火分隔、防烟排烟、安全疏散、建筑构件耐火等设计时，难以满足工程项目特殊使用功能的。

（二）不适用的情况

下列情况不应采用性能化设计评估方法。

（1）国家法律法规和现行国家消防技术标准强制性条文规定的。

（2）国家现行消防技术标准已有明确规定，且无特殊使用功能的建筑。

（3）居住建筑。

（4）医疗建筑、教学建筑、幼儿园、托儿所、老年人建筑、歌舞娱乐游艺场所。

（5）室内净高小于 8.0m 的丙、丁、戊类厂房和丙、丁、戊类仓库。

（6）甲、乙类厂房、甲、乙类仓库，可燃液体、气体储存设施及其他易燃、易爆工程或场所。

（三）从业单位和从业人员要求

从事性能化设计评估工作的单位应具备的条件。

（1）具有独立法人资格，有固定的办公地点。

（2）法定代表人具有大学本科以上学历、高级技术职称。

（3）具有高级技术职称的专业人员不少于 8 人，其中性能化设计评估专业技术人员不少于 4 人，建筑防火、消防给水、防烟排烟、消防电气专业技术人员各不少于 1 人。

（4）专业技术人员具有大学本科及以上学历，且从事本专业工作经历不少于 5 年。

（5）专业技术人员不同时在两家及以上从事性能化设计评估的单位聘用。

（6）具有满足性能化设计评估需要的计算软件及计算设备。

（7）不从事影响性能化设计评估工作公正性的业务。

建筑物性能化防火设计是一门专业要求较高的技术性工作，是火灾科学和消防安全工程涉及的多门学科知识的综合运用。其从业人员必须具备相应的知识、能力、经验和国家规定的资格条件（如一级注册消防工程师等）。

（四）解决的主要问题

1. 标准规范没有规定

作为成熟经验及科研成果的总结，规范往往不会覆盖突破传统的建筑做法和工艺。如对于某些新技术、新设备的应用，如果现行标准规范没有相关的防火设计要求，此时就可采用消防性能化设计的方法，根据国家有关规定在使用前提出相应的使用和设计方案与报告、并进行必要的论证或试验，以切实保证这些技术、方法、设备或材料在消防安全方面的可行性与应用的可靠性。

2. 防火分隔

随着我国经济的快速发展，近年来出现了城市综合体、大型展览建筑、候机车船楼等大型交通枢纽，这些建筑因使用功能的需要，具有体量及空间巨大等特点，往往难以按照现行规范进行防火分区的划分。如果强行按照标准规范进行防火分隔，又与使用功能相冲突。此类项目进行消防性能化设计，国内已开展了一系列的实际工作并总结了部分经验。

3. 防烟与排烟

大剧院、体育馆、电影院的观众厅等部位因空间较大，无论是按照地面面积来计算排烟量还是按照空间体积计算排烟量，往往因计算得出的机械排烟量很大而难以实现。此外，现行防火规范对自然排烟系统的使用有严格的限制，在部分工程中为了美观及与建筑方案相结合的考虑，要求在高大空间内采用自然排烟系统。如果能够将自然排烟技术成功应用到具体工程中，不但可以解决机械排烟量过大而难以实现的难题，平时还可以实现自然通风，达到节能降耗的目的。这些均需要依靠采用性能化的设计方法，以优化其防烟和排烟设计。

4. 安全疏散

在传统的人员安全疏散设计中，设计人员主要依照规范的要求保证一定的安全出口个数、出口宽度和疏散距离等。如对于体育场馆来说，规范对场馆内走道间座椅数量、疏散走道宽度和出口宽度、观众厅出口数量等都提出了相应的要求。这对于普通的体育场馆，一般没有什么问题。但对于规模巨大的体育场，如国家游泳中心赛时看台设计观众席为 17 000 座，国家体育馆为 19 000 座，而国家体育场则达到 91 000 座。达到这种规模，无论是安全出口宽度还是疏散距离，往往难以按照规范进行安全疏散设计。此外，体育设施与餐饮、娱乐设施相融合，建筑使用功能多样，在建筑内部形成不同消防分隔和受保护区域，对于如此复杂的建筑环境，如何安全可靠地组织和诱导大量的人员在尽可能短的时间内疏散到室外安全区域，也可以通过采用性能化的设计方法来定量的确定。

5. 结构耐火

钢结构、钢管混凝土等结构形式越来越普遍，对于大型公共建筑而言，往往通过钢结构来表现其建筑艺术特点。在这些钢结构中，有些特殊结构形式如国家体育场外围护钢结构等，有些由于功能的特殊需要，难以按照我国现行防火规范的要求采用喷涂防火涂料等措施进行防火保护。因此，有必要对采用钢结构的建筑或者危险性进行分析，根据不同的情况提出相应的防火保护措施。

综上所述，如果在我国现行防火设计规范的框架下难以解决，而又允许采用消防性能化设计方法的项目，可以采用该方法，但必须确定建筑能够达到可以接受的消防安全水平。

三、性能化防火设计主要内容

（一）确定设计火灾场景与设定火灾

火灾场景的特征必须包括对火灾引燃、增长和熄灭的描述，同时伴随烟和火蔓延的可能途径以及任何灭火设施的作用。此外，还要考虑每一个火灾场景的可能后果。

设定火灾采用描述火灾增长的模型。目前主要有火灾模型的温度描述和火灾模型的热释放速率描述两类。时间温度曲线主要用于计算构件温度，热释放速率模型主要用于计算烟气温度、构件温度和运用区域模型进行火灾模拟等。

在运用火灾模拟模型进行性能化防火设计与评估时，主要依据火灾的热释放速率模型。火灾的热释放速率曲线能否代表火灾的真实情况直接影响性能化防火设计与评估的可靠性及其应用。

热释放速率曲线可直接通过火灾实验获得，但由于真实尺寸火灾实验的费用较大，此类可用的实验数据较少，而较多的是中型火灾实验与实验室规模的火灾实验数据（如锥形量热计、墙角实验、单体燃烧实验、大型锥形量热计和基于质量损失速率的测试方法）。当无法找到有待考虑的可燃组件的实验数据时，可以采用类似的火灾实验数据代替。

在一定种类可燃物分布和相应的通风条件下，火灾发展的最大热释放速率主要受最大的火源面积控制。点火初期火源的面积对火灾的增长将产生较大影响，可以将点火初期的火源面积理解为点火源的能量。

可燃物的火焰蔓延速度是指可燃物点火后沿水平和空间方向的蔓延速度，由于可燃物在空间上的蔓延速度及其对火灾蔓延的影响十分复杂，目前多采用水平方向的蔓延速度描述火灾发展的面积。

（二）不同类型建筑的火灾荷载密度确定

火灾荷载密度是可以比较准确地衡量建筑物室内所容纳可燃物数量多少的一个参数，是研究火灾全面发展阶段性状的基本要素。在建筑物发生火灾时，火灾荷载密度直接决定着火灾持续时间的长短和室内温度的变化情况。建筑物内的可燃物可分为固定可燃物和容载可燃物两类。固定可燃物的数量很容易通过建筑物的设计图样准确地求得。容载可燃物数量很难准确计算，一般由调查统计确定。

目前国内尚无火灾荷载密度方面的调查统计数据，发达国家如美国、加拿大、日本等有一些这方面的调查统计数据。

（三）烟气运动的分析方法

在一定的建筑空间和火灾规模条件下，烟气的生成量主要取决于羽流的质量流量，它是进行火灾模拟、火灾及烟气发展评价和防排烟设计的基础。由于火灾烟气的复杂性，目前的羽流计算多采用基于实际火灾实验的半经验公式，比较著名的有 Zukoski 模型、Thomas-Hinkley 模型、McCaffrey 模型等。但这些模型有着各自不同的实验基础和适用条件，对同一问题各模型得出的结果往往存在着差异，世界上几个著名的建筑火灾区域模拟软件(如 CFAST、MRFC 等)都采用了不同的羽流模型，这给火灾的烟气运动分析带来困难。

Zukoski(1)、Zukoski(2)和 NFPA 模型适用于小面积火源条件下的羽流质量流量计算，Thomas-Hinkley 模型适用于大面积火源条件下的羽流质量流量计算，McCaffrey 模型既适用于小面积火源也适用于大面积火源条件下的羽流质量流量计算。另外，各国还在积极开发新的烟气运动分析模型，如场模型、场-区-网模型等。

(四) 人员安全疏散分析

各国对于建筑物内消防安全疏散中人员的疏散时间的计算方法，在理论上基本一致，但具体时间确定和疏散指标方面存在一定差异。人员安全疏散设计与评估必须考虑我国的实际情况和分析影响人员疏散时间的主要因素，根据建筑物的内部特征、使用人员特性和建筑物内消防设施情况及其影响等，确定安全疏散设计原则和疏散的模拟计算方法，并在预测计算的基础上与现行国家标准的规定进行比较，最后确定一个合理的人员疏散时间。

在该部分的设计与评估中，重点要解决疏散安全的评估(验证)方法，根据模型的假设条件、不同建筑内人员在火灾中的行为与心理特征，比较准确地考虑相关不确定性所带来的影响。

(五) 主动消防设施的对火反应特性分析

在很多建筑物中设有自动喷水灭火系统或其他自动灭火系统(如干粉、气体、泡沫和细水雾等)，火灾发生后一定时间内，这些灭火系统将自动启动并向可燃物喷洒灭火剂，可燃物的燃烧状态将被改变，可燃物的热释放速率将减小，直到最终火灾熄灭。不同的灭火剂、灭火系统和喷洒强度等均对可燃物的燃烧状态产生不同的影响。可燃物在采取灭火措施后的燃烧状态是评价灭火系统灭火有效性的基础。

目前，已有一些描述采取灭火措施后可燃物燃烧状态的模型，一些区域火灾模拟软件也能模拟采取灭火措施后的火灾发展状况，但效果不理想。

(六) 火灾危害和火灾风险的分析与评估

火灾风险与评估的主要目标是准确辨识系统中存在的火灾危险因素，对这些因素的影响程度做出恰当的评价，并在此基础上对火灾的发生和发展过程及其危害做出预测，提出控制与处理事故的措施和方案。

火灾风险评估的判定标准是社会或决策者的价值表述，它可以是一个极限值、极限值范围或一个数值分布，每个风险评估对象都有属于自己的风险评估判定标准。风险评估判定标准的确定与风险承担者的可接受风险水平有关。因此，在确定火灾风险评估判定标准之前，应知晓风险承担者可接受的损害和伤亡水。

风险评估一般应确定火灾危害并对火灾危害的概率和危害后果进行量化、确定危害控制方案，进而量化火灾风险和选择合适的保护措施。

（七）性能化设计与评估中所用方法的有效性分析

设计者之间的知识和经验水平有很大差别，应注意对所用分析方法的准确性和有效性进行科学的分析和验证。此外，建筑物的消防安全水平的高低与建筑消防投资密切相关，合理确定该指标也是性能化防火设计的重要内容。

第二节 建筑性能化防火设计评估的程序与步骤

遵循一定的设计评估管理流程和设计程序是保证建筑性能化防火设计评估工作质量的前提，特别是在进行性能化试设计和评估验证阶段。建筑性能化防火设计评估一般在设计方案或扩初设计阶段进行，由设计师、业主、消防工程咨询专家等共同参与实施。

一、建筑性能化防火设计评估的管理流程

为规范化建筑性能化防火设计评估工作，公安部规定了严格的管理流程。

（1）建设单位提交申请材料。

（2）工程项目管辖地公安消防机构成审。对经初审同意的，书面报送省级公安消防机构。省级公安消防机构做出是否同意进行性能化设计评估的复函。

（3）建设单位委托符合条件的性能化设计评估单位进行性能化设计评估。

（4）建设单位、设计单位、性能化设计评估单位和公安消防机构共同研究确定消防安全目标及性能判据。

（5）对于性质重要的工程项目的性能化设计评估，可根据需要由另一家性能化设计评估单位进行复核评估。

（6）性能化设计评估工作完成后，建设单位提交申请召开论证会的材料。

（7）工程项目管辖地公安消防机构成初审。对经初审同意的，书面报送省级公安消防机构。

（8）省级公安消防机构做出是否组织专家论证的决定，如同意则由省级公安消防机构会同同级建设行政主管部门组织召开专家论证会。

（9）当专家组认为设计方案存在需进一步研究解决的关键问题或专家意见存在较大分歧时，应作进一步研究，修改完善后，由省级公安消防机构再次组织专家论证。

（10）专家论证会组织单位应将专家组论证意见形成专家论证会议纪要，并印发有关单位。

二、建筑性能化防火设计评估的程序

（一）建筑性能化防火设计评估的基本程序

（1）确定建筑物的使用功能和用途、建筑设计的适用标准。

(2) 检查为实现建筑师的设计思想与业主的要求，现行标准中哪些规定无法按要求实施，从而确定需要采用性能化设计方法进行设计的问题。

(3) 确定建筑物的消防安全总体目标。

(4) 进行性能化防火试设计和评估验证。

(5) 修改、完善设计并进一步评估验证，确定是否满足设定的消防安全目标。

(6) 编制设计说明与分析报告，提交审查与批准。

(二) 建筑性能化防火试设计一般程序

(1) 确定建筑设计的总目标或消防安全水平及其子目标。

(2) 确定需要分析的具体问题及其性能判定标准。

(3) 建立火灾场景、设定合理的火灾和确定分析方法。

(4) 进行性能化消防设计与计算分析。

(5) 选择和确定最终设计(方案)。

(三) 建筑性能化消防设计与计算分析的项目

建筑性能化消防设计与计算分析一般应包括下列全部或其中几项。

(1) 针对设定的性能化分析目标，确定相应的定量判定标准。

(2) 合理设定火灾。

(3) 分析和评价建筑物的结构特征、性能和防火分区。

(4) 分析和评价人员的特征、特性以及建筑物和人员的安全疏散性能。

(5) 计算预测火灾的蔓延特性。

(6) 计算预测烟气的流动特性。

(7) 分析和验证结构的耐火性能。

(8) 分析和评价火灾探测与报警系统、自动灭火系统、防排烟系统等消防系统的可行性与可靠性。

(9) 评估建筑物的火灾风险，综合分析性能化设计过程中的不确定性因素及其处理。

三、建筑性能化防火设计评估的步骤

性能化设计过程可分成若干的过程，各步骤相互联系，并最终形成一个整体，其步骤主要包括确定工程范围、确定总体目标、确定设计目标、建立性能判定标准、建立设定火灾情景、建立试设计、评估试设计及性能指标判定、选定最终设计方案、完成报告编写设计文件等。性能化设计过程可分成若干的过程，各步骤相互联系，并最终形成一个整体。建筑性能化防火设计评估步骤框图如图 4-1 所示。设计或评估人员应明白性能化防火设计的基本步骤、每一步骤中涉及的主要问题和内容以及各步骤之间的相互关系与影响。

(一) 确定工程范围

性能化设计的第一步就是确定工程的范围及相关的参数。首先了解工程各方面的信

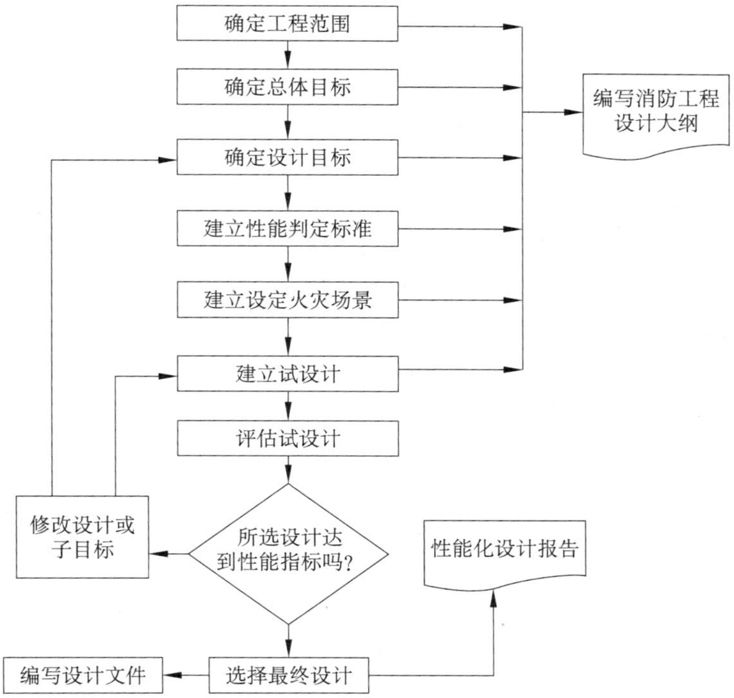

图 4-1 建筑性能化防火设计评估具体步骤框图

息,如建筑的特征,使用功能等。对特殊的建筑,如大空间(如中庭或仓库),或人员密集的商场、礼堂和运动场等要格外关注。对建筑的工艺特征也须做专门的研讨,如特殊的作业区、危险物品的使用或储存区、昂贵设备区以及零故障区等。不同使用功能的建筑,其使用者特征也不同(如住宅建筑与商业建筑),使用者特征包括年龄、智力、是否睡觉、体能状态等因素。

(二)确定总体目标

一经确定了工程的范围,性能化设计过程的下一步就是要确定消防安全总目标。消防安全应达到的总体目标应该是保护生命、保护财产、保护使用功能、保护环境不受火灾的有害影响。

功能目标是设计总目标的基础,它把总目标提炼为能够用工程语言进行量化的数值。概括地说,它们指出一个建筑物怎样才能达到上述的社会期望的安全目标。功能目标通常可用计量的术语表征。为了满足这些目标,一旦功能目标或者损失目标清楚了,就必须有一个确定建筑及其系统发挥作用的性能水平的方法。这项工作是通过性能要求完成的。

性能要求是性能水平的表述。建筑材料、建筑构件、系统、组件以及建筑方法等必须满足性能水平的要求,从而达到消防安全总体目标和功能目标。我们不仅能够量化这些参数,还应对其进行计量和计算。例如,“将火灾的传播限制在起火房间内,在烟气蔓延出起火房间以前通知使用者,保证疏散通道处于可使用状态,直到使用者到达安全地点”。

这些要求中的每一个都涉及建筑及其系统如何工作才能满足规定的生命安全总体目标和功能目标，并且可对每项要求都进行计量或计算。性能判定标准包括材料温度、气体温度、碳氧血红蛋白含量、能见度以及热辐照量等的临界值。

（三）确定设计目标

该目标是为满足性能要求所采用的具体方法和手段。为此允许采用如下两种方法去满足性能要求。这两种方法可以独立使用，也可以联合使用。

(1) 视为合格的规定。这包括如何采用材料、构件、设计因素和设计方法的示例，如果采用了，其结果应该满足性能要求。

(2) 替代方案。如果可以证明某设计方案能够达到相关的性能要求，或与视为合格的规定等效，那么对于与上述“视为合格的规定”不同的设计方案，仍可以被批准为合格。

该性能方法为使用消防安全工程提供了许多机会。评估替代方案的方法不是特别指定的，所以，事实上消防安全工程评估将是证明设计方案是否符合性能规范的一个主要途径。消防安全总体目标是保护那些没有靠近初起火灾处的人员不致丧命。这很容易理解，但很难量化。为了达到这一总体目标，其功能目标之一就是为人们提供足够到达安全地方而不被火灾吞噬的时间。这就提供了更详细的规定：即必须保护人们不受热、热辐射和烟气的侵害。为了达到这一目标，其性能要求之一就是限制起火房间内的火灾蔓延。如果火灾没有蔓延到起火房间之外，那么起火房间外的人员就不会暴露于热辐射或高温中，他们受到烟气影响也会大大减小。为了满足这一性能要求，我们应该制定防止起火房间发生轰燃的性能指标。其依据是火灾蔓延至起火房间之外的情况总是发生在轰燃发生之后，上层烟气引燃并使火灾前锋开始蔓延之时。为了满足这一指标，工程师可能会建立一个设计目标，从而将上层烟气温度限制在500℃以内，该温度以下通常不会发生轰燃。这就是从一个总体目标到建立一种设计标准的整个分析过程。

（四）设定火灾场景

火灾场景是对某特定火灾从引燃或从设定的燃烧到火灾增长到最高峰以及火灾所造成的破坏的描述。火灾场景的建立应包括概率因素和确定性因素；也就是说，此种火灾发生的可能性有多大，如果真的发生了，那么火灾又是怎么发展和蔓延的。在建立火灾场景时，应该考虑的因素有很多，其中包括：建筑的平面布局；火灾荷载及分布状态；火灾可能发生的位置；室内人员的分布与状态；火灾可能发生时的环境因素等。

设计火灾是对某一特定火灾场景的工程描述，可以用一些参数如热释放速率、火灾增长速率、物质分解物、物质分解率等或者其他与火灾有关的可以计量或计算的参数来表现其特征。

概括设计火灾特征的最常用方法是采用火灾增长曲线。热释放速率随时间变化的典型火灾增长曲线，一般具有火灾增长期、最高热释放速率期、稳定燃烧期和衰减期等共同特征。每一个需要考虑的火灾场景都应该具有这样的设计火灾曲线。

（五）建立试设计并评估

在本步骤中，应提出多个消防安全设计方案，并按照规范的规定进行评估，以确定最佳的设计方案。

评估过程是一个不断反复的过程。在此过程中，许多消防安全措施的评估都是依据设计火灾曲线和设计目标进行的。如增加感烟探测器或自动喷淋装置、对通风特征的修改、变更建筑材料、内装修和建筑内部摆设等因素，都在这个步骤进行评估。在评估不同的方案时，清楚地了解该方案是否达到了设计目标是很重要的。

设计目标是一个指标。其实质是性能指标(如起火房间内轰燃的发生)能够容忍的最大火灾尺寸，这可以用最大热释放速率描述其特征。例如，为了达到防止轰燃发生的目标，替代方法之一可能是使用自动喷水灭火系统。为了保证其有效性，自动喷水灭火系统必须在房间到达轰燃阶段以前启动并控制火灾的增长。纵览世界上各种消防安全工程方法，下述一些基本因素总是在性能化设计评估中被充分考虑，起火和发展、烟气蔓延和控制、火灾蔓延和控制、火灾探测和灭火、通知居住者和组织安全疏散、消防部门的接警和现场救助。

试设计完成后即可选定最终设计方案。

(六) 完成报告编写设计文件

分析和设计报告是性能化设计能否被批准的关键因素。该报告需要概括分析和设计过程中的全部步骤，并且报告分析和设计结果所提出的格式和方式都要符合权威机构和客户的要求。该报告要点如下。

(1) 工程的基本信息。

(2) 分析或设计目标。制定此目标的理由。

(3) 设计方法(基本原理)陈述。所采用的方法，为什么采用，做出了什么假设，采用了什么工具和理念。

(4) 性能评估指标。

(5) 火灾场景的选择和设计火灾。

(6) 设计方案的描述。

(7) 消防安全管理。

(8) 参考的资料、数据。

从总体看，性能化设计是一个发展的方向，但就目前的技术支撑条件看，也存在一些问题和缺点。首先，社会各界对它的接受程度不一。另外，与传统的设计方法相比，性能化分析和设计过程需要在分析、计算和设计文件制作上花费更多的工程时间。

第三节 工程范围与安全目标的确定

建筑的防火设计可分解为三个构成部分，即建筑被动防火系统、建筑主动防火系统和安全疏散系统。每一个系统还可进一步细化为不同的子系统。本节通过分析研究国内外规范相关的技术内容，在总结相关技术应用经验教训的基础上，确定了上述各部分的设计目标、功能目标和性能要求。

一、资料收集与确定工程范围

建筑设计包括两方面的内容，即对建筑空间的研究以及对构成建筑空间的建筑实体的研究。建筑设计首先要满足建筑法规、规范及标准的要求。

建筑设计人员在进行消防性能化设计时，首先应熟悉建筑概况，包括工程的名称、地址、占地面积、建筑面积等，并进一步收集在设计中会用到的资料，特别是应该去踏勘现场。尤其是在进行异地操作时，设计人员更应当了解项目所在地的环境情况，如气候条件、抗震设防烈度、周边的人文环境和建筑现状以及可能的施工条件等。

设计资料包括建筑设计说明，建筑总平面图，消防设计专篇，建筑主要楼层平面图，建筑主要立面图和剖面图。此外还包括结构、各设备专业的相关图样等。

二、确定消防安全总目标

建筑防火设计的总目标应在进行性能化设计开始之前作为设计的重点问题，由设计单位、建设单位、委托方、公安消防监督机构、消防安全技术咨询机构等共同研究确定。消防安全总目标包括人员和财产保护等级或者能够提供建筑使用的连续性、古迹或文物保护和环境保护。根据业主的需要，不同工程的消防安全总目标或许互不相同，其表述方式也不尽相同。建筑物的消防安全总目标一般包括如下内容。

(1) 减小火灾发生的可能性。

(2) 在火灾条件下，保证建筑物内使用人员以及救援人员的人身安全。

(3) 建筑物的结构不会因火灾作用而受到严重破坏或发生垮塌，或虽有局部垮塌，但不会发生连续垮塌而影响建筑物结构的整体稳定性。

(4) 减少由于火灾而造成商业运营、生产过程的中断。

(5) 保证建筑物内财产的安全。

(6) 建筑物发生火灾后，不会引燃其相邻建筑物。

(7) 尽可能减少火灾对周围环境的污染。

建筑物的消防安全总目标视其使用功能、性质及建筑高度而有所区别，设计时应根据实际情况在上述目标中确定一个或者两个目标作为主要目标，同时列出其他目标的先后次序。例如，对于人员聚集场所或旅馆等公共建筑，其主要目标是保护人员的生命安全；对于仓库，则更注重于保护财产和建筑结构安全。建筑火灾具有确定性和随机性的双重特性，无论采取什么措施，一座建筑物的消防安全总是相对的。因此，上述安全目标所反映的是与将要发生的消防投入水平相一致的相对安全水平。这实际上反映了投资方以及社会公众的安全期望和建设投资的关系。建筑物的消防安全水平应依据现有规范的规定和建筑物的实际情况，由设计单位、建设单位、委托方、公安消防监督机构、消防安全技术咨询机构等共同研究确定。

三、判定标准

确定建筑消防安全性能的设计目标时，应首先将消防安全总目标进一步转化为可量化的性能目标，包括火灾后果的影响、人员伤亡和财产损失、温度以及燃烧产物的扩散等。设计目标的性能判定标准应能够体现由火灾或消防措施造成的人员伤亡、建筑及其内部财产的损害、生产或经营被中断、风险等级等的最大可接受限度。

常见的性能判定标准如下。

(1) 生命安全标准。热效应、毒性和能见度等。

(2) 非生命安全标准。热效应、火灾蔓延、烟气损害、防火分隔物受损和结构的完整性和对暴露于火灾中财产所造成的危害等。

性能判定标准是一系列在设计前把各个明确的性能目标转化成用确定性工程数值或概率表示的参数。这些参数包括构件和材料的温度、气体温度、碳氧血红蛋白(COHb)含量、能见度以及热暴露水平。人的反应(决策、反应和运动次数)是在一定的数值范围内变动的。当评估某疏散系统设计是否可行时，需要为计算选择或假设合适的数值以考虑人员暴露于火灾的判定标准。

一项设计目标可能需要多个性能判定标准来验证，而一个性能判定标准也许需要多个参数值予以支持。但并不是每一个性能目标都能采用这种方式表达，因此，在量化时应主次有别，把握关键性参数。

(一) 人员生命安全判定准则

火灾对人员的危害主要来源于火灾产生的烟气，主要表现在烟气的热作用和毒性方面。另外，对于疏散而言烟气的能见度也是一个重要的影响因素。所以在分析火灾对疏散的影响时，一般从温度、毒性气体的浓度、能见度等方面进行讨论。通常情况下人员疏散安全判定指标见表 4-1。

表 4-1 人员疏散安全判定指标

项　　目	人体可耐受的极限
能见度	当热烟层降到 2m 下时，对于大空间其能见度临界指标为 10m
使用者在烟气中疏散的温度	2m 以上空间内的烟气平均温度不大于 180℃；当热烟层降到 2m 下时，持续 30min 的临界温度为 60℃
烟气的毒性	一般认为在可接受的能见度的范围内，毒性都很低，不会对人员疏散造成影响(一般 CO 判定指标为 2 500ppm)

注：表中指标来源于 2006 年 12 月《中国消防手册》第三卷第 726 页。

(二) 人员的耐受性指标的选取

人员的耐受性指标，是计算危险来临时间(ASET)时应考虑火灾时建筑物内影响人员安全疏散的因素，包括烟气层高度、热辐射、对流热、烟气毒性和能见度。

这些参数可以通过对建筑内特定的火灾场景进行火灾与烟气流动的模拟得到。各因素应按下列要求确定。

(1) 在疏散过程中，烟气层应始终保持在人群头部以上一定高度，人在疏散时不必要从烟气中穿过或受到热烟气流的辐射热威胁。

(2) 人体对烟气层等火灾环境的辐射热的耐受极限为 2.50kW/m²，即相当于上部烟气层的温度约为 180～200℃。

(3) 高温空气中的水分含量对人体的耐受能力有显著影响。人体可以短时间承受 100℃环境的对流热，当温度低于 60℃(水分饱和)时可耐受大于 30min。

(4) 火灾中的热分解产物及其浓度与分布因燃烧材料、建筑空间特性和火灾规模等不同而有所区别。在设计和评估时，可简化为如果空间内烟气的光密度(OD)不大于 0.1，则视为各种毒性燃烧产物的浓度在 30min 内达不到人体的耐受极限，通常以 CO 的浓度为主要定量判定指标。在设计与评估中，应根据空间高度与大小以及可能的疏散时间来确定该光密度的大小。

(5) 能见度的定量标准应根据建筑内的空间高度和面积大小确定。对于小空间，能见度指标取 5m；对于大空间，能见度指标取 10m。

(三) 防止火灾蔓延扩大判定准则

为减少火灾时财产损失和降低对工作运营的影响，消防设计主要是通过采用一系列消防安全措施控制火灾的大面积蔓延扩大来实现的。造成火灾蔓延的因素很多，如飞火、热对流、热辐射等。对于相邻建筑物之间的火灾蔓延，防火设计规范通过要求一定的防火间距来进行控制，而对于同一防火分区内的火灾蔓延则没有明确的规定。在性能化的分析中，不论是同一防火分区内的火灾蔓延，还是相邻建筑物之间的火灾蔓延，都是在一定的设定火灾规模下通过控制可燃物间距，或在一定间距条件下控制火灾的规模等方式来防止火灾的蔓延。性能化分析中通常采用辐射热分析方法，来分析火灾蔓延情况。

火灾发生时，火源对周围将产生热辐射和热对流，火源周围的可燃物在热辐射和热对流的作用下温度会逐渐升高，当达到其点燃温度时可能会发生燃烧，导致火灾的蔓延。

根据澳大利亚建筑规范协会出版的《防火安全工程指南》提供的资料，在火灾通过辐射蔓延的设计中，当被引燃物是很薄很轻的窗帘、松散地堆放的报纸等非常容易被点燃的物品的临界辐射强度可取 10kW/m²；当被引燃物是带软垫的家具等一般物品时临界辐射强度可取 20kW/m²；对于 5cm 或更厚的木板等很难被引燃的物品的临界辐射强度可取 40kW/m²。如果不能确定可燃物的性质，为了保守起见临界辐射强度取 10kW/m²。

(四) 钢结构防火保护判定准则

火灾下钢结构破坏判定准则可分为构件和结构两类，分别对应局部构件破坏和整体结构破坏。一般来说，其判定准则有下列三种形式。

(1) 在规定的结构耐火极限时间内，结构或构件的承载力 R_d 应不小于各种作用所产生的组合效应 S_m，即

$$R_d \geqslant S_m \tag{4-1}$$

(2) 在各种作用效应组合下，结构或构件的耐火时间 t_d 应不小于规定的结构或构件的耐火极限 t_m，即

$$t_d \geqslant t_m \tag{4-2}$$

(3) 火灾下，结构极限状态时的临界温度 T_d 应不小于在规定的耐火时间内结构所经历的最高温度 T_m，即

$$T_d \geqslant T_m \tag{4-3}$$

上述三个要求本质上是等效的，进行结构抗火设计时，满足其一即可。

如采用临界温度法验证钢结构防火安全性，判定指标可采用日本耐火安全检证法提供的临界温度指标，即 $T_d = 325℃$。

四、建筑消防安全性能的设计目标设定

在建筑防火设计中，设计师应尽可能降低建筑物内的火灾荷载、建筑构件及建筑装修装饰材料的燃烧性能，认真研究建筑防火措施、合理布置建筑平面，在建筑物内外进行必要的分隔，合理设定建筑物的耐火等级和相关构件的耐火极限，预防火灾发生，防止火灾蔓延。此外，应根据建筑物的使用功能、空间平面特征和人员特点，设计合理正确的安全疏散与灭火设施，达到减少火灾危害，保护人们的生命和财产安全的目的。

建筑的防火设计可分解为三个构成部分，即建筑被动防火系统、建筑主动防火系统和安全疏散系统。每一个系统还可进一步细化分解为不同的子系统。建筑被动防火系统包括建筑结构、防火分隔、防火间距、管线和管道(井)、建筑装修等；建筑主动防火系统包括灭火设施、防排烟系统、火灾自动报警系统等；安全疏散系统包括疏散楼梯、安全出口、疏散出口、避难逃生设施、应急照明与标识等。通过分析研究国内外规范相关的技术内容，在总结相关技术应用经验教训的基础上，确定上述各部分的设计目标、功能目标和性能要求。

(一) 被动防火系统

1. 结构耐火

在进行建筑结构设计时，不能仅考虑正常使用状态下建筑结构的荷载和间接作用，同时应充分考虑非正常状态的作用效应组合，如火灾情况。这是因为火灾产生的高温会对建筑构件带来极大的破坏作用。下面以我国常用的建筑结构构件材料钢筋混凝土为例进行说明。在高温作用下，混凝土中各种水分迅速汽化，体积明显膨胀，其强度和弹性模量随温度升高而降低。钢筋混凝土结构中的钢筋虽有混凝土保护，但在高温下其强度仍然有所降低，以致在初应力下屈服而引起截面破坏。构件破坏的程度取决于温度升高的速率、最高温度和火灾作用持续的时间。当温度低于 500℃时，浇水冷却的混凝土强度低于自然冷却后的强度；而高于 600℃时，浇水冷却后的强度高于自然冷却后的强度；在 1400℃时，钢筋进入液态，失去了抵抗荷载的能力。并且在火灾时，钢筋与混凝土间的黏结强度也随温度升高而呈下降趋势。对于钢筋混凝土超静定结构而言，构件的热膨胀会使相邻构件产生过大位移，从而危及相邻构件稳定性和承载力。

因此，建筑结构防火设计在建筑防火设计中的作用举足轻重。从各国的规范来看，其具体规定内容虽然不同，但其消防安全总目标大同小异，其中最重要的就是保护人的生命和财产安全。就保护人的生命安全而言，结构防火在所有建筑类型中都是重要的。这是因为：①良好的结构耐火性能能为人员的安全疏散提供宝贵的疏散时间，特别是在高层和大空间建筑中以及有行动受限人员的建筑内，如医院、养老院、幼儿园等。②为消防队员在建筑内所有人员撤出后进入建筑内实施灭火提供生命安全保证。

在消防队员实施灭火之前，结构构件可以有效地将火灾控制在起火区域或某个防火分区内，从而减少火灾和烟气对建筑内的物品和建筑结构所造成的破坏，同样也可减少灾后修复难度、费用和时间。建筑结构性能化设计目标、功能目标和性能目标如下。

（1）设计目标

在火灾作用下，建筑结构应能在合理的消防投入基础上，保持足够的完整性能、隔热性能或承载力，或同时保持其中两个或三个性能。

（2）功能目标

建筑构件能避免因其在火灾中发生变形或破坏而导致建筑结构的严重破坏或失去承载力。

不会因构件的破坏而危及建筑内部人员的疏散安全和灭火救援人员的安全。

避免结构在火灾中因变形、垮塌而难以修复或影响重要功能的使用、减少灾后结构的修复费用和难度，缩短结构功能的恢复期。

预防因构件破坏而加剧火灾或导致火灾蔓延至其他防火区域或相邻建筑物。

（3）性能要求

建筑构件的耐火性能应与构件的功能、建筑的功能与用途、建筑内的预计火灾荷载、火灾强度及其持续时间、建筑高度与体量以及建筑内外的消防设施相适应。

建筑承重构件在火灾作用下，应具有足够的承载力。

建筑分隔构件的燃烧性能和耐火极限在设计所需时间内应能防止火灾和烟气的蔓延。

建筑物中各构件的耐火性能应具有合理的关系。

建筑构件在火灾作用下的变形不应超过允许变形值。

建筑结构所提供的安全水平应与现行国家标准的规定等效。

2. 防火分区

良好的防火分区划分和分隔构件的耐火性能能有效地将火灾控制在起火区域或某个防火分区内，从而为建筑内人员的安全疏散及消防队员的救援和灭火行为提供宝贵的时间，为减少火灾和烟气对建筑内物体和建筑结构所造成的破坏、减少灾后修复难度、费用和时间等提供条件。对于火灾蔓延控制目标，主要利用火灾发展分析工具，根据本建筑的使用功能和空间特性等，设定相应的火灾场景，模拟烟气的运动规律，计算烟气层的温度，并以此判断所设计的防火隔离措施能否将火灾控制在设定的防火区域内。

火灾的蔓延方式有火焰接触、延烧、热传导、热辐射等。当可燃物为离散布置时，热辐射是一种促使火灾在室内及建筑物间蔓延的重要形式。当火灾烟气达到足够的温度时，其产生的热辐射强度将会引燃周围可燃物，从而导致火灾的蔓延。消防性能化设计时一般通过模拟计算分析得到火源所在防火区域之外的其他防火区域的烟气层最高温度。如果烟气层温度高于设定的极限温度，则认为火灾将通过热辐射在防火区域间进行蔓延；如果烟气层温度小于设定的极限温度，可认为火灾不会通过热辐射在防火区域间进行蔓延。

根据相关试验，可燃物品被引燃所需的最小热流为 $10kW/m^2$。火灾的辐射热为 $10kW/m^2$ 时，约相当于烟气层的温度达到 360～400℃时的状态。因此一般将 360℃作为火灾在防火区域间蔓延的极限温度，即烟气层温度大于该值时，火灾将通过热辐射在防火区域间进行蔓延；当烟气层温度小于该值时，可认为火灾不会通过热辐射的方式在防火区域间蔓延。防火分区性能化设计目标、功能目标和性能要求如下。

(1) 设计目标

防火分区划分应能有效降低火灾危害，可将火灾的财产损失控制在可接受的范围之内。

(2) 功能目标

观众厅内采取的防火隔断措施，应能将建筑火灾控制在设定的防火空间内，而不会经水平方向和竖向向其他区域蔓延。

(3) 性能要求

① 防火分隔构件的燃烧性能具有足够的耐火极限，并满足控制火灾的要求。

② 着火空间内不会发生轰燃。

③ 火灾可以控制在设定的防火区域内。

④ 火灾不会发生连续蔓延。

⑤ 火灾的可能过火面积与满足规范要求的防火分区的过火面积基本相同。

⑥ 灭火系统符合设计要求，可以有效控制火灾蔓延。

⑦ 排烟系统符合设计要求，可以有效排除烟气和热量。

3. 防火间距

为了防止火灾在建筑之间蔓延，建筑之间保持适当的距离是一种有效措施。防火间距是指防止着火建筑的辐射热在一定时间内引燃相邻建筑，且便于消防扑救的间隔距离。因此，防火间距一方面有助于防止火灾在建筑之间蔓延，另一方面为火灾扑救及建筑内人员和物资的紧急疏散提供场地。

在实际确定建筑之间的防火间距时，不可能考虑上述所有因素。一般情况下，防火间距主要是根据建筑物的使用性质、火灾危险性及耐火等级来确定。建筑物的耐火等级越低，防火间距越大；建筑物的火灾危险性越大，防火间距越大；建筑物扑救难度越大，防火间距越大。防火间距设置的基本原则是：①根据火灾的辐射热对相邻建筑的影响，一般不考虑飞火、风速等因素。②保证消防扑救的需要。需根据建筑高度、消防车的型号尺寸，确定操作场地的大小。③在满足防止火灾蔓延及消防车作业需要的前提下，考虑节约用地。

建筑物间防火间距的设计目标、功能目标和性能要求如下。

(1) 设计目标

建筑与相邻建筑、设施的防火间距应满足安全要求。

(2) 功能目标

① 防火间距应能有效防止建筑间的火灾蔓延。

② 建筑周围应具有满足消防车展开灭火救援的条件。

(3) 性能要求

① 建筑与相邻建筑、设施之间的防火间距应根据建筑的耐火等级、外墙防火构造以及相邻外墙的防火措施、灭火救援以及设施性质等因素进行确定。

② 工业与民用建筑与城市地下交通隧道、地下人行道及其他地下建筑之间应采取防止火灾蔓延的有效措施。

③ 建筑周围应设置消防车道或满足消防车通行与停靠、折转的平坦空地。消防车道的净空高度和净宽度以及地面承压应满足消防车通行的需要。

④ 大型工业或民用建筑周围应设置环形消防车道或其他满足消防车灭火救援的场地。

⑤ 供消防车停留和作业的道路与建筑物的距离应满足消防展开和救援的要求。

(二) 主动防火系统

建筑的主动防火系统主要依靠火灾探测报警、防烟排烟、各类灭火设施等建筑消防设施,通过及早探测火灾、破坏已形成的燃烧条件、终止燃烧的连锁反应,来扑灭或抑制火灾。

在现行规范体制下,规范中对于建筑主动消防设施设置的规定都是针对具体场所规定应设置什么样的灭火设施、自动报警设施或防烟与排烟设施,而未明确提出设置这些设施要达到什么样的目标,也未考虑在实际中如何与其他消防手段更好地有机结合或者允许采用综合效益更好的其他主动防火措施,设置这些设施应该达到什么样的目的,要满足怎样的性能。这样的规定显然不利于提高建筑防火的投资效益,不利于建筑设计者根据工程实际进行综合考虑和应用新的主动防火措施。

大量火灾事实表明,建筑主动防火系统能够提高建筑自身的防火能力,防止和减少火灾损失,是建筑防火体系的重要组成部分。

因此,建筑主动防火系统的作用主要是通过检测火灾信号并发出相应的警报和联动启动相关建筑消防设施,为人员疏散和灭火救援提供较安全的环境,扑灭或控制不同性状的火灾,减少火灾危害。

1. 自动灭火系统

对于同一建筑,建筑各区域的用途不尽相同,某些部位火灾危险性较小或火灾荷载密度较小,若整座建筑全部设置自动灭火系统,将造成不必要的投资。因此,建筑内自动灭火系统设计的原则是对建筑重点部位、重点场所进行重点防护。重点场所一般包括火灾荷载大、火灾危险性高的场所、可能因火灾而导致人员疏散困难的场所和可能因火灾导致重大损失的场所。自动灭火系统的设置主要用于建筑中不能中断防火保护的场所免受火灾危害或减轻其危害程度,其设计目标、功能目标和性能要求如下。

(1) 设计目标

为建筑中不能中断防火保护的场所提供灭火措施,使其免受火灾危害或减轻其危害程度。

(2) 功能目标

建筑内设置的自动灭火系统应能够及时扑灭和控制建筑内的初期火灾,防止火灾蔓延和造成较大损失。

(3) 性能要求

① 建筑内设置的自动灭火系统应根据设置场所的用途、火灾危险性、火灾特性、环境温度和系统的性价比等比较后确定。

② 灭火系统的灭火剂应适用于扑救设置场所的火灾类型,且对保护对象的次生危害较小。

③ 灭火系统的类型应与火灾发展特性、建筑空间特性相适应,并在设置场所的环境温度下能安全、可靠运行和有效灭火。

④ 对于火灾报警系统识别火灾并联动的灭火系统,应有能保证系统及时启动的火灾探测控制系统。对于自动喷水灭火系统、细水雾灭火系统和水喷雾灭火系统等需要消防水泵供水的灭火系统,其电源应满足系统连续运行及其动作需要。

2. 排烟系统

火灾烟气的危害性主要表现在毒害性、减光性以及烟气中携带的较高温度的气体和微粒。有关实验表明,人在浓烟中停留 1～2min 就会晕倒,接触浓烟 4～5min 就有死亡的危险。在建筑内设置排烟系统,不仅可及时排除火灾产生的大量烟气,阻止烟气向防烟分区外扩散,确保建筑物内人员的顺利疏散和安全避难,并为消防救援创造有利条件,而且可有效防止某些场所快速发生破坏性极大的轰燃现象。因此,排烟设施设计的设计目标、功能目标和性能要求如下。

(1) 设计目标

建筑内设置的排烟系统应能保证人员安全疏散与避难。

(2) 功能目标

建筑内设置的排烟系统应能及时排除火灾产生的烟气,避免或限制火焰和烟气向无火区域的蔓延,确保建筑物内人员的顺利疏散和安全避难,并为消防救援创造有利条件。

(3) 性能要求

① 排烟设施方式应与建筑的室内高度、结构形式、空间大小、火灾荷载、烟羽流形式及产烟量大小、室内外气象条件等条件相适应。

② 排烟设施应具有保证其在火灾时能正常工作的技术措施。

③ 排烟系统的排烟量或排烟口的面积能够将烟气控制在设计的室内高度以上,而不会不受控制地蔓延。

④ 机械排烟系统的室外风口布置,应能有效防止从室内排出的烟气再次被吸入。

⑤ 设置机械排烟设施的场所应结合建筑内部的结构形式和功能分区划分防烟分区。防烟分区及其分隔物应保证火灾烟气能在一定时间内有效蓄积和排出。

⑥ 排烟口的布置应能有效避免烟气因冷却而影响排烟效果,与附近安全出口、可燃构件或可燃物的距离应能防止出现高温烟气遮挡安全出口或引燃附近可燃物的现象。

⑦ 排烟风机应能保证在任一排烟口或排烟阀开启时自行启动,并应在高温下和该场

所需排烟时间内具有稳定的工作性能。

⑧ 在地上密闭场所中设置机械排烟系统时，应同时设置补风系统，补风量应能有利于排烟系统的排烟。

3. 火灾自动报警系统

火灾自动报警设施主要是在火灾发生早期及时探测到火情并报警，为人员的安全疏散提供宝贵时间并采取合理的行动，并通过联动启动火灾警报装置引导火灾现场人员及时疏散和进行火灾扑救，或启动有关的消防设施来扑灭或控制早期火灾，排除烟气，防止火灾蔓延，从而减少人员伤亡和火灾损失。火灾报警系统的设计目标、功能目标和性能要求如下。

(1) 设计目标

为人员及早提供火灾信息，避免火灾扩大和人员疏散延迟而导致更大的伤亡和经济损失。

(2) 功能目标

① 火灾时，及时向使用人员发出报警信号，使人员能采取必要的合理措施，提高人员疏散的安全性和火灾扑救的有效性。

② 火灾时，及时联动防止火灾蔓延和排除烟气或阻止烟气进入安全区域的相关设施。

(3) 性能要求

① 建筑应根据其实际用途、预期的火灾特性和建筑空间特性，发生火灾后的危害等因素设置合适的报警设施。

② 火灾报警装置应与保护对象的火灾危险性、火灾特性和空间高度、大小及环境条件相适应。

③ 火灾报警系统发出的警报能使人员清楚地识别火灾信号，并采取相应的行动。

④ 火灾报警系统能可靠、准确地识别火灾信号并联动相应的消防设施。

(三) 安全疏散

实践证明，完全杜绝火灾发生是不可能的，而人体的生理特征决定人的生命在火灾中显得相当脆弱。据统计，2008 年我国全年共发生火灾 13.3 万起，死亡 1 385 人，受伤 684 人，直接财产损失 15 亿元。其中很大一部分火灾发生的原因是建筑物的防火设计不合理，人员不能及时疏散。因此，如何尽快疏散建筑内的人员到安全区域是建筑防火设计的主要内容之一。

考虑到紧急疏散时人们缺乏思考疏散方法的能力和时间紧迫，所以疏散路线要简捷，易于辨认，并须设置简明易懂、醒目易见的疏散指示标志。在进行安全疏散设计时，要分析不同建筑物中人在火灾条件下的心理状态及行动特点。疏散路线设计要符合人们的习惯要求。人们在紧急情况下，习惯走平常熟悉的路线，因此在布置疏散楼梯间位置时，将其靠近经常使用的电梯间布置，使经常使用的路线与火灾时紧急使用的路线有机地结合起来，则很有利于迅速而安全地疏散人员。

进行人员安全疏散设计，大致应经历如下过程：①估算室内各个房间应疏散的人数。

②根据实际情况确定“假定起火点”。③对每个“假定起火点”分别规划起火后避难者的避难路线。④分析避难人员在每条疏散路线上的流动情况，如计算最后一名避难者沿疏散路线穿越各主要部位的时间，计算沿途是否发生滞留现象。如会发生滞留现象则应计算滞留地点的滞留人数、滞留时间及其人流变化情况等。⑤分析高温烟气在每条疏散路线上的流动情况，如明确高温烟气的前端沿疏散路线流动的时间、发生滞留地点的烟气浓度随时间的变化规律。⑥对第④第⑤阶段分析的情况进行比较、核对，研究人员避难的安全可靠度。即确定最后一名避难者被高温烟气前端追上后，是否处于超过允许极限浓度的烟气之中，发生滞留的地方有多少人处于危险烟气中；或即使没有受到高温烟气的直接影响，滞留点人流的混乱程度是否超过容许程度。在分析问题时，要考虑建筑物的用途、人员素质、身体状况等因素，并适当乘以安全系数。⑦根据第⑥阶段的分析结果，如确定属于危险的范围，则要对安全疏散设施进行技术调整，如增加安全出口的数量和宽度、设置防排烟设施等，然后重新按上述程序反复研究避难设计方案，直至选择最佳方案。安全疏散的设计目标、功能目标和性能要求如下。

(1) 设计目标

建筑内应具有足够的安全疏散设施保证人员的生命安全。

(2) 功能目标

安全疏散设施应确保发生火灾时，建筑内的人员在规定时间内能够安全疏散至室外安全区域。

(3) 性能目标

① 应有足够的安全出口供人员安全疏散，每个房间均应有与该房间使用人数相适应的疏散出口。

② 安全出口宽度应与建筑内使用人数相适应，并考虑不同用途建筑中疏散人流的宽度和疏散速度，避免人员疏散过程中在安全出口发生拥挤、堵塞。

③ 建筑内的疏散应急照明与疏散指示标志均应与其所在场所相适应。

④ 安全疏散距离应与建筑内的人员行动能力相适应，确保人员疏散所用时间满足安全疏散所允许的限度。

⑤ 疏散设施应满足相应的防火要求，不会使人员在疏散过程中受到火灾烟气或热的危害。

（四）消防救援

火灾的发生不可避免，而人体的生理特征决定人在火灾环境下不能长时间停留，因此建筑设计必须考虑如何将建筑内的人员疏散至安全区域。事实证明，即使建筑内设计有足够完善的消防设施，但由于消防系统故障、管理不善或人员个体差异等原因，仍有可能出现建筑内的人员不能按预期疏散到安全区域的情况，需要外部人员救援。同时，外部救援人员也可能需要进入建筑内进行灭火救援，因此建筑设计还应考虑必要的救援通道。消防救援的设计目标、功能目标和性能要求如下。

1. 设计目标

消防救援设计应能为消防队员消防救援作业提供有利条件，消防车道、救援场地和救援窗口以及室外消防设施应能满足消防队员救援作业的要求。

2. 功能目标

① 建筑物应设置保障消防车安全、快速通行的消防车道。

② 消防车登高操作场地应能满足消防车停靠、火场供水、灭火和救援需要。

③ 消防救援窗口应能满足消防队员进入建筑物的要求。

3. 性能要求

① 消防车道的净宽度和净空高度应大于通行消防车的宽度和高度。

② 消防车道的耐压强度应大于消防车满载时的轮压。

③ 消防车道的转弯半径应满足消防车安全转弯的要求。

④ 消防车道之间或与城市道路之间应能相互贯通联系。

⑤ 消防车登高操作场地的尺寸、间距以及距建筑物的距离应满足消防车展开和安全操作的要求。

⑥ 消防救援窗口的尺寸和间距及可进入性满足救援要求。

在消防救援时，只有将灭火剂直接作用于火源或燃烧的可燃物，才能有效灭火。当火灾发展到比较大的规模，从楼梯间进入建筑有时难以直接接近火源，有必要在外墙上设置供灭火救援的入口。为方便使用，该开口的大小、位置、标识要易于人员携带装备安全进入，且便于快速识别，要求如下。

① 每层设置可供消防救援人员进入的窗口。

② 窗口的净高度和净宽度分别不小于0.8m和1.0m，下沿距室内地面不大于1.2m。

③ 窗口间距不大于30m且每个防火分区不少于2个，设置位置与消防车登高操作场地相对应。

④ 窗口的玻璃易于破碎，并设置可在室外识别的明显标志。

第四节　火灾模拟与火灾场景设计

一、火灾模拟

在火灾模拟中，影响模拟结果准确性的因素比较多，如所建模型和实际对象的接近程度、网格的划分方法、网格的数量、网格尺寸、湍流模型的选择、各种计算假设等因素都会对模拟结果产生影响。同时，各个软件都有自己的优缺点和适用范围，对某一工程设计，如性能化设计项目，选择最合适的软件进行火灾模拟是一个比较重要的问题。

（一）火灾数值模拟模型

火灾数值模拟是火灾研究的重要内容之一，但由于火灾现象的复杂性，近几十年来才建立起描述火灾现象的实用数学模型。火灾模型主要分为确定性模型和随机性模型。

火灾数值模型主要有专家系统(Expert System)、区域模型(Zone Model)、场模型(Field Model)、网络模型(Network Model)和混合模型(Hybrid Model)。场模型即CFD模型,主要是利用计算流体动力学(CFD)技术对火灾进行模拟的模型,由于CFD模型可以得到比较详细的物理量的时空分布,能精细地体现火灾现象,加之高速、大容量计算机的发展,使得CFD模型得到了越来越广泛的应用。

目前用于火灾模拟的场模型CFD模型主要有FDS、PHOENICS、FLUENT等。FDS是专门针对火灾模拟而开发的CFD软件,简单易用。因此,在火灾模拟中应用最为广泛。而PHOENICS和FLUENT是计算流体力学的通用软件,将其用于火灾模拟需要有较强的流体力学背景。因此,应用较少。目前,国内外对FDS的研究比较多,而对于PHOENICS和FLUENT在火灾模拟方面的应用研究则较少,对各个软件的对比研究更少。

在火灾模拟中,影响模拟结果准确性的因素比较多,如所建模型和实际对象的接近程度、网格的划分方法、网格的数量、网格尺寸、湍流模型的选择、各种计算假设等因素都会对模拟结果产生影响,怎样才能使模拟结果更加准确、可信是一个急需解决的问题。同时,各个软件都有自己的优缺点和适用范围,对某一工程设计,如性能化设计项目,选择最合适的软件进行火灾模拟是一个比较重要的问题。因此,为了能够更好地利用CFD场模型进行火灾模拟,有必要对它们进行系统研究。

验证(veriifcation)与确认(validation)是评价数值解精度和可信度的主要手段。长期以来,CFD工作者对CFD软件的验证与确认工作一直没有给予足够的重视。因此,对于计算结果的可信度,CFD研究人员并不能给出明确的回答。这使得CFD软件的使用者对CFD也持一种矛盾的心态,既想利用CFD这种快捷经济的设计工具,又对CFD的计算结果心存疑虑。如果有条件,可以结合数值计算和模拟实体火灾的方式,进一步验证模型的可靠性。

(二)火灾数值模拟软件的选取

从软件易用性来看,火灾专用模拟软件相对简单,在应用中不需要做复杂设置,使用者只需掌握火灾基本知识即可得到合理的结果,而通用CFD软件对使用者要求较高,使用者需要对流体力学有深入了解,才能得到合理结果,因此,一般火灾模拟选择专用软件为宜。

利用火灾模型进行数值分析前,应着重考虑该模型对所模拟问题的适用性及预测能力,一般情况下,需要事先利用相关试验(已有其他人员进行的试验或自己进行相关试验)对模型进行确认研究。

从模拟准确性来看,火灾专用模拟软件由于是专门针对火灾开发的,在概念模型层面相对于通用软件更接近于真实模型,其数学模型更能反映火灾过程。因此,一般情况下,建议选择火灾专用软件,除非在专用软件无法模拟的情况下才选择通用软件。

使用火灾专用软件时,应着重考虑网格独立性、边界条件设置对模拟结果的影响,使用通用软件时,还应考虑湍流模型、燃烧模型、辐射模型的选择。

火灾模型的验证和确认应包含其对各类火灾参数的预测能力研究,如火场温度、热辐射通量、反应产物的浓度变化(着重研究 CO、CO_2、烟密度等)、火场能见度等。

对于通用的 CFD 软件,如 PHOENICS、FLUENT、CFX 等,由于其发展比较成熟,其程序一般能够比较准确地反映其所确立的概念模型。因此,对这类模型可以着重确认研究;对于专用火灾模拟软件,如 FDS 等,已经进行了较多的确认和验证工作;对于比较常见的火灾场景,如建筑室内火灾等,可以直接用来模拟分析;而对一些特殊的场景,如火灾在狭长双层玻璃幕墙内的蔓延模拟,还需进一步确认研究;对于自行编制的火灾模拟程序,模型的验证工作是至关重要的,应确保程序能够准确反映概念模型。

用 Steckler 房间火灾试验方法,对 PHONEICS 和 FLUENT 进行了确认研究,就该类实例来说,FLUENT 的准确度要高于 PHENICS,但就工程应用来说,在选择合理的湍流模型、辐射模型,并经过网格独立性检验后,两者的模拟结果一般可满足工程需要。

火灾发展具有确定性和随机性的特点,火灾试验的影响因素较多,在选择确认试验时,应尽量选择可重复性强的试验,并应注重采用不同火灾场景下的火灾试验对其进行确认研究,以便更好地检验模型的可信度。

二、火灾场景设计

(一)火灾场景

火灾场景是对一次火灾整个发展过程的定性描述,该描述确定了反映该次火灾特征并区别于其他可能火灾的关键事件。火灾场景通常要定义引燃、火灾增长阶段、完全发展阶段、衰退阶段以及影响火灾发展过程的各种消防措施和环境条件。

火灾场景是对某特定火灾从引燃或者从设定的燃烧到火灾增长到最高峰以及火灾所造成的破坏的描述。火灾场景的建立应包括概率因素和确定性因素。也就是说,此种火灾发生的可能性有多大,如果真的发生了,那么火灾又是怎么发展和蔓延的。在建立火灾场景时,我们应该考虑的因素很多,其中包括建筑的平面布局;火灾荷载及分布状态;火灾可能发生的位置;室内人员的分布与状态;火灾可能发生时的环境因素等。

火灾场景必须能描述火灾引燃、增长和受控火灾的特征以及烟气和火势蔓延的可能途径、设置在建筑室内外的所有灭火设施的作用、每一个火灾场景的可能后果。在设计火灾场景时,应确定设定火源在建筑物内的位置及着火房间的空间几何特征。例如,火源是在房间中央、墙边、墙角还是门边等,以及空间高度、开间面积和几何形状等。

(二)设计火灾场景的原则

火灾场景的确定应根据最不利的原则确定,选择火灾风险较大的火灾场景作为设定火灾场景。如火灾发生在疏散出口附近并使得该疏散出口不可利用,自动灭火系统或排烟系统由于某种原因而失效等。火灾风险较大的火灾场景一般为最有可能发生,但火灾危害不一定最大;或者火灾危害大,但发生的可能性较小的火灾场景。

（三）设计火灾场景应考虑的因素

1. 在设计火灾时，应分析和确定建筑物的基本情况

① 建筑物内的可燃物。

② 建筑的结构、布局。

③ 建筑物的自救能力与外部救援力量。

2. 在进行建筑物内可燃物的分析时应着重分析的因素

① 潜在的引火源。

② 可燃物的种类及其燃烧性能。

③ 可燃物的分布情况。

④ 可燃物的火灾荷载密度。

3. 在分析建筑的结构布局时应着重考虑的因素

① 起火房间的外形尺寸和内部空间情况。

② 起火房间的通风口形状及分布、开启状态。

③ 房间与相邻房间、相邻楼层及疏散通道的相互关系。

④ 房间的围护结构构件和材料的燃烧性能、力学性能、隔热性能、毒性性能及发烟性能。

4. 分析和确定建筑物在发生火灾时的自救能力与外部救援力量时应着重考虑的因素

① 建筑物的消防供水情况和建筑物室内外的消火栓灭火系统。

② 建筑内部的自动喷水灭火系统和其他自动灭火系统（包括各种气体灭火系统、干粉灭火系统等）的类型与设置场所。

③ 火灾报警系统的类型与设置场所。

④ 消防队的技术装备、到达火场的时间和灭火控火能力。

⑤ 烟气控制系统的设置情况。

5. 在确定火灾发展模型时，应至少考虑的参数

① 初始可燃物对相邻可燃物的引燃特征值和蔓延过程。

② 多个可燃物同时燃烧时热释放速率的叠加关系。

③ 火灾的发展时间和火灾达到轰燃所需时间。

④ 灭火系统和消防队对火灾发展的控制能力。

⑤ 通风情况对火灾发展的影响因子。

⑥ 烟气控制系统对火灾发展蔓延的影响因子。

⑦ 火灾发展对建筑构件的热作用。

（四）确定火灾场景的方法

确定火灾场景可采用下述方法：故障类型和影响分析、故障分析、如果-怎么办分析、相关统计数据、工程核查表、危害指数、危害和操作性研究、初步危害分析、故障树分析、事件树分析、原因后果分析和可靠性分析等。

事件树是风险级别评定程序中常用的一个方法,但风险级别评定过程常常可以简化。在这种情形下,风险级别评定不需要事件树就可进行。然而,在不能使用简化方式的时候需要采用事件树的方法,根据构成火灾场景单一的事件的发生概率,得到该火灾场景的发生概率。

1. 事件树

事件树的构建代表与火灾场景相关的从着火到结束的时间事件顺序。事件树的构建始于初始的事件。例如,对于所有消防安全系统的特征及所有居住者而言,与初始状态相结合的初始事件是起火。接着构建分叉和添加分支来反映每个可能发生的事件。

事件树表现为火灾特征、系统及特征的状态、人员的响应、火灾最终结果和影响后果的其他方面的变化。与建筑系统和特征相关的事件实例如下。

① 火灾引燃的第二个物件。

② 火灾被门或其他障碍物阻隔。

③ 质量下降或性能降低的系统或特征。

④ 窗户上的玻璃破裂。

事故树是类似事件树的逻辑树,不过在每个分支上是一个条件或状况,而不是按时间发展的事件。场景是贯穿事故树的一条单一的路径。

2. 发生的概率

采用获得的数据和推荐的工程评价方法估算每个事件发生的概率。对于有些分支,初始火灾的特征是主导因素,火灾事故数据是获得合适概率的数据源。

通过沿着路径直到场景的所有概率相乘来评估每个场景相关的概率。

3. 火灾后果的考虑

采用获得的可靠数据和推荐的工程评价方法来估计每个场景的后果。后果应以适当的方式(如人员死伤或预期的火灾损失费用)来体现。此估计可以考虑随时间改变的影响。

当估算因火灾导致人员死伤的后果时,应保证使用的数据是与研究中的场景相关的。有关人员行为取决于环境的性质。

4. 风险评定

按风险顺序评定程序,风险可通过后果的概率和场景的发生概率相乘进行估算。

5. 最终的选择

对于每一个消防安全目标,应选用风险级别最高的火灾场景进行定量分析。所选的场景应该代表主要的累加风险,即所有场景的风险总和。

① 应考虑一个火灾场景对风险的重大影响,否则可能忽略一个特殊的消防安全系统或特殊的设计。

② 在此阶段,由于一个场景产生的结果导致设计所需采用的费用相当高,而不考虑

它对风险的重大影响是不恰当的。应该在详细分析之后，来决定是否接受这个导致成本过高的特殊火灾场景的风险。

三、火灾场景设计

在设定火灾时，一般不考虑火灾的引燃阶段、衰退阶段，而主要考虑火灾的增长阶段及全面发展阶段。但在评价火灾探测系统时，不应忽略火灾的阴燃阶段；在评价建筑构件的耐火性能时，不应忽略火灾的衰退阶段。

在设定火灾时，可采用用热释放速率描述的火灾模型和用温度描述的火灾模型。在计算烟气温度、浓度、烟气毒性、能见度等火灾环境参数时，宜选用采用热释放速率描述的火灾模型，如 $\dot{Q}=f(t)$ 或 $\dot{Q}=f(t,w,c,q)$；在进行构件耐火分析时，宜选用采用温度描述的火灾模型，如 $T=f(t)$ 或 $T=f(t,w,c,q)$。

（一）火灾增长分析

火灾在点燃后热释放速率将不断增加，热释放速率增加的快慢与可燃物的性质、数量、摆放方式、通风条件等有关。原则上，在设计火灾增长曲线时可采用以下几种方法：①可燃物实际的燃烧实验数据；②类似可燃物实际的燃烧实验数据；③根据类似的可燃物燃烧实验数据推导出的预测算法；④基于物质的燃烧特性的计算方法；⑤火灾蔓延与发展数学模型。在性能化设计中，如果能够获得所分析可燃物的实际燃烧实验数据，那么采用实验数据进行火灾增长曲线的设计是最好的选择。

1. 描述可燃物燃烧性能的主要参数

① 可燃物的点火性能，通常采用单位面积可燃物在一定功率热辐射作用下的点火时间表示，s；

② 可燃物的热值，kJ/kg；

③ 单位面积上的质量损失速率，kg/(m^2 · s)；

④ 单位面积上的热释放速率，kJ/(m^2 · s)；

⑤ 毒性气体的生成率，kg/kg；

⑥ 烟气的遮光性，一般采用减光系数表示，m^{-1}。

2. 可燃物的状况及火灾荷载密度

可燃物的状况主要考虑可燃物的形状、分布、堆积密度、高度、含水率、可燃烧的类型或燃烧性能等。

建筑物内的火灾荷载密度用室内单位地板面积的燃烧热值表示，见式(4-4)：

$$q_f=\frac{\sum G_i H_i}{A} \tag{4-4}$$

式中：q_f——火灾荷载密度，MJ/m^2；

G_i——某种可燃物的质量，kg；

H_i——某种可燃物单位质量的发热量，MJ/kg；

A——着火区域的地板面积，m^2。

一个空间内的火灾荷载密度也可以参考同类型建筑内火灾荷载密度的统计数据确定，在进行此类统计时，应该至少对五个典型建筑取样。

在一定种类可燃物分布和相应的通风条件下，火灾发展的最大热释放速率主要受最大的火源面积控制。此外，用参数计算的方法确定火灾热释放速率随时间的变化，也需要最大火源面积这一参数。

火灾发展的面积可采用可燃物水平方向的火焰蔓延速度表示，见式(4-5)：

$$A_f = X \cdot Y \quad 或 \quad A_f = \pi \cdot R^2 \tag{4-5}$$

$$X = a_0 + v_x \cdot t, \quad Y = b_0 + v_y \cdot t, \quad R = R_0 + v \cdot t$$

式中：a_0——点火源面积在 X 方向的长度，m；

b_0——点火源面积在 Y 方向的长度，m；

R_0——点火源的直径，m；

v_x——火焰沿 X 方向的蔓延速度，m/s；

v_y——火焰沿 Y 方向的蔓延速度，m/s；

v——火焰沿径向的蔓延速度，m/s；

t——点火后火焰的蔓延时间，s。

着火房间内烟气层的中性面位置，随热烟气温度和开口位置而变化。在中性面上方，着火房间内部的气体压力大于相邻房间或外部的气体压力；在中性面下方，着火房间内部的气体压力小于相邻房间或外部的气体压力。

通风口的形状、大小和分布影响着火房间内的燃烧类型、气体流动状态和火灾烟气及热的排放。

3. 火灾模型

对于建筑物内的初期火灾增长，可根据建筑物内的空间特征和可燃物特性采用下述方法之一确定。

① 实验火灾模型。

② t^2 火灾模型。

③ MRFC 火灾模型。

④ 按叠加原理确定火灾增长的模型。

在有条件时，应尽量采用实验模型。但由于目前很多实验数据是在大空间条件下采用大型锥形量热计测量的结果，并没有考虑围护结构对实验结果的影响，因此，在应用中应注意实验边界条件和通风条件与应用条件的差异。

4. 轰燃

轰燃是火灾从初期的增长阶段向充分发展阶段转变的一个相对短暂的过程。对于火灾从轰燃到最高热释放速率之间的增长阶段，由于发生轰燃时室内的大部分物品开始剧烈燃烧，所以可以假设当轰燃发生时，火灾的热释放速率同时增长到最大值，可以认为此时火灾的功率，即热释放速率达到最大值。此时，房间内可燃物的燃烧方式多为通风控制燃烧，热释放速率将保持最大值不变。

（二）热释放速率

1. 实际火灾实验

通过实际的火灾实验，获得火灾的热释放速率曲线。但在应用中应注意实验的边界条件和通风条件与应用条件的差异。实验结果表明，在一个大约和 ISO9705 房间大小相当的房间内燃烧带座垫的椅子，当考虑从 100～1 000kW 范围的火灾时，要比在敞开式大空间内的燃烧速率增加 20%。

2. 类似实验

如果缺少分析对象的可燃组件的实验数据，可以采用具有类似的燃料类型、燃料布置及引燃场景的火灾实验数据。当然，实验条件与实际要考虑的情况越接近越好。

在考虑会展中心中的一个展位发生火灾时，因缺少展位起火的实验数据，可以采用一个办公家具组合单元的火灾试验数据。实验中的办公家具组合单元包括两面办公单元的分隔板、组合书架、软垫塑料椅、高密度层压板办公桌以及一台计算机，还有 98kg 纸张和记事本等纸制品。该办公家具组合单元中包含了展览中较为常见的可燃物，物品的摆放形式也基本与展位的布置相同，且其尺寸与一个展位相当。因此，在缺少展位火灾实验数据的情况下，可以用这样一个办公家具组合单元的火灾试验数据来代替。

3. 稳态火灾

对于稳态火灾，在其整个发展过程中，火源的热释放速率始终保持一个定值。火灾发展过程中的充分发展阶段可以近似看成是稳态火灾。某些时候，为了简化计算，一般保守地设定火灾为稳态火灾，尤其是在进行排烟系统的计算时，这种方法可以为防排烟系统的设计提供相对保守的结果。稳态火灾的火灾热释放速率可采用公式(4-6)计算。

$$\dot{Q}=\dot{m}h_c \tag{4-6}$$

式中：$\dot{Q}$——稳态火灾的热释放速率，kW；

$\dot{m}$——燃料的质量燃烧速率，kg/s；

h_c——燃料的燃烧值，kJ/kg。

稳态火灾的热释放速率应该对应预期火灾增长的最大规模，因此稳态火灾的热释放速率也可以基于在自动喷水灭火系统的第一个洒水喷头启动时的火灾规模。当评估探测系统或感温灭火系统（如自动喷淋）的反应时间时，不应采用恒稳态设定火灾。

4. t^2 模型

大量实验表明，多数火灾从点燃到发展到充分燃烧阶段，火灾中的热释放速率大体上按照时间平方的关系增长，只是增长的速度有快有慢，因此在实际设计中常常采用这一种称为"t 平方火(t^2)"的火灾增长模型对实际火灾进行模拟。t^2 模型描述火灾过程中火源热释放速率随时间的变化关系，当不考虑火灾的初期点燃过程时，可用公式(4-7)表示。

$$\dot{Q}=\alpha \cdot t^2 \tag{4-7}$$

式中：$\dot{Q}$——火源热释放速率，kW；

α——火灾发展系数（$\alpha=\dot{Q}_0/t_0^2$），kW/s^2；

t——火灾的发展时间，s；

t_0——火源热释放速率($\dot{Q}_0=1\text{MW}$)所需要的时间，s。

根据火灾发展系数 α，火灾发展阶段可分为极快、快速、中速和慢速四种类型，如图 4-2 所示。表 4-2 给出了火灾发展系数 α 与美国消防协会标准中示例材料的对应关系。

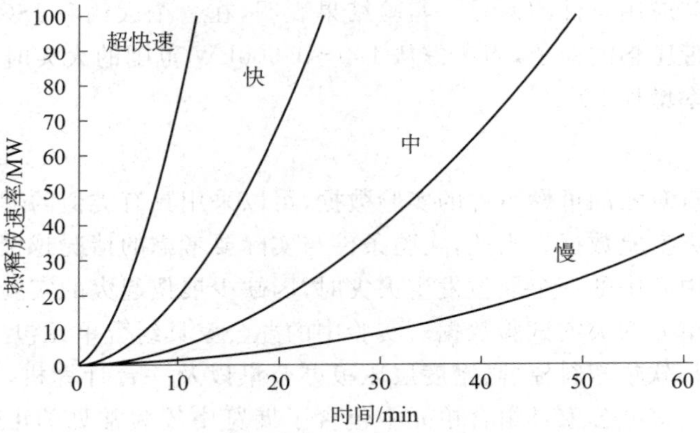

图 4-2 四种 t^2 火增长曲线

表 4-2 火焰水平蔓延速度参数值

可 燃 材 料	火焰蔓延分级	$\alpha(\text{kW/s}^2)$	$\dot{Q}_0=1\text{MW}$ 时的时间/s
没有注明	慢速	0.002 9	584
无棉制品 聚酯床垫	中速	0.011 7	292
塑料泡沫 堆积的木板 装满邮件的邮袋	快速	0.046 9	146
甲醇 快速燃烧的软垫座椅	极快	0.187 6	73

实际火灾中，热释放速率的变化是个非常复杂的过程，上述设计的火灾增长曲线只是与实际火灾相似，为了使设计的火灾曲线能够反映实际火灾的特性，应做适当保守的考虑。如选择较快的增长速度，或较大的热释放速率等。

5. MRFC 模型

MRFC 模型是火灾与烟气在建筑物内蔓延的多室区域模拟软件。该软件中运用可燃物火焰蔓延速度及其燃烧特性参数计算热释放速率，其计算公式为式(4-8)或式(4-9)：

$$\dot{Q}=\dot{r}_{sp}\cdot H_u\cdot A_f\cdot\chi \tag{4-8}$$

或

$$\dot{Q}=\dot{q}\cdot A_f \tag{4-9}$$

式中：$\dot{r}_{sp}$——单位面积上的质量损失速率，$\text{kg/m}^2\text{s}$；

H_u——可燃物的平均热值，kJ/kg；

χ——可燃物的燃烧效率，%；在充分燃烧条件下，取χ=100%；

A_f——火源燃烧面积，m^2；

$\dot{q}$——单位面积上的热释放速率，kW/m^2。

6. 热释放速率曲线叠加模型

当房间内某可燃物着火后，会因火源和热烟气层的热辐射作用，而在一定时间内引燃其周围可燃物，使热释放速率增长。此时的热释放速率应为原着火可燃物的热释放速率和被引燃可燃物热释放速率的叠加。距火源中心距离为 R 处所接收到的火源辐射热流量和火源热释放速率的关系可用公式(4-10)表示：

$$R=\left(\frac{\dot{Q}}{12\pi\dot{q}}\right)^{\frac{1}{2}} \tag{4-10}$$

邻近可燃物与火源中心的距离 R 可按式(4-11)计算：

$$R=r+L \tag{4-11}$$

式中：$\dot{Q}$——火源热释放速率，kW；

R——距火源中心的距离，m；

$\dot{q}$——受火源辐射作用而接收到的热流量，kW/m^2；

r——火源的等效半径，m；

L——可燃物与火源边界的距离，m。

受热辐射作用引燃可燃物的最小热流量因可燃物不同而有所差异，如聚氨酯泡沫的最小引燃热流量约为 $7kW/m^2$，木材的最小引燃热流量为 $10\sim13kW/m^2$，小汽车的最小引燃热流量约为 $16kW/m^2$。当着火房间高度较高时，空间内的冷空气层较高、热烟气层温度较低，可忽略热烟气层的热辐射作用，而直接运用公式(4-7)判断相邻可燃物的引燃状况。反之，不能忽略热烟气层的热辐射作用。判断相邻可燃物的引燃状况时，除了用公式(4-7)计算火源的辐射热流外，还要计算热烟气层的辐射热流量。

（三）设定火灾

安全目标不同，确定最大火灾规模的方法也不同。火灾规模是性能化设计中的重要参数，工程上通常参考以下几种方法来综合确定火灾的规模。

1. 喷淋启动确定火灾规模

火灾的最大热释放速率可根据火灾发展模型结合灭火系统的灭火效果来计算确定。灭火系统的灭火效果可以考虑以下三种情况。

① 在灭火系统的作用下，火灾最终熄灭。

② 火灾被控制到恒稳状态。在灭火系统的作用下，热释放速率不再增长，而是以一个恒定热释放速率燃烧。

③ 火灾未受限制。这代表了灭火系统失效的情况。

灭火系统的有效控火时间可按下述方式考虑。

① 对于自动喷水灭火系统，可采用顶棚射流的方法确定喷头的动作时间，再考虑一定安全系数后确定该系统的有效作用时间。

② 对于智能控制水炮和自动定位灭火系统，水系统的有效作用时间可按火灾探测时间、水系统定位和动作时间之和乘以一定安全系数计算。

③ 对于消防队控火，可计算从火灾发生到消防队有效地控制火势的时间，一般按15min考虑。对于安装自动喷水灭火系统的区域，其火灾发展通常将受到自动喷水灭火系统的控制，一般情况下自动喷水灭火系统能够在火灾的起始阶段将火扑灭，至少是将火势控制在一定强度下。

假定自动喷水灭火系统启动后火势的规模不再扩大，火源热释放速率保持在喷头启动时的水平。自动喷水灭火系统控制下的火灾规模可以使用DETACT分析软件进行预测。

考虑到同一类型喷头之间RTI值之间的差异，在采用上述方法预测火灾规模时建议取最大的RTI值。例如，ESFR喷头取28(m·s)0.5，快速响应喷头取50(m·s)0.5，普通喷头取350(m·s)0.5。

2. 相关设计规范或指南

上海市工程建设规范《民用建筑防排烟技术规程》(DGJ 08—1988)"火灾模型的确定和排烟量"给出了各类场所的火灾模型，有关商业建筑的火灾规模参见表4-3。

表4-3 热释放量

建筑类别	热释放量 Q/MW
设有喷淋的商场	5
设有喷淋的办公室、客房	1.5
设有喷淋的公共场所	2.5
设有喷淋的汽车库	1.5
设有喷淋的超市、仓库	4
设有喷淋的中庭	1
无喷淋的办公室、客房	6
无喷淋的汽车库	3
无喷淋的中庭	4
无喷淋的公共场所	8
无喷淋的超市、仓库	20

注：设有快速响应喷头的场所可按本表减小40%。

3. 根据燃烧实验数据确定

根据物品的实际燃烧实验数据来确定最大热释放速率是最直接和最准确的方法，一些物品的最大热释放速率可以通过一些科技文献或火灾试验数据库得到。例如，表4-4是NFPA92B标准中提供的部分物品燃烧时最大热释放速率的数据，图4-3为美国国家技术与标准研究院(NIST)火灾试验数据库FASTDAT中提供的席梦思床垫的火灾实验热释放速率曲线。

表 4-4 NFPA92B 标准中提供的最大热释放速率的数据

物　　品	质量/kg	最大热释放速率/kW
废纸篓	0.73～1.04	4～18
天鹅绒绵窗帘	1.9	160～240
丙烯酸纤维绵窗帘	1.4	130～150
电视机	27～33	120～290
实验用座椅	1.36	63～66
实验用沙发	2.8	130
干燥的圣诞树	6.5～7.4	500～600

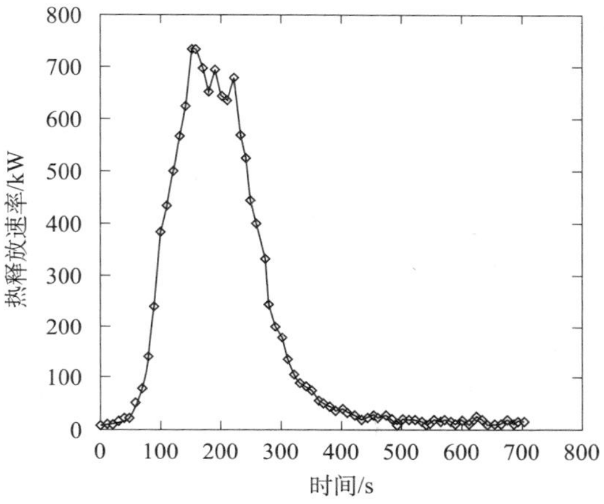

图 4-3　席梦思床垫燃烧热释放速率曲线

4. 根据轰然条件确定

根据英国学者托马斯的研究结果，对于面积较小的着火空间（以一个面积为 16m² 大小的房间内的火灾实验数据得出），判断达到轰燃时的临界热释放速率可采用公式(4-12)计算。

$$Q_{fo}=7.8A_t+378A_v h_v^{1/2} \tag{4-12}$$

式中：Q_{fo}——轰燃时的热释放速率，kW；

A_t——封闭空间的总表面面积，m^2；

A_v——通风口的面积，m^2；

h_v——通风口的高度，m。

由于上述结果对于小房间的情况预测结果能够比较好地反映实际情况，而对于较大的房间上述公式可能会有较大的误差。对于面积较大的着火空间，可采用空间内热烟气层的温度达到 500～600℃或单位地板面积接受的辐射热流量达到 20kW 作为着火房间达到轰燃的标志。

另外，有一些学者通过木材和聚亚安酯(polyurethane)实验得出轰燃时的平均热释放速率为

$$Q_{fo}=1\ 260A_v H_v^{1/2} \tag{4-13}$$

式中：Q_{fo}——房间达到轰燃所需的临界火灾功率，kW；

A_v——开口的面积，m^2；

H_v——开口的高度，m。

这里 $A_vH_v^{1/2}$ 称为通风因子，是分析室内火灾发展的重要参数。在通风因子的一定范围内，可燃物的燃烧速率主要由进入燃烧区域的空气流量决定，这种燃烧状况称为通风控制。如果房间的开口逐渐增大，可燃物的燃烧速率对空气的依赖逐渐减弱，当开口达到一定程度后可燃物的燃烧主要由可燃物的性质决定，此时的燃烧状况称为燃料控制。对于木质纤维物质的燃烧，可用下面的条件判断燃烧的状态。

通风控制：
$$\frac{\rho g^{1/2}A_vH_v^{\ 1/2}}{A_F}<0.235 \tag{4-14}$$

燃料控制：
$$\frac{\rho g^{1/2}A_vH_v^{\ 1/2}}{A_F}>0.290 \tag{4-15}$$

式中：A_F——可燃物燃烧的表面积，m^2。

5. 燃料控制型火灾的计算方法

对于燃料控制型火灾，即火灾的燃烧速度由燃料的性质和数量决定时，如果知道燃料燃烧时单位面积的热释放速率，那么可以根据火灾发生时的燃烧面积乘以该燃料单位面积的热释放速率得到最大的热释放速率，表 4-5 是 NFPA92B 中提供的部分物质单位地面面积热释放速率。如果不能确定具体的可燃物及其单位地面面积的热释放速率，也可根据建筑物的使用性质和相关的统计数据，来预测火灾的规模。例如，NFPA92B 中建议对于零售商店火灾单位面积热释放速率可取为 $500kW/m^2$，办公室内火灾可取为 $250kW/m^2$。

表 4-5 NFPA92B 中提供的单位地面面积热释放速率

物　　质	每平方英尺面积的热释放速率/kW
堆叠起 1.5 英尺高的木架	125
堆叠起 5 英尺高的木架	350
堆叠起 10 英尺高的木架	600
堆叠起 16 英尺高的木架	900
堆叠起 5 英尺装满东西的邮袋	35
甲醇	65
汽油	290
煤油	290
柴油	175

第五节　烟气流动与控制

统计表明，火灾中 85%以上的死亡者是由于烟气的作用，有毒和高温烟气的吸入是造成火灾中人员伤亡的主要原因。为了及时排除有害烟气，阻止烟气向防烟分区外扩散，确保建筑物内人员的安全疏散、安全避难和为消防队员创造有利扑救条件，需要在建筑中设置防烟和排烟设施。

大规模建筑其内部结构相当复杂，建筑物的烟气控制往往组合应用几种方法。防排烟形式的合理性，不仅关系到烟气控制的效果，而且具有很大的经济意义。

一、烟气流动的驱动作用

为了减少烟气的危害，应当了解建筑烟气流动的各种驱动作用，以便对火势发展做出正确的判断，在建筑设计中做好烟气控制系统的设计。

（一）烟囱效应

当外界温度较低时，在诸如楼梯井、电梯井、垃圾井、机械管道、邮件滑运槽等建筑物中的竖井内，与外界空气相比，由于温度较高而使内部空气的密度比外界小，便产生了使气体向上运动的浮力，导致气体自然向上运动，这一现象就是烟囱效应。当外界温度较高时，则在建筑物中的竖井内存在向下的空气流动，这也是烟囱效应，可称为逆向烟囱效应。在标准大气压下，由正、逆向烟囱效应所产生的压差为

$$\Delta P = K_s\left(\frac{1}{T_0} - \frac{1}{T_i}\right)h \qquad (4\text{-}16)$$

式中：ΔP——压差，Pa；

K_s——修正系数，3 460(Pa·K/m)；

T_0——外界空气温度，K；

T_i——竖井内空气温度，K；

h——距中性面的距离，m。

此处的中性面指内外静压相等的建筑横截面，高于中性面为正，低于中性面为负。图 4-4 给出了烟囱效应所产生的竖井内外压差沿竖井高度的分布，其中正压差表示竖井的气高于外界气压，负压差则相反。

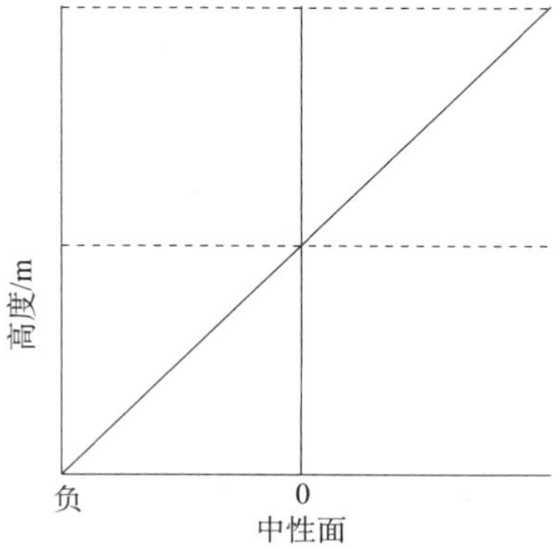

图 4-4　烟囱效应所产生的竖井内外压差示意图

烟囱效应通常是发生在建筑内部和外界环境之间，图 4-5 分别给出了正、逆向烟囱效应引起的建筑物内部空气流动示意图。

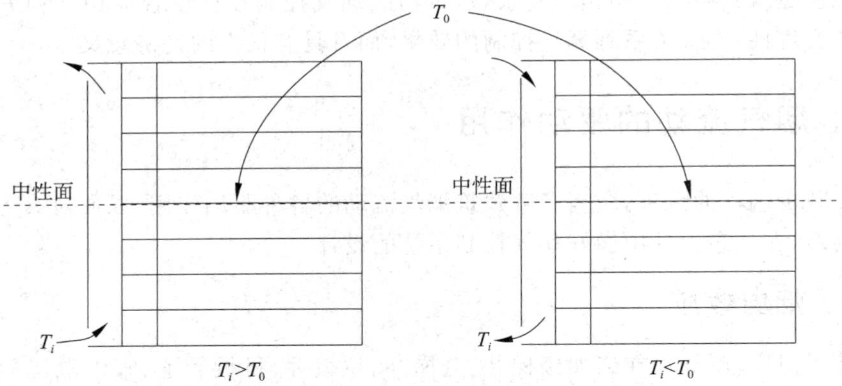

图 4-5　正、逆向烟囱效应引起的建筑内部空气流动示意图

在考虑烟囱效应时，如果建筑与外界之间空气交换的通道沿高度分布较为均匀，则中性面位于建筑物高度的一半附近；否则，中性面的位置将有较大偏离。

烟囱效应是建筑火灾中竖向烟气流动的主要因素，烟气蔓延在一定程度上依赖于烟囱效应，在正向烟囱效应的影响下，空气流动能够促使烟气从火灾区上升很大高度。如果火灾发生在中性面以下区域，则烟气与建筑内部空气一道窜入竖井并迅速上升，由于烟气温度较高，其浮力大大强化了上升流动，一旦超过中性面，烟气将窜出竖井进入楼道。若相对于这一过程，楼层间的烟气蔓延可以忽略，则除起火楼层外，在中性面以下的所有楼层中相对无烟，直到着火灾区的发烟量超过烟囱效应流动所能排放的烟量。

如果火灾发生在中性面以上的楼层，则烟气将由建筑内的空气气流携带从建筑外表的开口流出。若楼层之间的烟气蔓延可以忽略，则除着火楼层以外的其他楼层均保持相对无烟，直到火灾区的烟生成量超过烟囱效应流动所能排放的烟量。若楼层之间的烟气蔓延非常严重，则烟气会从着火楼层向上蔓延。

逆向烟囱效应对冷却后的烟气蔓延的影响与正向烟囱效应相反，但在烟气未完全冷却时，其浮力还会很大，以至于甚至在理想烟囱效应的条件下烟气仍向上运动。

（二）浮力作用

着火区产生的高温烟气由于其密度降低而具有浮力，着火房间与环境之间的压差可用与公式(4-16)类似的形式来表示。

$$\Delta P=K_s\left(\frac{1}{T_0}-\frac{1}{T_F}\right)h \qquad (4\text{-}17)$$

式中：ΔP——压差，Pa；

K_s——修正系数，3 460(Pa · K/m)；

T_0、T_F——周围环境及着火房间的温度，K；

h——中性面以上距离，m。

Fung 进行了一系列的全尺寸室内火灾实验测定压力的变化，试验结果指出对于高度约 3.5m 的着火房间，其顶部壁面内外的最大压差为 16Pa。对于高度较大的着火房间，由于中性面以上的高度 h 较大，可能产生很大的压差。如果着火房间温度为 700℃，则中性面以上 10.7m 高度上的压差约为 88Pa，这对应于强度很高的火，所形成的压力已超出了目前的烟气控制水平。图 4-6 给出了由烟气浮力所引起的压差曲线。

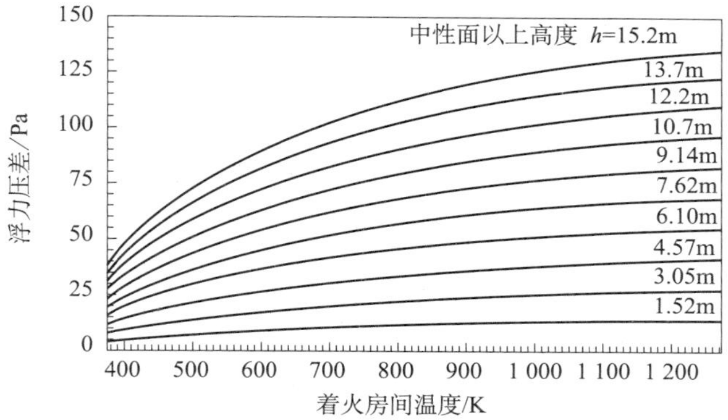

图 4-6 烟气浮力作用产生的压差

若着火房间顶棚上有开口，则浮力作用产生的压力会使烟气经此开口向上面的楼层蔓延。同时浮力作用产生的压力还会使烟气从墙壁上的任何开口及缝隙或是门缝中泄露。当烟气离开火区后，由于热损失及与冷空气混合，其温度会有所降低，因而，浮力的作用及其影响会随着与火区之间距离的增大而逐渐减小。

（三）气体热膨胀作用

燃料燃烧释放的热量会使气体明显膨胀并引起气体运动。若考虑着火房间只有一个墙壁开口与建筑物其他部分相连，则在火灾过程中，建筑内部的空气会从开口下半部流入该着火房间，而热烟气也会经开口的上半部从着火房间流出。因燃料热解燃烧过程所增加的质量与流入的空气相比很小，可将其忽略，则着火房间流入与流出的体积流量之比可简单地表示为温度之比。

$$\frac{\dot{Q}_{\mathrm{out}}}{\dot{Q}_{\mathrm{in}}}=\frac{T_{\mathrm{out}}}{T_{\mathrm{in}}} \tag{4-18}$$

式中：$\dot{Q}_{\mathrm{out}}$、$\dot{Q}_{\mathrm{in}}$分别为着火房间流出烟气的体积流量和流入着火房间空气的体积流量，(m^3/s)；T_{out}、T_{in}分别为相应的烟气和空气的平均温度(K)。

若建筑内部空气温度为 20℃，当空气温度达到 600℃时，其体积约膨胀到原来的 3 倍。对有多个门或窗敞开的着火房间，由于流动面积较大，因气体膨胀在开口处引起的压差较小而可以忽略，但对于密闭性较好或开口很小的着火房间，如燃烧能够持续较长时间，则因气体膨胀作用产生的压差将非常重要。

（四）外部风向作用

在许多情况下，外部风可在建筑的周围产生压力分布，这种压力分布可能对建筑物内的烟气运动及其蔓延产生明显影响。通常风朝着建筑物吹过来会在建筑物的迎风侧产生较高的滞止压力，这可增加建筑物内的烟气向下风方向流动。风作用于某一表面上的压力可表示如下。

$$P_w = \frac{C_w \rho_\infty V^2}{2} \tag{4-19}$$

式中：P_w——风作用于建筑物表面的压力，Pa；

C_w——无量纲压力系数；

ρ_∞——环境空气密度，kg/m^3；

V——风速，m/s。

若采用空气温度 T_0(K)来表示，式(4-19)可改写为

$$P_w = \frac{0.048 C_w V^2}{T_0} \tag{4-20}$$

在上式(4-19)、式(4-20)中，无量纲压力系数 C_w 的取值范围为 −0.8～0.8，对于迎风墙面其值为正，而对背风墙面则为负，C_w 的取值大小与建筑的几何形状有关并随墙表面上的位置不同而变化。表 4-6 给出了附近无障碍物时，矩形建筑物各墙面上风压系数的平均值。

表 4-6 矩形建筑物各墙面上的平均压力系数

建筑物的高宽比	建筑物的长宽比	风向角 α	不同墙面上的风压系数			
			正面	背面	侧面	侧面
$H/W \leqslant 0.5$	$1 < L/W \leqslant 1.5$	0°	+0.7	−0.2	−0.5	−0.5
		90°	−0.5	−0.5	+0.7	−0.2
	$1.5 < L/W \leqslant 4$	0°	+0.7	−0.25	−0.6	−0.6
		90°	−0.5	−0.5	+0.7	−0.1
$0.5 < H/W \leqslant 1.5$	$1 < L/W \leqslant 1.5$	0°	+0.7	−0.25	−0.6	−0.6
		90°	−0.6	−0.5	+0.7	−0.25
	$1.5 < L/W \leqslant 4$	0°	+0.7	−0.3	−0.7	−0.7
		90°	−0.5	−0.5	+0.7	−0.1
$1.5 < H/W \leqslant 6$	$1 < L/W \leqslant 1.5$	0°	+0.8	−0.25	−0.8	−0.8
		90°	−0.8	−0.8	+0.8	−0.25
	$1.5 < L/W \leqslant 4$	0°	+0.7	−0.4	−0.7	−0.7
		90°	−0.5	−0.5	+0.8	−0.1

注：H 为屋顶高度；L 为建筑物的长边；W 为建筑物的短边。

按以上两式计算，风速为 7m/s、压力系数 C_w 为 0.8 时产生的风压约为 52Pa。在门窗关闭密封性较好的建筑中，风压对空气流动的影响很小，但对密闭性较差或门窗均敞开的建筑，风压对其中空气流动的影响则很大。

一般而言，在距地表面最近的大气边界层内，风速随高度增加而增大，而在垂直离开地面一定高度的空中，风速基本上不再随高度增加，可以看作等速风。在大气边界层内，

地势或障碍物(如建筑物、树木等)都会影响边界层的均匀性,通常风速和高度的关系可用指数关系式(4-21)来描述。

$$V=V_0\cdot\left(\frac{Z}{Z_0}\right)^n \tag{4-21}$$

式中:V——实际风速,m/s;

V_0——参考高度的风速,m/s;

Z——测量风速 V 所在高度,m;

Z_0——参考高度,m;

n——无量纲风速指数。

图 4-7 表示了不同地形条件下的风速分布。从图中可看出,在不同地区的大气边界层厚度差别较大,应使用不同的风速指数。在平坦地带(如空旷的野外),风速指数可取 0.16 左右;在不平坦的地带(如周围有树木的村镇),风速指数可取 0.28 左右;在很不平坦的地带(如市区),风速指数可取 0.40 左右。

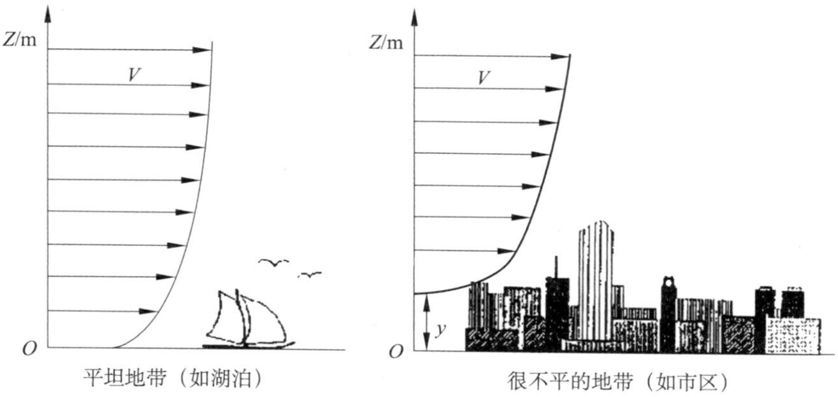

图 4-7　不同地形条件下的风速分布

在建筑发生火灾时,经常出现着火房间窗玻璃破碎的情况。如果破碎的窗户处于建筑的背风侧,则外部风作用产生的负压会将烟气从着火房间中抽出,这可以大大缓解烟气在建筑内部的蔓延;而如果破碎的窗户处于建筑的迎风侧,则外部风将驱动烟气在着火楼层内迅速蔓延,甚至蔓延至其他楼层,这种情况下外部风作用产生的压力可能会很大,而且可以轻易地驱动整个建筑内的气体流动。

(五)供暖、通风和空调系统

许多现代建筑都安装有供暖、通风和空调系统(HVAC),火灾过程中,HAVC 能够迅速传送烟气。在火灾的开始阶段,处于工作状态的 HVAC 系统有助于火灾探测,当火情发生在建筑中的无人区内,HVAC 系统能够将烟气迅速传送到有人的地方,使人们能够很快发现火情,及时报警和采取补救措施。然而,随着火势的增长,HVAC 系统也会将烟气传送到它能到达的任何地方,加速了烟气的蔓延。同时,它还可将大量新鲜空气输入火区,促进火势发展。

为了降低HVAC在火灾过程中的不利作用，延缓火灾的蔓延，应当在HVAC系统中采取保护措施。例如，在空气控制系统的管道中安装一些可由某种烟气探测器控制的阀门，一旦某个区域发生火灾，它们便迅速关闭，切断着火区域其他部分的联系；或者根据对火灾的探测信号，设计可迅速关闭HVAC系统的装置，不过即使及时关闭了HVAC系统，虽然可避免其向火区输入大量新鲜空气，却无法避免烟气的烟囱效应、浮力或外部风力的作用下通过其通风管道和建筑中其他开口四处蔓延。

二、烟气流动分析

（一）火羽流的形成

在火灾中，火源上方的火焰及燃烧生成的烟气通常称为火羽流。实际上，所有的火灾都要经历这样一个重要的初始阶段：即在火焰上方由浮力驱动的热气流持续地上升进入新鲜空气占据的环境空间，这一阶段从着火（包括连续的阴燃）然后经历明火燃烧过程直至轰燃前结束。图4-8给出了包括中心线上温度和流速分布在内的火羽流示意图，可燃挥发成分与环境空气混合形成扩散火焰，平均火焰高度为L(m)，火焰两边向上伸展的虚线表示羽流边界，即由燃烧产物和卷吸空气构成的整个浮力羽流的边界。图4-8b为理想化的轴对称火羽流模型，z_0表示虚点火源高度(m)。

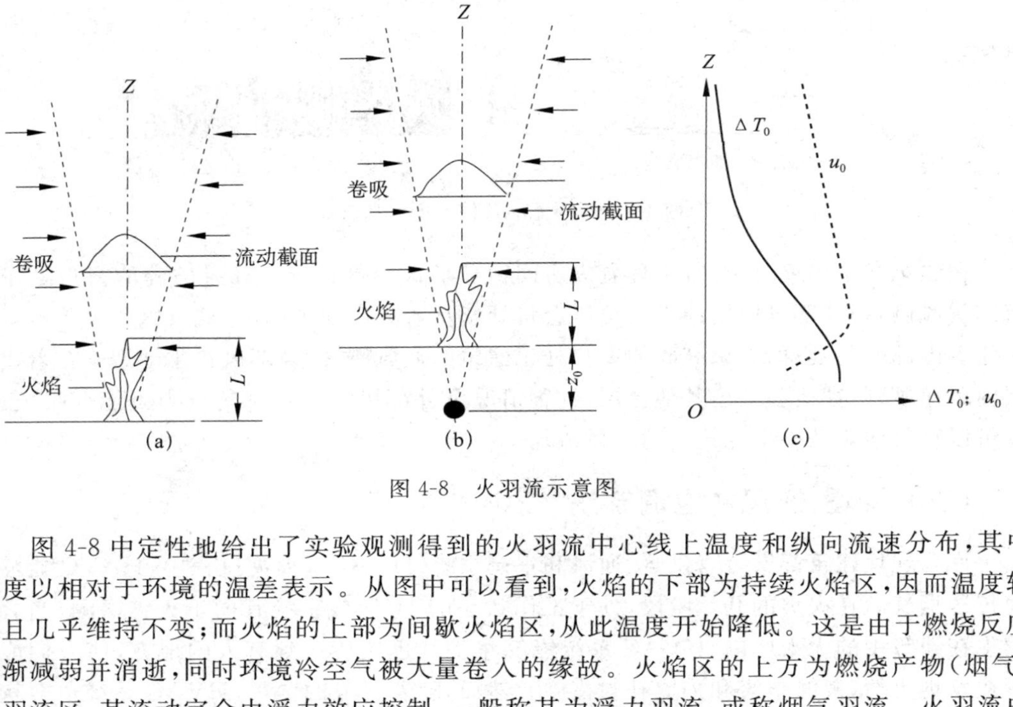

图4-8 火羽流示意图

图4-8中定性地给出了实验观测得到的火羽流中心线上温度和纵向流速分布，其中温度以相对于环境的温差表示。从图中可以看到，火焰的下部为持续火焰区，因而温度较高且几乎维持不变；而火焰的上部为间歇火焰区，从此温度开始降低。这是由于燃烧反应逐渐减弱并消逝，同时环境冷空气被大量卷入的缘故。火焰区的上方为燃烧产物（烟气）的羽流区，其流动完全由浮力效应控制，一般称其为浮力羽流，或称烟气羽流。火羽流中心线上的速度在平均火焰高度以下逐渐趋于最大值，然后随高度的增加而下降。

（二）顶棚射流

顶棚射流是一种半无限的重力分层流，当烟气在水平顶棚下积累到一定厚度时，它便发生水平流动，图 4-9 表示了这种射流的发展过程。

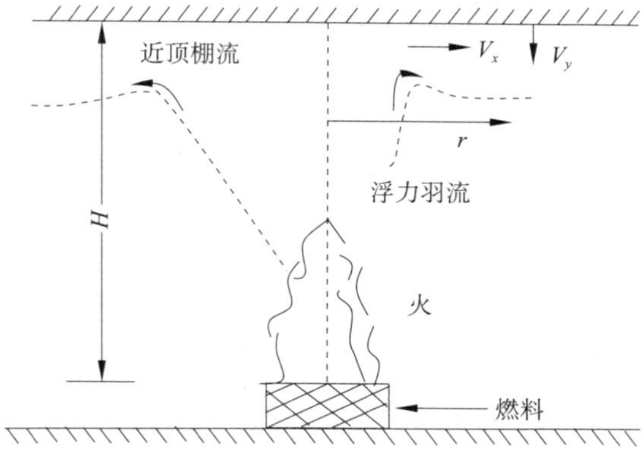

图 4-9　浮力羽流与顶棚的相互作用

羽流在顶棚上的撞击区大体为圆形，刚离开撞击区边缘的烟气层不太厚，顶棚射流由此向四周扩散。顶棚的存在将表现出固壁边界对流动的黏性影响，因此在十分贴近顶棚的薄层内，烟气的流速较低。随着垂直向下离开顶棚距离的增加，其速度不断增大，而超过一定距离后，速度便逐步降低为零。这种速度分布使得射流前锋的烟气转向下流，然而热烟气仍具有一定的浮力，还会很快上浮。于是顶棚射流中便形成一连串的旋涡，它们可将烟气层下方的空气卷吸进来，因此顶棚射流的厚度逐渐增加而速度逐渐降低。

研究表明，许多情况下顶棚射流的厚度为顶棚高度的 5％～12％，而在顶棚射流内最大温度和速度出现在顶棚以下顶棚高度的 1％处。这对于火灾探测器和洒水淋头等的设置有特殊意义，如果它们被设置在上述区域以外，则其实际感受到的烟气温度和速度将会低于预期值。

烟气顶棚射流中的最大温度和速度是估算火灾探测器和洒水淋头响应的重要基础。对于稳态火，为了确定不同位置上顶棚射流的最大温度和速度，通过大量的实验数据拟合可得到不同区域内的关系式，应该指出的是，这些实验是在不同可燃物（木垛、塑料、纸板箱等）、不同大小火源（668kW～98MW）和不同高度顶棚（4.6～15.5m）情况下进行的，得到的关系式仅适用于刚着火后的一段时期，这一时期内热烟气层尚未形成，顶棚射流可以被认为是非受限的。

在撞击顶棚点附近烟气羽流转向的区域，最大平均温度和速度与以撞击点为中心的径向距离无关，Alpert 推导出此时最大温度和速度可按公式（4-22）、式（4-23）计算。

当：

$$\frac{r}{z_H - z_V} \leqslant 0.18$$

则：

$$\Delta T_{\max} = 21.4 \frac{\dot{Q}_c^{2/3}}{(z_H - z_V)^{5/3}} \tag{4-22}$$

当：
$$\frac{r}{z_H - z_V}=0.15$$

则：
$$V_{\max}=1.08\left(\frac{\dot{Q}_c}{z_H - z_V}\right)^{1/3} \tag{4-23}$$

烟气流转向后水平流动区域内的最大温度和速度可按式(4-24)、式(4-25)计算：

当：
$$\frac{r}{z_H - z_V}>0.18$$

则：
$$\Delta T_{\max}=6.82\frac{\dfrac{\dot{Q}_c^{2/3}}{(z_H - z_V)^{5/3}}}{\left(\dfrac{r}{z_H - z_V}\right)^{2/3}} \tag{4-24}$$

当：
$$\frac{r}{z_H - z_V}>0.15$$

则：
$$V_{\max}=0.22\frac{\left(\dfrac{\dot{Q}_c}{z_H - z_V}\right)^{1/3}}{\left(\dfrac{r}{z_H - z_V}\right)^{5/6}} \tag{4-25}$$

式中：$\Delta T_{\max}$——最大平均温度，℃；

$V_{\max}$——最大平均速度，m/s；

z_H——火源到顶棚的高度，m；

z_V——火源基部以上虚点源的高度，m；

r——以羽流撞击点为中心的径向距离，m；

$\dot{Q}_c$——火源对流热释放速率，kW。

对流热占总热释放速率的比值为0.7。

火羽流转向区外顶棚以下，平均温升 ΔT 随垂直距离 y 的变化的无量纲相关性，可按式(4-26)、式(4-27)计算。

当：
$$0.26\leqslant\frac{r}{z_H - z_V}\leqslant 2.0$$

则：
$$\begin{cases}\dfrac{\Delta T}{\Delta T_{\max}}=4.24\left(\dfrac{y}{l_T}+0.094\right)^{0.755}\cdot\exp\left(-2.57\dfrac{y}{l_T}\right)\\ \dfrac{l_T}{z_H - z_V}=0.112\left[1-\exp\left(-2.24\dfrac{r}{z_H - z_V}\right)\right]\end{cases} \tag{4-26}$$

基于公式(4-26)中给出的温度曲线，顶棚射流的最高温升应发生在公式(4-27)中顶棚以下垂直距离 y 上。

$$\frac{y}{l_T}=0.20 \tag{4-27}$$

火羽流转向区外顶棚以下，顶棚射流平均速度 V 随垂直距离 y 的变化的无量纲相关性，可按式(4-28)、式(4-29)计算。

$$\begin{cases}\dfrac{V}{V_{\max}}=1.59\left(\dfrac{y}{l_V}\right)^{0.14}\cdot\exp\left(-1.517\dfrac{y}{l_V}\right)\\ \dfrac{l_T}{z_H - z_V}=0.205\left[1-\exp\left(-1.75\dfrac{r}{z_H - z_V}\right)\right]\end{cases} \tag{4-28}$$

基于公式(4-28)中给出的速度曲线，顶棚射流的最大速度应发生在公式(4-29)中顶棚以下垂直距离 y 上。

$$\frac{y}{l_V}=0.092 \tag{4-29}$$

以上公式组不适用于以下几种情况。

(1) 火源是瞬时的而且(或者)受到灭火剂的影响；长宽比大于等于 2 的矩形火源；空气入口受限或者平均火焰高度小于等于火源高度的三维火源；由喷焰组成的火源(如管道或加压燃料储液罐小孔泄漏造成的)；火焰在火源以上分散到一定程度，具有多重火羽流的火源。

(2) 在无阻平面空间内，火焰平均高度 L 高于顶棚高度 z_H 的 50%，而且(或者)火源直径 D 大于火源最小宽度的 10%。

(3) 受空气动力紊乱度的影响产生的顶棚射流。空气动力紊乱度是由气流场中的障碍物而产生，或者受自然通风及机械通风的影响而产生。

(4) 含有梁、烟幕或其他分界面，能够引起非轴对称流或者导致热气层向下朝着火源流动的顶棚，和(或)易燃的和(或)不水平的顶棚。

(5) 火源或者其火焰到分界面的距离在火源直径 D 之内；火羽流中轴线到分界面的距离在 $2Z_H$(顶棚高度)之内。

(三) 大空间窗口羽流

从墙壁上的开口(如门、窗等)流出而进入其他开放空间中的烟流通常被称为“窗口羽流”。一般情况下，在房间起火之后，火灾全面发展的性状(即可燃物的燃烧速度、热释放速率等)是墙壁上的门窗等通风开口的空气流速控制的，即热释放速率与通风口的特性有关。根据木材及聚氨酯等实验数据可得到平均热释放率的计算公式(4-30)。

$$\dot{Q}=1\,260A_wH_w^{\frac{1}{2}} \tag{4-30}$$

式中：A_w——开口的面积，m^2；

H_w——开口的平均高度，m。

大空间窗口羽流的质量流率按下式计算。

$$M=0.68\,(A_wH_w^{\frac{1}{2}})^{\frac{1}{3}}(z_w+\alpha)^{\frac{5}{3}}+1.59A_wH_w^{\frac{1}{2}}$$

$$\alpha=2.40(A_w^{\frac{2}{5}}\cdot H_w^{\frac{1}{5}})-2.1H_w \tag{4-31}$$

式中：z_w——距离窗口顶端之上的高度，m；

α——烟流高度修正系数。

在确定火源高度时，可以假定火源处于开放空间中，并具有与窗口射流火焰顶端处的窗口射流相同卷吸量的火源高度。而且，假定位于火焰顶端处的空气卷吸与开放空间中的火灾相同。

三、烟气层有关参数计算

烟层高度对人员疏散是一个重要的影响因素，人员在到达安全位置之前，应希望疏散过程中不会在建筑烟气中穿过。

直到烟气层界面下移到垂直开口的上边缘为止，烟气始终在封闭空间的上部累积，如图 4-10 所示。由于热膨胀，过量的空气被挤出封闭空间。当烟气层降低到开口上界面以下位置时，随着新鲜空气的进入，烟会流出封闭空间。

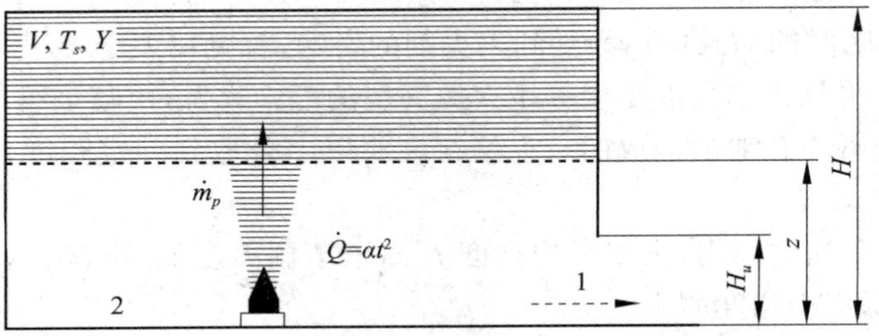

图 4-10 在烟气充填过程中的质量守恒

1—由于热膨胀而过量的空气；2—底部面积

热释放速率的公式为

$$\dot{Q}(t)=\alpha t^n \tag{4-32}$$

当 $n=0$ 时，表示稳定燃烧的火；$n=2$ 时，表示正在增大的火与时间成平方关系。

火源上方高度为 z 处的火羽流质量流速公式为

$$\dot{m}_p=0.076\dot{Q}_c^{1/3}z^{5/3} \tag{4-33}$$

某时刻下的烟气层界面位置（烟气层高度）的计算如下。

$$z(t)=\left[\frac{0.076}{\rho_s}\cdot\frac{(1-\chi)^{1/3}\alpha^{1/3}}{A}\cdot\frac{2}{n+3}t^{(1+n/3)}+\frac{1}{H^{2/3}}\right]^{-3/2}$$

$$T_s(t)=\frac{1-\lambda}{c_p\rho_sA[H-z(t)]}\cdot\frac{\alpha t^{n+1}}{n+1}+T_0 \tag{4-34}$$

为了计算烟气层界面位置，必须设定烟密度。在实际应用中，对封闭大空间初期的烟气充填过程取 $\rho_s=1.0$ 会得到较为保守的结果。在随后的烟气充填过程中，热膨胀现象非常明显。在这种情况下，公式适用于 t^2 型火，即 $\dot{Q}=\alpha t^2$。

$$z(X)=H-\left(\frac{\Lambda X^{9/5}}{1-\dfrac{T_s}{T_0}}\right)$$

$$X=0.0268\frac{H^{2/3}}{A}\alpha^{1/3}(1-\chi)^{1/3}t^{5/3}$$

$$\Lambda=0.754\frac{A^{4/5}}{H^{11/5}}\frac{(1-\lambda)\alpha^{2/5}}{(1-\chi)^{3/5}}$$

$$T_s(X)=T_0\exp\left[-\frac{\Lambda X^{9/5}}{1-(1+X)^{-3/2}}\right] \tag{4-35}$$

式中：Z——烟层界面高度，m；

A——封闭空间的地面面积，m^2；

H——封闭空间的高度，m；

t——火源燃烧时间，s；

χ——火源热释放速率中热辐射所占的比例；

λ——烟气在封闭空间内充填过程中的热吸收系数，$kg \cdot m^{-3}$；

α——火源增长速率，$kW \cdot s^{-2}$；

ρ_s——烟密度，$kg \cdot m^{-3}$。

四、烟气流动的计算方法及模型选用原则

（一）概述

在火灾科学的研究方法中，采用计算机实现火灾过程或某火灾分过程阶段的模拟研究是一个飞跃。它具有信息代价少、模拟工况灵活、可重复性强等优点。随着计算机技术的不断发展，流体数学物理模型进一步完善，将成为未来研究火灾问题的主要手段。火灾的计算机模拟方法的核心是火灾模型，火灾模型是由火灾各分过程子模型在特定的模拟平台上融合而成的。

运用数学模型模拟计算防火的发展过程，是认识火灾特点和开展有关消防安全水平评估的重要手段，尤其对建筑物的性能和设计来说尤为重要。经过最近二三十年的研究，在火灾烟气流动研究领域已经发展出了多种分析火灾的数学模型。据统计，现在有60～70种比较完善的火灾模型可供使用。综合实际计算要求和客观条件限制，对火灾过程的同一个分过程进行模拟时，各火灾模型采用的子模型形式往往是不同的。各子模型形式从不同的角度、不同的程度对分过程采用合理的简化形式进行模化。同一分过程采用不同的子模型形式时，其适用范围内的模拟结果可能都是合理的。有的模型适用于模拟计算火灾产生的环境，主要反映出建筑在火灾时室内温度随时间的变化、火灾中烟气的流动、烟气中有毒气体的浓度、火灾中人员的可耐受时间等；有的模型适用于计算建筑、装修材料的耐火性能、火灾探测器和自动灭火设施的响应时间等。

建筑火灾的计算机模型有随机性模型和确定性模型两类。随机性模型把火灾的发展看成一系列连续的事件或状态，由一个事件转变到另一个事件，如由引燃到稳定燃烧等。而由一种状态转变到另一种状态有一定的概率，在分析有关的实验数据和火灾事故数据的基础上，通过这种事件概率的分析计算，可以得到出现某种结果状态的概率分布，建立概率与时间的函数关系。而确定性模型是以物理和化学定律为基础，如质量守恒定律、动量守恒定律和能量守恒定律等基本物理定律。用相互关联的数学公式来表示建筑物的火灾发展过程。如果给定有关空间的几何尺寸、物性参数、相应的边界条件和初始条件，利用这种模型可以得到相当准确的计算结果。

在开展火灾危险性分析时，应当综合考虑火灾发展的确定性和随机性的特点，单纯依据任何一种模型都难以全面反映火灾的真实过程。出于火灾研究的定量分析和定性分析需要，大家更关心的是火灾过程的确定性数学模型。本节主要介绍火灾发展的确定性火灾模型，包括有经验模型、区域模型、场模型和场区混合模型。

（二）经验模型

多年来，人们在与火灾斗争的过程中收集了很多实际火场的资料，也开展过大量的火

灾实验，测得了很多数据，并分析、整理出了不少关于火灾分过程的经验公式。经验模型则是指以实验测定的数据和经验为基础，通过将实验研究的一些经验性模型或是将一些经过简化处理的半经验模型加上重要的热物性数据编制成的数学模型。它是对火灾过程的较浅层次的经验模拟，应用这些经验模型，可以对火灾的主要分过程有较清楚的了解。经验模型不同与其他理论模型能够对火源空间以及关联空间的火灾发展过程进行估计，现有的经验模型通常局限于描述火源空间的一些特征物理参数。如烟气温度、浓度、热流密度等随时间的变化，因此经常被称为"局部模型"。常用的经验模型有美国标准与技术研究院(NIST)开发的 FPETOOL 模型、计算烟羽流温度的 Alpert 模型和计算火焰长度的 Hasemi 模型。

（三）区域模型

20 世纪 70 年代，美国哈佛大学的 Emmons 教授提出了区域模拟思想：把所研究的受限空间划分为不同的区域，并假设每个区域内的状态参数是均匀一致的，而质量、能量的交换只发生在区域与区域之间、区域与边界之间以及它们与火源之间。从这一思想出发，根据质量、能量守恒原理可以推导出一组常微分方程；而区域、边界及火源之间的质量、能量交换则是通过方程中所出现的各源项体现出来。区域模型一般还有如下的假设。

① 各个控制体内的气体被认为是理想气体，并且气体的相对分子质量与比热视为常数。

② 受限空间内部压力均匀分布。

③ 不同控制体之间的质量交换主要由羽流传递作用与出口处卷吸作用造成。

④ 能量传递除部分由质量交换造成外，还包括辐射及导热。

⑤ 受限空间内部物质的质量与热容相对墙壁、顶棚与地板可以忽略。

⑥ 忽略烟气运动的时间，认为一切运动过程在瞬间完成。

⑦ 忽略壁面对流体运动的摩擦阻碍作用。

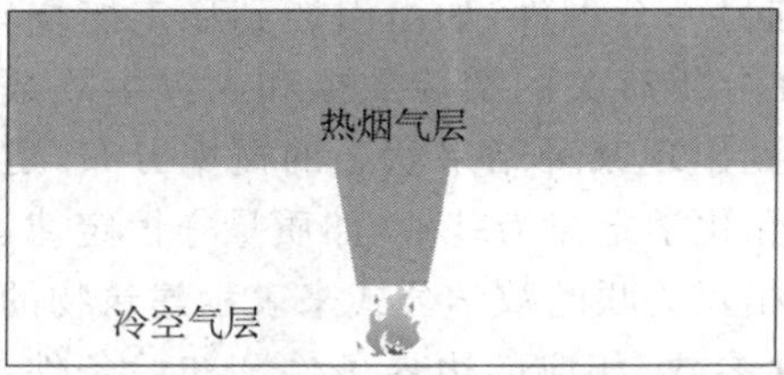

图 4-11 区域模拟示意图

区域模型通常把房间分为两个控制体，如图 4-11 所示，即上部热烟气层与下部冷空气层。人们普遍认为区域模型模拟给出的近似与相当接近。区域模拟是一种半物理模拟，在一定程度上兼顾了计算机模拟的可靠性和经济性，在消防工程界具有广泛的应用。应用区域模型既可以在一定程度上了解火灾的成长过程，也可以分析火灾烟气的扩散过程。目前，区域模型在建筑室内火灾的计算机模拟中具有重要地位。如果无须了解各种物理量在空间上的详细分布以及随时间的演化过程，模型中的假设十分趋近于火灾过程的实际情况，可以满足工程需要。但是区域模拟忽略了区域内部的运动过程，不能反映湍流等输运过程以及流场参数的变化，只抓住了火灾的宏观特征，因而其近似结果也是较粗糙的。

目前，世界各国的研究者建立了许多室内火灾区域模拟的模型，以 CFAST、ASET、BR12、CCFM-VENTS、CFIRE-X、COMPBRN、HAVARD MARD4 以及中国科学技术大学的 FAC3 等为典型代表。常用的区域模型有 ASET 和 ASET-B、HARVARD-V 和 FIRST、CFAST 和 HAZARD 1 模型。

（四）场模型

火灾的场模拟研究是利用计算机求解火灾过程中各参数（如速度、温度、组分浓度等）的空间分布及其随时间的变化，是一种物理模拟。场是多种状态参数（如速度、温度与组分浓度）的空间分布，是通过计算这些状态参数的空间分布随着时间的变化来描述火灾发展过程的数学方程集合。随着计算流体动力学（Computational Fluid Dynamics，CFD）技术的不断成熟以及计算机性能的提升，场模型越来越广泛地应用到火灾研究领域。火灾的孕育、发生、发展和蔓延过程包含了流体流动、传热传质、化学反应和相变，涉及质量、动量、能量和化学成分在复杂多变的环境条件下相互作用，其形式是三维、多相、多尺度、非定常、非线性、非稳态的动力学过程。场模型由于引入的简化条件少，因而是目前为止可获取更高精确度的受限空间火灾数学模型。计算所得数据较细致，可以详细了解空间中温度场、速度场、组分浓度场等数据分布情况及其随时间变化的详细信息。但实际计算结果的正确与否还取决于适当的输入假设。

自 1983 年 Kumar 首先建立火灾场模型以来，出现了许多场模拟的大型通用商业软件和火灾专用软件。通用商业软件以 PHOENICS、FLUENT、CFX、STAR-CD 等为代表，都具有非常友好的用户界面形式和方便的前后处理系统。用于火灾数值模拟的专用软件有瑞典 Lund 大学的 SOFIE、美国 NIST 开发的 FDS 和英国的 JASMINE 等。它们的特点是针对性较强。场模拟可以得到比较详细的物理量的时空分布，能精细地体现火灾现象。

但由于场模型是通过把一个房间划分为几千甚至上万个控制体，计算得出室内各局部空间的有关参数的变化。计算时通常所使用的场模拟方法有有限差分法、有限元法、边界元法等。导致这种模型的计算量很大，当用三维不定常方式计算多室火灾时，需要占用很长的机时，一般只在需要了解某些参数的详细分布时才使用这种模型。

（五）场区混合模型

对于复杂多室建筑的火灾过程进行计算机模拟，通常是采用区域模拟的方法。然而，实验研究表明：烟气层在着火区域或相对强流动区域无明显的分层现象，区域模拟的双层假设不能成立，只有在附近相邻的其他区域，烟气层才有明显的分层现象。这样，若采用区域模拟的方法模拟复杂多室建筑的火灾过程则不能真实地反映其火灾的特性。如果使用场模拟的方法，由于场模拟是求解流体力学的基本控制方程，整场和多参量描述复杂多室建筑的火灾过程，需要大量的计算机资源和时间，目前，由于计算机容量和运算速度等客观条件的限制，很难对复杂多室建筑的火灾过程进行场模拟。另外，在明显的烟气层分层区间采用场模型，也增加了计算机资源和时间的耗用。因此，基于试验研究的结果和计算机客观条件等限制，我们采用场模拟的方法来研究着火房间或强流动区域，对其他非着火和非强流动区间采用区域模拟的方法。这种混合模拟方法，兼顾场模拟和区域模拟两者的优点，并能更为准确地反映火灾过程的特征，这种方法简称为场区模拟方法。

第六节　人员疏散分析

人员疏散分析是建筑性能化防火设计评估的重要组成部分。通过对建筑物的具体功能定位，确定建筑物内部特定人员的状态及分布特点，并结合火灾场景和具体位置设计，计算分析得到紧急情况下各种阶段的人员疏散时间及疏散通行状况预测。而火灾场景下人员疏散所需时间则是性能化防火设计评估的重要组成要件。因此，对建筑物做出符合其实际情况和特点的人员疏散性能评估，成为决定建筑物性能化设计评估结果好坏的关键性因素之一。由于影响建筑物内人员疏散安全性的因素众多，性能化人员疏散分析的重点就是要综合特定建筑条件下各方面影响因素，建立起或者合理选取符合实际的人员疏散量化分析模型，从而计算得到人员疏散时间，提出改进疏散性能的方案和措施。

一、影响人员安全疏散的因素

与正常情况下人员在建筑物内行走的状态不同，人员在紧急情况下(如发生火灾)的疏散过程中，内在因素和外在环境因素都可能发生了变化，这些因素有可能对人员安全疏散造成影响。由于实际情况千差万别，影响人员安全疏散的因素也复杂众多，总结起来可分为人员内在影响因素、外在环境影响因素、环境变化影响因素、救援和应急组织影响因素四类。这些因素在紧急疏散情况下，有些不利于安全疏散，有些则有利于安全疏散，还有一些影响受到现场实际条件变化和人为因素的作用而有所不同。

(一) 人员内在影响因素

人员内在因素主要包括人员心理因素、人员生理因素、人员现场状态因素、人员社会关系因素等。

1. 人员心理因素

人员在紧急情况下的心理普遍会发生显著的变化，如感知到火灾、烟气时会出现恐慌，听到警铃或接收到火警信息时会出现紧张、众多人员疏散时在出口处排队等待的时间越长，人群中紧张情绪越高等。这些心理变化因素一方面能够激发人的避险本能，另一方面也会导致人员理性判断能力降低、情绪失控。

2. 人员生理因素

人员生理因素包括人员自身的身体条件影响因素，如幼儿、成年、老年、健康、疾病等条件差异。不同的身体条件会显著影响人员的运动机能。此外，紧急情况下环境条件的变化也会对人员生理因素造成影响，如火灾时由于现场照明条件变暗、能见度降低使人的辨识能力受到影响；温度升高、烟雾刺激、有毒气体会影响人的运动能力等。

3. 人员现场状态因素

人员现场状态因素包括清醒状态、睡眠状态、人员对周围环境的熟悉程度等。对于处于清醒状态并对周围环境十分熟悉的人来说，疏散速度会大大快于处于睡眠状态并对周围环境陌生的人。如果人们在进入一个陌生环境时首先有意识地查看安全出口位置及疏散路线，则会大大改善人员的现场状态因素。

4. 人员社会关系因素

人是具有社会属性的高等动物，即使是在紧急情况下人们的社会关系因素仍然会对疏散产生一定影响。如火灾时，人们往往会首先想到通知、寻找自己的亲友；对于处在特殊岗位的人员，如核电站操作员，会首先想到自身的责任；一些人员在疏散前会首先收拾财物，也是社会关系因素在起作用，这些因素总体上会影响人员开始疏散预动、行动的时间。

（二）外在环境影响因素

外在环境因素主要是指建筑物的空间几何形状、建筑功能布局以及建筑内具备的防火条件等因素。例如，地上建筑或是地下建筑、高大空间或是低矮空间、影剧院或是办公建筑等；建筑物的耐火等级，建筑内安全出口设计是否足够合理，疏散通道是否保持畅通，消防设备是否处于良好运行状态，是否存在重大火灾隐患等因素。

（三）环境变化影响因素

火灾时现场环境条件势必要发生变化，从而对人员疏散造成影响。例如火灾时，正常照明电源将被切断，人们需要依靠应急照明和疏散指示寻找疏散出口。再如原有正常行走路线一旦被防火卷帘截断，人员需要重新选择疏散路线。又如自动喷水灭火系统启动后在控制火灾的同时也会对人员疏散产生影响。

（四）救援和应急组织影响因素

火灾时自救和外部救援及组织能力也会对安全疏散产生影响。通过建立完善的安全责任制，制定切实可行的疏散应急预案并认真落实消防应急演练，能够有效提高人的疏散能力。否则，容易引起人员拥挤和混乱。

在各种实际条件下，影响人员安全疏散的因素繁多，各种因素之间还存在相互联系和制约，某些产生主导作用的作为主要影响因素，而一些因素的变化会显著影响最终结果的作为关键性因素。上面只是简要地介绍了影响人员安全疏散的因素。人员安全疏散作为消防安全工作的重中之重，其影响因素也是消防安全工作的重点，需要看到这些因素既可能是消防工作的问题所在，也可能成为提升消防安全水平的突破口。在实际工作中，应通过不断地积累经验，总结出切合工程项目实际的主要影响因素和关键性因素。

二、人员安全疏散分析的目的及性能判定标准

（一）人员安全疏散分析的目的

人员安全疏散分析的目的是通过计算可用疏散时间（ASET）和必需疏散时间

(RSET),从而判定人员在建筑物内的疏散过程是否安全。

(二)人员安全疏散分析的性能判定标准

人员安全疏散分析的性能判定标准为可用疏散时间(ASET)必须大于必需疏散时间(RSET)。

计算 ASET 时,应重点考虑火灾时建筑物内影响人员安全疏散的烟气层高度、热辐射、对流热、烟气毒性和能见度。这些参数可以通过对建筑内特定的火灾场景进行火灾与烟气流动的模拟得到。

在计算 RSET 时,可按以下三种情况考虑。

① 如果能够将火灾和烟气控制在着火房间内,则可只计算着火房间内人员的 RSET。

② 如果火灾及其产生的烟气只在着火楼层蔓延,则可只计算着火楼层内人员的 RSET。

③ 如果火灾及其产生的烟气可能在垂直方向蔓延至其他楼层(例如,建筑内存在连通上下层的中庭),则需计算整个建筑内人员的 RSET。当建筑存在坍塌的危险时,也需要计算整个建筑物内人员的 RSET。

三、人员疏散时间计算方法与分析参数

人员的疏散过程与火灾探测、警报措施、人员逃生行为特性和运动等因素有关。必需疏散时间按火灾报警时间、人员的疏散预动时间和人员从开始疏散至到达安全地点的行动时间之和计算(见图 4-12)。

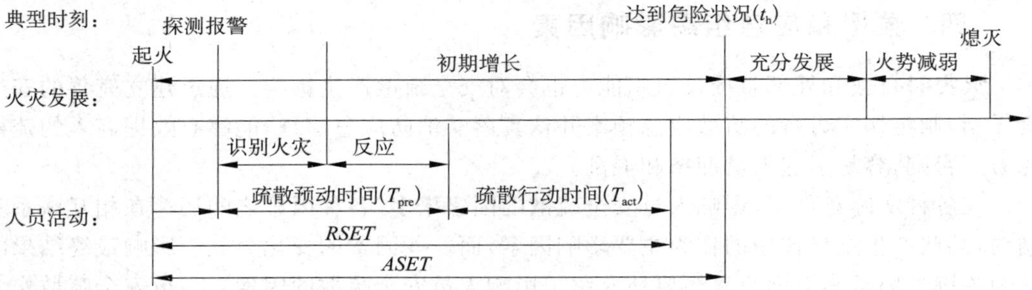

图 4-12 必需疏散时间与可用疏散时间

$$RSET = T_d + T_{pre} + k \times T_{act} \tag{4-36}$$

式中:T_d——火灾探测报警时间;s。

T_{pre}——疏散预动时间;s。

k——安全系数。

T_{act}——疏散行动时间;s。

其中,T_d 指从火灾发生到触发火灾探测与报警装置而发出报警信号,使人们意识到有异常情况发生,或者人员通过本身的味觉、嗅觉及视觉系统察觉到火灾征兆的时间;T_{pre} 指

人员从接到火灾警报之后到疏散行动开始之前的这段时间，包括识别时间和反应时间；T_{act}指建筑内的人员从疏散行动到疏散结束所需要的时间；k 考虑场景预测中的不确定性，需要考虑足够的安全余量，安全系数一般取 1.5～2，采用水力模型计算时的安全系数取值，宜比采用人员行为模型计算时的安全系数取值要大。

（一）火灾探测报警时间

对于安装了点式火灾探测报警装置以及安装了闭式自动喷水灭火系统的场所，火灾探测报警时间应根据建筑内所采用的火灾探测与报警装置的类型及其布置、火灾的发展速度及其规模、着火空间的高度等条件。考虑设计火灾场景下火灾探测报警装置或自动喷水装置对火灾烟气的反应时间。可以通过相应的计算机模拟计算软件通过分析计算确定，也可采用其他计算工具。如美国国家标准预技术研究院（NIST）开发的软件工具包中提供的 DETACT-QS 工具，预测特定火灾场景内感温元件的动作时间。

对于日常有人停留的房间并且人员处于清醒状态，可以采用特定经验公式算法预测人员发觉火灾征兆的时间。

（二）疏散预动时间

疏散预动时间包括识别时间和反应时间。人员在接收到火灾报警信号以后，有各种本能反应的时间如确认火灾警报，判别火情发展情况，通知亲友，收拾物品，确定疏散路线等待，开始疏散行动时间往往因人而异。受到建筑类型、功能与用途、使用人员的性质及建筑火灾报警广播和物业管理系统等各种内在及外在因素的影响，疏散预动时间的长短具有很大的不确定性。在管理相对完善的剧院、超市或办公建筑（有定期火灾训练）中，识别时间较短。在平面布置复杂或面积巨大的建筑以及旅馆、公寓、住宅和宿舍等建筑中，该时间可能较长。表 4-7 给出了各种不同类型的人员和报警系统的典型疏散开始延迟时间。

表 4-7　疏散开始延迟时间（引自美国《SFPE 防火工程手册》）

建筑物用途及特性	报警系统类型		
	W1	W2	W3
	人员响应时间/min		
办公楼、商业或工业厂房、学校（居民处于清醒状态，对建筑物、报警系统和疏散措施熟悉）	<1	3	>4
商店、展览馆、博物馆、休闲中心等（居民处于清醒状态，对建筑物、报警系统和疏散措施不熟悉）	<2	3	>6
旅馆或寄宿学校（居民可能处于睡眠状态，但对建筑物、报警系统和疏散措施熟悉）	<2	4	>5
旅馆、公寓（居民可能处于睡眠状态，对建筑物、报警系统和疏散措施不熟悉）	<2	4	>6
医院、疗养院及其他社会公共机构（有相当数量的人员需要帮助）	<3	5	>8

表中的报警系统类型如下。

W1——实况转播指示，采用声音广播系统。例如，从闭路电视设施的控制室。

W2——非直播（预录）声音系统、和/或视觉信息警告播放。

W3——采用警铃、警笛或其他类似报警装置的报警系统。

在应用表 4-7 时，还要考虑火灾场景的影响，建议将表 4-7 中的识别时间根据人员所处位置的火灾条件做如下调整。

（1）人员处于较小着火房间/区域

人员可以清楚地发现烟气及火焰或感受到灼热，这种情况下可采用表 4-7 中给出的与 W1 报警系统相关的识别时间（即使安装了 W2 或 W3 报警系统）。

（2）人员处于较大着火房间/区域

人员在一定距离外也可发现烟气及火焰时，如果没有安装 W1 报警系统，则采用表 4-7 中给出的与 W2 报警系统相关的识别时间（即使安装了 W3 报警系统）。

（3）识别报警与向出口疏散之间没有延迟

例如办公室，则可以假设表 4-7 给出的识别时间为 0。

（4）某些场所的识别时间很难确定

可对上述可能时间段进行估计，如可以根据日常的观测记录提供某些文件证明所需要的时间。

在反应时间阶段，人们会停止日常活动开始处理火灾。在反应时间内会采取的行动如下。

① 确定火源、火警的实际情况或火警与其他警报的重要性。

② 停止机器或生产过程，保护重要文件或贵重物品等。

③ 寻找和召集儿童及其他家庭成员。

④ 灭火。

⑤ 决定合适的出口路径。

⑥ 警告其他人员。

⑦ 其他疏散行为。

（三）疏散行动时间

人员疏散行动时间指建筑内的人员从疏散行动开始至疏散结束所需要的时间，包含行走时间和通过出口的时间两部分组成。

1. 行走时间

行走到疏散线路上安全出口的时间。行走时间与人的行走速度以及到达出口的距离有关。行走速度与行走时间和人员密度有关，当人员密度较大时会出现拥挤，导致行走速度下降；当人员密度较低且人员行走不受阻时则代表最短的行走时间，可用下式计算：

$$t_w = L/v \tag{4-37}$$

式中：t_w——行走时间，s；

L——人员从初始位置行走至疏散安全出口的距离，m；

v——人的行走速度，m/s。

2. 通过时间

人流通过出口或通道的时间。通过时间由出口的通行人数和出口的通行能力决定，出口的通行能力则与出口有效宽度和出口流量有关。可用下式计算：

$$t_p = P/F \tag{4-38}$$

式中：t_p——通过出口或通道的时间，s；

P——在出口或通道处排队通过的总人数；

F——通过出口或通道的人流量，人/s。

通过出口或通道的人流量可用下式计算。

$$F = fW_e = DvW_e \tag{4-39}$$

式中：f——通过出口或通道的比流量，为单位时间内通过出口或通道单位宽度上的人数，人/(m·s)；

W_e——出口或通道最窄处的有效宽度；

D——出口或通道处排队人员单位面积上的人员密度，人/m^2；

v——人员通过出口或通道的行走速度，m/s。

当计算建筑内某区域的疏散行动时间时，需要考虑行走时间 t_w 和通过时间 t_p 之间的关系。

当 $t_w < t_p$ 时，说明人员行走到达出口时，人员并没有全部通过出口，因此人员将会在出口处出现滞留现象，此时该区域内疏散行动时间由通过出口通过时间 t_p 决定。

当 $t_w > t_p$ 时，说明区域内人员在到达出口时，其他人员已经通过了出口，因而不必再在出口处排队等候，因此疏散行动时间由最远点的人员行走时间 t_w 决定。

人员疏散行动时间的计算可按照数学模拟计算进行。数学模拟计算方法主要有水力疏散计算模型和人员行为疏散计算模型两种方法。

(1) 水力疏散计算模型。水力疏散计算模型将人在疏散通道内的走动模拟为水在管道内的流动状态，可人群的疏散作为一种整体运动，完全忽略人的个体特性。该模型对人员疏散过程作如下假设。

① 疏散人员具有相同的特征，且均具有足够的身体条件疏散到安全地点。

② 疏散人员是清醒的，在疏散开始的时刻同时井然有序地进行疏散，且在疏散过程中不会中途返回选择其他疏散路径。

③ 在疏散过程中，人流的流量与疏散通道的宽度成正比分配，即从某一出口疏散的人数按其宽度占出口总宽度的比例进行分配。

④ 人员从每个可用的疏散出口疏散且所有人的疏散速度一致并保持不变。

对于建筑的结构简单、布局规则、疏散路径容易辨别、建筑功能较为单一且人员密度较大的场所，宜采用水力模型来进行人员疏散的计算，其他情况则适于采用人员行为模型。

(2) 人员行为疏散计算模型。人员行为疏散计算模型应综合考虑人与人、人与建筑物以及人与环境之间的相互作用，并能够从一定程度上反映火灾时人员疏散运动规律和个体特性对人员疏散的影响。当采用数学模型进行计算时，应注意结合有待解决的实际问题与模型的适用性来选择相应的模型，并应首选经过实际疏散实验或演习验证的模型。

（四）疏散分析参数

在对人员疏散时间预测计算中必须确定人员疏散时关于人员数目的确定、人员的行走速度、出口处人流的比流量、通道的有效宽度等相关参数。

1. 人员数目的确定

在确定起火建筑内需要疏散的人数时，通常根据建筑的使用功能首先确定人员密度（单位：人/m^2），其次确定该人员密度下的空间使用面积，由人员密度与使用面积的乘积得到需要计算的人员数目。在有固定座椅的区域，则可以按照座椅数来确定人数。在业主和设计师能够确定未来建筑内的最大人数时，则按照该值确定疏散人数。否则，需要参考相关的统计资料，由相关各方协商确定。

（1）人员密度

在计算疏散时间时，人员密度可采用单位面积上分布的人员数目表示（人/m^2），也可采用其倒数表示或采用单位面积地板上人员的水平投影面积所占百分比表示（m^2/人）。

对于所设计建筑各个区域内的人员密度，应根据当地相应类型建筑内人员密度的统计数据或合理预测来确定。预测值应取建筑使用时间内该区域可预见的最大人员密度。当缺乏此类数据时，可以依据建筑防火设计规范中的相关规定确定各个楼层的人员密度。

国外对各种使用功能的建筑中其人员密度的规定较为详细，如美国、英国、日本等。表 4-8 列举出了国外一些国家对人员密度的规定。

表 4-8　各国关于建筑场所人员密度的规定　　单位：人/m^2

<table>
<tr><th>场所
国家</th><th colspan="2">集会</th><th colspan="2">学校</th><th colspan="2">医院</th><th>宿舍</th><th>集合住宅</th><th colspan="2">商业场所</th><th>办公室</th></tr>
<tr><td rowspan="4">美国（NFPA 101）</td><td>低密度（固定座位）</td><td>0.71</td><td>教室</td><td>0.53</td><td>病房</td><td>0.09</td><td rowspan="4">0.05</td><td rowspan="4">0.05</td><td>地上、下层</td><td>0.36</td><td rowspan="4">0.11</td></tr>
<tr><td>高密度（固定座位）
等待室</td><td>1.54
3.57</td><td>图书馆（书库）（阅览室）</td><td>0.11
0.22</td><td rowspan="3">处置室</td><td rowspan="3">0.04</td><td>复合街道</td><td>0.27</td></tr>
<tr><td rowspan="2">图书馆（书库）（阅览室）</td><td rowspan="2">0.11
0.22</td><td rowspan="2">托儿所</td><td rowspan="2">0.30</td><td>其他</td><td>0.18</td></tr>
<tr><td>仓库</td><td>0.04</td></tr>
</table>

续表

<table>
<tr><th>场所
国家</th><th colspan="2">集会</th><th colspan="2">学校</th><th colspan="2">医院</th><th colspan="2">宿舍</th><th colspan="2">集合住宅</th><th colspan="2">商业场所</th><th colspan="2">办公室</th></tr>
<tr><td rowspan="7">英国
(《建筑规范2000》)</td><td colspan="2" rowspan="7">2.0</td><td colspan="2" rowspan="7">—</td><td colspan="2" rowspan="7">—</td><td colspan="2" rowspan="7">0.125</td><td colspan="2" rowspan="7">0.033</td><td>超级市场(类似高密度场所)</td><td>0.5</td><td rowspan="2">阅览室、其他办公室</td><td rowspan="2">0.14</td></tr>
<tr><td>百货公司(主要卖场)</td><td>0.5</td></tr>
<tr><td>上述以外的店铺</td><td>0.14</td><td rowspan="5">仓库、车库</td><td rowspan="5">0.33</td></tr>
<tr><td>餐厅</td><td>1.0</td></tr>
<tr><td>酒吧</td><td>2.0</td></tr>
<tr><td>图书馆</td><td>0.17</td></tr>
<tr><td>展览</td><td>2.0</td></tr>
<tr><td rowspan="6">日本
(《避难安全检证法》)</td><td rowspan="2">固定座位</td><td rowspan="2">座位数/地面积</td><td rowspan="2">教室</td><td rowspan="2">0.7</td><td rowspan="2">病房</td><td rowspan="2">床铺数</td><td rowspan="2">客房</td><td rowspan="2">床位数</td><td rowspan="6">住户</td><td rowspan="6">0.06</td><td>卖场店铺</td><td>0.5</td><td>一般办公室高度</td><td>0.125</td></tr>
<tr><td>饮食街</td><td>0.7</td><td rowspan="5">会议室</td><td rowspan="5">0.7</td></tr>
<tr><td rowspan="4">其他</td><td rowspan="4">1.5</td><td rowspan="4">研究室</td><td rowspan="4">一般办公室标准</td><td rowspan="4">其他部门</td><td rowspan="4">0.16</td><td rowspan="4">其他</td><td rowspan="4">0.16</td><td>卖场通道</td><td>0.25</td></tr>
<tr><td>剧场</td><td>座位数/地面积</td></tr>
<tr><td>会议大厅</td><td>1.5</td></tr>
<tr><td>展览</td><td>2.0</td></tr>
</table>

(2) 计算面积

人数的确定是通过各使用功能区的人员密度与计算面积的乘积得到。因此,计算面积的确定是除人员密度之外计算疏散人数的另一个重要参数。规范在规定人员密度时,有些同时规定了计算面积的确定方法。

国外的相关规定大部分采用计算房间(区域)的地板面积作为计算面积。对于计算面积的界定可以考虑建筑的使用功能,根据建筑的实际使用情况来确定。

(3) 人流量法

在一些公共使用场所,人员流动较快,停留时间较短(如机场安检、候机大厅、科技馆、展览厅等),其人数的确定可以采用人流量法。

采用人流量法,即设定人员在某个区域的平均停留时间,并根据该区域人员流量情况按以下公式计算瞬间时刻的楼内人员流量(称为人流量法)。

$$人员数量=单位时间人数\times停留时间 \quad (4\text{-}40)$$

2. 人员的行走速度

人员自身的条件、人员密度和建筑的情况均对人员行走速度有一定的影响。

(1) 人员自身条件的影响。表 4-9 列出了若干人行走速度的参考值,这是根据大量统计资料得到的。但应当指出,对于某些特殊人群,其行走速度可能会慢很多,如老年人、病人等。如果某建筑中火灾烟气的刺激性较大,或建筑物内缺乏足够的应急照明,人的行走速度也会受到较大影响。

表 4-9 不同人员不同状态下的行走速度举例 单位:m/s

行走状态	男人	女人	儿童或老年人
紧急状态,水平行走	1.35	0.98	0.65
紧急状态,由上向下	1.06	0.77	0.4
正常状态,水平行走	1.04	0.75	0.5
正常状态,由上向下	0.4	0.3	0.2

人员行走速度在疏散模型中的设置需要了解不同模型的默认值,如 Simulex 疏散模型中默认的人员行进速度分男人、女人、儿童和长者四种,其步行速度及类型比例见表 4-10。

表 4-10 Simulex 疏散模型中人员步行速度及类型比例 单位:m/s

人员种类	正常速度	速度分布
男人	1.35	正态分布±0.2
女人	1.15	正态分布±0.2
儿童	0.9	正态分布±0.1
中老年人	0.8	正态分布±0.1

(2) 建筑情况的影响。不同的建筑中由于功能、构造、布置不同,对人员行走速度的影响不同,人员在不同建筑中步行速度的典型数值与建筑物使用功能的关系可参考表 4-11。

表 4-11 不同使用功能建筑中人员的步行速度

<table>
<tr><th>建筑物或房间的用途</th><th>建筑物的各部分分类</th><th>疏散方向</th><th>步行速度(m/s)</th></tr>
<tr><td rowspan="4">剧场及其他具有类似用途的建筑</td><td rowspan="2">楼梯</td><td>上</td><td>0.45</td></tr>
<tr><td>下</td><td>0.6</td></tr>
<tr><td>座席部分</td><td>—</td><td>0.5</td></tr>
<tr><td>楼梯及座席以外的部分</td><td>—</td><td>1.0</td></tr>
<tr><td rowspan="3">百货商店,展览馆及其他具有类似用途的建筑或公共住宅楼,宾馆及具有类似用途的其他建筑(医院,诊所及儿童福利设施室等除外)</td><td rowspan="2">楼梯</td><td>上</td><td>0.45</td></tr>
<tr><td>下</td><td>0.6</td></tr>
<tr><td>楼梯以外的其他部分</td><td>—</td><td>1.0</td></tr>
<tr><td rowspan="3">学校,办公楼及具有类似用途的其他建筑</td><td rowspan="2">楼梯</td><td>上</td><td>0.58</td></tr>
<tr><td>下</td><td>0.78</td></tr>
<tr><td>楼梯以外的其他部分</td><td>—</td><td>1.3</td></tr>
</table>

(3) 人员密度的影响。人员在自由行走时受到自身条件及建筑情况等因素的影响而速度各有差异,当为疏散人群时,其步行速度将受到人员密度的影响。人员的行走速度将在很大程度上取决于人员密度。

通常情况下,人员的疏散速度随人员密度的增加而减小,人流密度越大,人与人之间的距离越小,人员移动越缓慢;反之密度越小,人员移动越快。国外研究资料表明:一般人员密度小于 0.54 人/m^2 时,人群在水平地面上的行进速度可达 70m/min 并且不会发生拥挤,下楼梯的速度可达 48～63m/min。相反,当人员密度超过 3.8 人/m^2 时,人群将非常拥挤,基本上无法移动。一般认为,在 0.5～3.5 人/m^2 范围内可以将人员密度和移动速度的关系描述成直线关系。

Fruin、Pauls、Predtechenskii、Milinskii 等人根据观测结果,整理出了一组分别在出口、水平通道、楼梯间内人员密度与人员行走速度的关系,并被美国《SFPE 防火工程手册》采用,如图 4-13 所示。

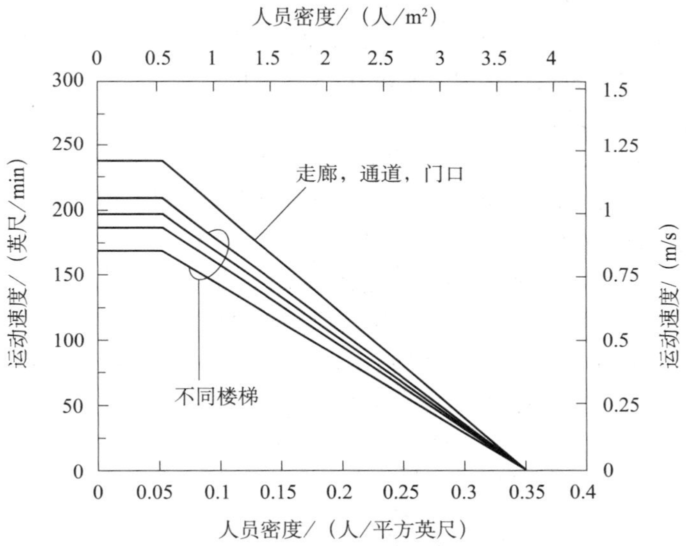

图 4-13　建筑内各疏散路径人员行走速度与人员密度的关系
(引自美国《SFPE 防火工程手册》)

同时,根据研究结果得到了人员行走速度与人员密度之间的关系式,不同密度下人员在平面的步行速度可根据式(4-41)计算得出

$$V=1.4(1-0.226D) \tag{4-41}$$

式中:V——人员步行速度,$m \cdot s^{-1}$;

D——人员密度,人$\cdot m^{-2}$。

不同密度下人员在楼梯行走速度的计算参见式(4-42),式中系数 K 参见表 4-12。

$$V=K(1-0.226D) \tag{4-42}$$

表 4-12 人员在楼梯中的行走速度

踏步高度/m	踏步宽度/m	K
0.20	0.25	1.00
0.18	0.25	1.08
0.17	0.30	1.16
0.17	0.33	1.23

注：引自美国《SFPE 防火工程手册》。

3. 出口处人流的比流量

建筑物的出口在人员疏散中占有至关重要的地位，对出口宽度的合理设计能避免疏散时发生堵塞，有利于疏散顺利进行。我国目前的建筑规范中主要是通过控制建筑物的出口、楼梯、门等宽度来进行疏散设计，同时，性能化防火设计中对建筑物安全性的评估同样需要考虑出口宽度的问题，以衡量火灾时能否保证人员通过这些出口顺利逃生。无论是规范的规定还是性能化设计的方式，一般都是根据总人数按单位宽度的人流通行能力及建筑物容许的疏散时间来控制建筑物的出口总宽度。因此，人员疏散参数确定中必须考虑出口处人流的比流量。

比流量是指建筑物出口在单位时间内通过单位宽度的人流数量（单位：人/(m·s)），比流量反映了单位宽度的通行能力。根据对多种建筑的观测结果，比流量在水平出口、通道处和在楼梯处不同，而不同的人员密度也将影响比流量。

图 4-14 显示了不同的疏散走道上流出系数（比流量）与人员密度的关系，由图可以看出，首先，随着人员密度的增大，单位面积内的人员数目增大，从而单位时间内通过单位宽度疏散走道的人员数目也增大，当人员密度增大到一定程度，疏散走道内的人员过分拥挤，限制了人员行走速度，从而导致流出系数的减少。

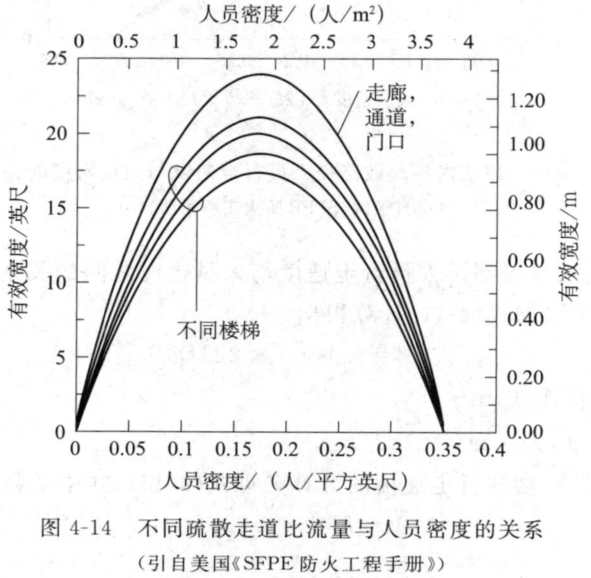

图 4-14 不同疏散走道比流量与人员密度的关系

（引自美国《SFPE 防火工程手册》）

4. 通道的有效宽度

大量的火灾演练实验表明，人群的流动依赖于通道的有效宽度而不是通道实际宽度，也就是说在人群和侧墙之间存在一个“边界层”。对于一条通道来说，每侧的边界层大约是 0.15m，如果墙壁表面是粗糙的，那么这个距离可能会再大一些。而如果在通道的侧面有数排座位(如在剧院或体育馆)，这个边界层是可以忽略的。在工程计算中应从实际通道宽度中减去边界层的厚度，采用得到的有效宽度进行计算。表 4-13 给出了典型通道的边界层厚度。

表 4-13　典型通道的边界层厚度

类　　型	减少的宽度指标/cm
楼梯间的墙	15
扶手栏杆	9
剧院座椅	0
走廊的墙	20
其他的障碍物	10
宽通道处的墙	46
门	15

注：引自美国《SFPE 防火工程手册》。

疏散走道或出口的净宽度应按下列要求计算。

对于走廊或过道，为从一侧墙到另一侧墙之间的距离。

对于楼梯间，为踏步两扶手间的宽度。

对于门扇，为门在其开启状态时的实际通道宽度。

对于布置固定座位的通道，为沿走道布置的座位之间的距离或两排座位中间最狭窄处之间的距离。

四、人员疏散分析模型

(一) 国际常用人员疏散分析模型概述

英国、美国、德国、日本等国围绕人员安全疏散行为和模型进行了一系列的研究。对于人员在火灾中的疏散行为进行了大量的观察和测量，得到了许多量化的数据。如苏联 Predtechenski 和 Milinski，日本的 Togawa 以及美国 Furin 等人对密集人群的疏散行为、移动速度等进行了大量的观测，后期加拿大的 Pauls 等人通过大量的演习试验也取得了许多参考数据，并总结了一些经验公式，提出了各自的人员疏散计算方法，如早期的经验方法，后来的网络优化法，近年来兴起的计算机模拟分析方法。经验方法主要是考虑建筑物内到达安全出口的疏散距离和出口容量计算疏散行动时间，或根据建筑物的使用人数确定出口数量和宽度；网络优化法将建筑物各个单元网络化，通过对复杂建筑网络的优化找出人员可能疏散的路径，并计算疏散行动时间；而随着计算机技术的进步，人们开始直接利用计算机模拟技术模拟人员在建筑物内的移动，通过计算机记录不同时刻不同人员的几何位置变化，从而得到建筑物内人员疏散行动时间，并通过对人员疏散移动图案来分析可能发生拥挤的部位，提出改进措施或组织疏散预案。因此，采用基于计算机的疏散模型将会有助于建筑设计的科学性。

人员安全疏散模型的研究和分析主要包含两个方面，一是人员疏散模型结构的研究；二是火灾中的人员行为及其量化研究。在这方面工作比较出色的有英国格林威治大学的Galea、爱丁堡大学的Thompson、美国的Fahy和澳大利亚的Shestopal等人，采用不同的模化方法已经建立了十多种不同类型的疏散模型，如EGRESS(EG)、EXODUS(EXO)、E-SCAPE(EP)、EVACNET+(EV)、EXIT89(E89)、EXITT(E)、PATHFINDER(PF)，SIMULEX(S)，STEPS(SS)，VEGAS(V)等。

当前世界上开发的人员疏散软件数目众多，据统计，有文献记载的疏散软件有22个，其他未公开的也不在少数。所以，在选用模型时一定要结合有待解决的实际问题与模型的适用性来进行选择。下面将通过分析这些人员疏散模型的功能与特点，对这些软件进行适当分类。

1. 一般分类

疏散模型在处理疏散的一般问题时，均采用了三种不同基本方法：优化法、模拟法和风险评估法。

优化法假定人员以最有效的方式进行疏散，而不考虑外部环境的影响及非疏散行为。通常，模型认为人员选择的疏散路线是最佳的。这一类模型适用于大量的人群或将所有人员当作一个有共同特性的群体来考虑的情况，而不考虑个体行为。

模拟法试图表现实际的疏散行为与运动，不仅要得到准确的结果，而且要反映疏散时选择的疏散路线及人员所做的决定。由于各个模型在考虑人员行为时的详细程度不同，因此结果的准确度也不相同。

风险评估模型能识别出火灾时与疏散有关的危险或相关事故，并能对最后的风险进行量化。通过多次重复运算，可以估算出与不同防烟分区设计或防火保护措施有关的各种重要变量的统计数据。有关模型的类别与名称见表4-14。

表4-14 模型一般分类

优化法模型	模拟法模型	风险评估法模型
Evacnet+ Takahashi's model	BGRAF；EXITT，EGRESS，E-SCAPE，DONEGAN'S ENTROPY MODEL，EVACSIM；EXIT89；EXODUS；PAXPORT；SIMULEX；VEGAS；MAGNETMODEL	CRISP WAYOUT

2. 建筑空间的表示

各种疏散模型都必须对建筑空间进行描述，以模拟人员在建筑内部的疏散过程。其中基于疏散模型对建筑空间的表示方法，可以把模型分为离散化模型和连续性模型两类。

(1) 离散化模型

离散化模型把需要进行疏散计算的建筑平面空间离散为许多相邻的小区域，并把疏散过程中的时间离散化以适应空间离散化。离散化模型又可以细分为粗网格模型和精细网格模型。有关不同空间划分的模型分类，离散化模型按空间分类见表4-15。

表4-15 离散化模型按空间分类

精细网格模型	粗网格模型
BGRAF；EGRESS；EXODUS；MAGNETMODEL；SIMULEX；VEGAS	CRISP；DONEGAN'S ENTROPY MODEL；EXIT89；EXITT；E-SCAPE；EVACSIM；Evacnet+；PAXPORT；Takahashi's model；WAYOUT

① 粗网格模型。在粗网格模型中(如E89、E)，按照实际建筑的划分来确定其几何形状。因此，每个网络节点都可以表示一个房间或走廊，但与实际大小无关。按照它们在建筑中的实际情况，用弧线将这些网络节点连接起来。在这类模型中，根据各建筑单元的出口容量和人员的移动速度确定疏散人员只会是从一个房间运动到另一个房间的时间，没有表明疏散人员的位置，不能反映人员个体的基本行为和准确位置。

② 精细网格模型。在精细网格模型中(如EXO、SS、S、V)，整个建筑区域的平面通常是用覆盖大量棋盘状的网格或网点来表示。每个模型中节点的网格大小和形状都有所不相同，例如EXODUS采用0.5m×0.5m的正方形网格节点，SIMULEX采用0.2m×0.2m的正方形网格节点，而EGRESS采用六边形网格节点。用这种方法可以准确地表示封闭空间的几何形状及内部障碍物的位置，并在疏散的任意时刻都能将每个人置于准确的位置。因此，精细网格模型可以在每个网格内记录单个人员的移动轨迹，能够反映每个人的具体行为反应。但是，由于现代建筑的建筑单元众多，结构复杂，因而精细网格模型要求计算处理信息量较大。

(2) 连续性模型

连续性模型又可以称为社会力模型，它基于多粒子自驱动系统的框架，使用经典牛顿力学原理模拟步行者恐慌时的拥挤状态的动力学模型。社会力模型可以在一定程度上模拟人员的个体行为特征。

人的行为模拟是模拟疏散过程最复杂最困难的一方面，并非所有这些行为特性都能被充分认识或完全量化。到目前为止，还没有一个模型能完全解决人的疏散行为的各个方面。另外目前工程分析中经常应用的一些比较成熟的疏散模拟模型，从几何建模、人员行为模拟、结果表现等不同方面各具特点，实际应用应根据工程的具体特点和需求合理选择适应的疏散模型。以下介绍几种工程上常用的疏散模拟软件。在模型中，空间被划分为许多小的区域，每个区域都与相邻的区域相连。根据对空间划分的精细程度，常将模型中的空间划分分为两种方法：精细网络法和粗网络法。

3. 人群分析

各类疏散模型在对人员进行分析时采用了两种方法：个体分析法和群体分析法。

个体分析法允许用户设定或由随机方式确定个体特性，人员决策与运动由这些个体特性决定。需要注意的是，不能将个体的独立决定与不能执行群体行为混为一谈，定义个体时并不排斥他具有群体行为，而是先考虑每个人的个体特性，然后再为他指定一个行为，而这个行为也许就是群体行为。

群体分析法将人群视为一个具有共同特性的群体。在描述疏散过程时，不针对逃生的个体，而针对大量的人群。这种方法难以模拟事件对个体的影响（如火灾烟气毒性的影响），而只能对整个人群的普遍影响进行模拟。例如，它不能表示老年人或残疾人等特殊人群的生存率，而只能表示受影响的人的比例。它的好处是模型的运算速度相对较快。有关基于人群分析的模型分类见表 4-16。

表 4-16　疏散模型按人群分类

个体分析法	群体分析法
BGRAF；CRISP；EXITT；EGRESS；E-SCAPE；EVACSIM；EXODUS；MAGNETMODEL；SIMULEX；VEGAS	DONEGAN'S ENTROPY MODEL；EXIT89；Evacnet＋；PAXPORT；Takahashi's model；WAYOUT

4. 行为分析

人员在逃生时的决策过程是复杂的，疏散模型根据模拟人员决策过程时所采用的分析方法，分为以下几类：无行为准则模型、函数模拟行为模型、复杂行为模型、基于行为准则的模型以及基于人工智能的模型。疏散模型按人员行为分类见表 4-17。

表 4-17　疏散模型按人员行为分类

模型类别	模型名称
无行为准则模型	Evacnet＋
函数模拟行为模型	MAGNETMODEL；Takahashi's model
复杂行为模型	EXIT89；PAXPORT；SIMULEX；WAYOUT
基于行为准则的模型	BGRAF；CRISP；EXITT；E-SCAPE；EVACSIM；EXODUS
基于人工智能的模型	DONEGAN'S ENTROPY MODEL；EGRESS；VEGAS

无行为准则模型完全依赖于人群的物理运动和几何形状的物理表达，来影响人员的疏散，并对其进行预测判断。

函数模拟行为模型把人员的行为用一个方程或一个方程组来描述，以此达到控制人的响应的目的。这类模型可以将人定义为个体，但由于所有个体均受到同一函数相同的影响，且会以一定的方式对这种影响产生反作用，因此实际上削弱了个体行为。该函数或者按照现实生活中人员的行为来建立，或者引用其他从事人体行为模拟研究领域的成果（如磁模型的方程来源于物理学）。

复杂行为模型通过复杂的物理方法来含蓄表示行为决策准则。此类模型一般基于第二手数据的应用，包括心理的或社会的影响，因而它依赖于第二手数据的准确性与有效性。

基于行为准则的模型预先规定了一套人员的行为准则，然后再根据这些准则来确定疏散过程中人员的行为。例如，“假如人在一个充满烟气的房间里，他会通过最近的出口离开"等类似准则。但是，这种行为决策方式会导致人员在相同的环境下以某种确定的方式进行反应，从而与实际中的人员反应有所差异。

基于人工智能的模型将个体人员设计成能对周围环境进行智能分析的模拟人或与之相近的智能人，因此可以准确地表现其决策过程，但这会使用户对人员行为的控制权被计算机所代替。

5. 人员行为特性

火灾是具有突发性的意外事件，伴有火焰、浓烟、强烈的热辐射、噪声和有毒气体，常在短时间内给人以毁灭性的伤害。身处火场的人们往往需要承受巨大的心理压力，从而表现出各种各样的异常行为。研究发现，不同的心理素质、阅历和经验，会导致人在遭遇火灾时，呈现不同的心理反应和行为。但是，如果在遭遇火灾时，能保持良好的心理状态，及时采取自救行动，往往能够化险为夷，成功疏散，避免死伤亡。

对于人员特性的考虑可以分为两方面，一是单个人员独立考虑；二是全局考虑。大多数模型可以根据用户要求或计算机自动设定每个人员的移动属性如步行速度，并记录每个人员在任何时刻的移动历史轨迹。这类模型也不排除群集行为特性，但它是按单个人员检查和分配各自的移动特性的，它需要较多的计算机容量，程序处理的难度也稍大。另一类是按群集方式来考虑人员的移动特性，它将一群或一组人群按同一特性考虑，即将一群人按同一移动速度考虑，认为他们同时到达或离开建筑物的某个网格节点，它具体计算建筑内人员疏散成功率，其操作简单，使用方便，运行速度也较快。

（二）常用人员疏散模拟软件简介

1. EVACNET 软件

EVACNET 软件是美国 Florida 大学 Kisko 等开发的一种模拟建筑火灾中人员逃生的计算机程序。它是一种网络模型，包含一组由节点和弧线组成的网络，其节点表示房间、楼梯等，弧线表示连接房间的通道。对于每个节点，用户需要定义节点的能力，即每个节点内最多可容纳的人数。对于每条弧线，用户需要确定人员通过弧线所需的时间和通过能力。EVACNET 将整个疏散时间划分为若干时间步。弧线的通过能力指在给定的时间步内通道可通过的最多人数。其建模思路为：首先设定某节点的面积和容纳人数，然后确定在该节点有效出口单位宽度、单位时间内的人员流量。EVACNET 模型可以进行多种建筑物内的人员疏散模拟，包括办公楼、饭店、礼堂、体育馆、零售商店和学校等。

2. EGRESS 软件

EGRESS 软件是由英国 AEA 科技公司研究人员 Neil Ketchell 开发的一个通用疏散软件。该软件利用建筑平面图建立模拟人员个体移动的模型。在 EGRESS 中，人员被模拟为一个网格上的一个个体。采用的仿真技术基于点格自动机，在每一个时间步，人员由随机因子决定从一个单元格移动到另外一个单元格。随机因子作为密度的函数根据速度或者流量信息进行校正，并可以充分地运用实验数据。在一系列疏散实验中，EGRESS 的有效性已经被证明。该程序与测量的疏散时间的一致性具有 10%～20% 的差别。EGRESS 允许对不同行为、阻塞和瓶颈的影响进行评价，可以模拟上千人和若干平方公里的平面区域。EGRESS可用于大量不同的疏散仿真，从海上石油天然气平台到轮船、火车站、化工厂、飞机、火车和公共娱乐场所。

3. EXIT89 软件

EXIT89 由美国消防协会的 Rita F. Fahy 开发的一个用于大量人员从高层建筑疏散而设计的疏散模型。该软件可用于模拟高密度人员的建筑的疏散。如高层建筑，它可以跟踪个体在建筑物内的行动轨迹。从消防安全的角度来评估大型建筑设计时，该模型可以处理一些疏散场景中相关的因素如下。

① 考虑各种不同行动能力的人员。包括限制行动能力的人员和儿童。

② 延迟时间，既包括可以用来代替移动前的准备活动的时间（由用户根据每个位置指定），也包括随机的额外时间，可以当作人员疏散开始时间。

③ 提供选择路径功能——使用模型计算出来的最短路径，可以用来模拟经过良好训练的或者有工作人员协助的疏散过程；或者使用用户指定的路径，可以用来模拟人员使用熟悉的出口或者忽略某些紧急出口的疏散过程。

④ 提供选择步速功能，可以反映正常移动和紧急状况下移动的差别，前者可能适于演习情况下的疏散，后者更适宜于人员在紧急情况下的反应。

⑤ 反向流，当沿着疏散路径发生堵塞时，人员就会向与原疏散方向相反的方向流动。

⑥ 具备上下楼梯功能，从而扩展模型的应用范围，例如，有人层位于地下或者更多地需要上楼梯而不是下楼梯的建筑。

该软件还可以模拟烟气对疏散的影响，通过将用户定义的烟气阻塞或者从 CFAST 输出的火场热烟气数据导入疏散场景中，从而影响到疏散运动状态。

4. EXODUS 软件

EXODUS 软件是由英国格林威治大学的 EXODUS 团队开发的，是一个模拟个人、行为和封闭区间的细节的计算机疏散模型。模型包括了人与人之间、人与建筑之间和人与环境之间的互相作用。它可以模拟大型建筑物中上千人规模的疏散并可包含火灾烟气影响因素。在 EXODUS 中，空间和时间用二维空间网格和仿真时钟表示。空间网格反映了建筑物的几何形状、出口位置、内部分区、障碍物等。多层几何形状可以用由楼梯连接的多个网格组成，每一层放在独立的窗口中。建筑平面图或用 CAD 产生的 DXF 文件，也可用交互工具提供，网格由节点和弧线组成，每一个节点代表一个小的空间，每一段弧代表节点之间的距离。人员沿着弧线从一个节点到另外一个节点。

该软件由 5 个互相关联的子模型组成，它们是人员、移动、行为、毒性和危险子模型。模型跟踪每一个人在建筑物中的移动轨迹，以及人们的模拟状态——或者疏散到安全地点，或者被火灾所伤害。模型基于行为规则和个体属性，每一个人的前进和行为由一系列启发性规则决定。行为子模型决定了人员对当前环境的响应，并将其决定传递给移动子模型。行为子模型在两个层次起作用，即全局行为和局部行为，全局行为假设人员采用最近的可用疏散出口或者最熟悉的出口来逃生；局部行为可以模拟以下现象，决定人员对疏散警报的初始响应、冲突的解决、超越以及选择可能的绕行路径等。这些都取决于人员的个体属性。毒性子模型决定环境对人员的生理影响，考虑了毒性和物理危险，包括升高的温度、热辐射、CO、CO_2 以及 O_2 含量等因素影响，并且估计了人员失去行动能力的时间。它采用“毒性比例效果剂量”模型(FED)，假设火灾危险的影响由接收到的剂量而不是暴露的浓度决定，并且累计暴露期间的比例。EXODUS 建模可以采用实验数据或者从其他模型得到数值数据，允许 CFAST 计算数据导入 EXODUS 中。EXODUS 模拟完毕后，可以使用数据分析工具来处理数据输出文件。另外，提供了基于虚拟现实的后处理图形环境，提供疏散的三维动画演示。

5. SIMULEX 软件

SIMULEX 软件最先是由英国 Edinburgh 大学设计，后来由苏格兰的 Peter Thompson 博士继续发展的人员疏散模拟软件，可以用来模拟大量人员在多层建筑物中的疏散过程。该软件可以模拟大型、复杂几何形状、带有多个楼层和楼梯的建筑物，可以接受 CAD 生成的定义单个楼层的文件。可以容纳上千人，用户可以看到在疏散过程中，每个人在建筑中的任意一点、任意时刻的移动。模拟结束后，会生成一个包含疏散过程详细信息的文本文件。SIMULEX 把一个多层建筑定义为一系列二维楼层平面图，它们通过楼梯连接，用三个圆代表每一个人的平面形状，精确地模拟了实际的人员。SIMULEX 的移动特性基于对每一个人穿过建筑物空间时的精确模拟。模拟了的移动类型包括：正常不受阻碍的行走，由于与其他人接近造成的速度降低、行走超越、身体的旋转和障碍避让。SIMULEX 还模拟了最近路径出口选择机制，而心理影响因素和烟气影响因素是模型将要进一步发展的部分。由于 SIMULEX 软件的易用性以及能够较为真实地反映出疏散过程中可能出现的各种情况，已经被越来越多地应用于实际工程中。

6. STEPS 软件

STEPS 软件是由英国 Mott MacDonald 公司开发的一个三维疏散软件，可以模拟办公区、体育场馆、购物中心和地铁车站等场所。这些场所要求确保在正常情况下的交通，而在紧急情况下可以快速疏散。在大而拥挤的地方，通过模拟所获得的最优化人流，可以为建筑消防设计提供一个更适宜的环境和更有效的安全疏散设计方案。目前，STEPS 已经被应用于加拿大埃得蒙顿机场、印度德里地铁、美国明尼阿波利斯 LRT、英国生命国际中心和伦敦希思罗机场第五出口铁路/地铁。通过与 NFPA 基于建筑法规标准的设计作比较，STEPS 的有效性已经得到验证。

STEPS 具有很大的灵活性，它可以分配具有不同属性的人员，给予他们各自的耐心等级和适应性等心理影响因素；也可以指定年龄、尺寸和性别。同时，它还考虑了人员对建筑物的熟悉性，它也将影响疏散人员的个体行为。其中，耐心等级决定了当出口附近的人群拥挤时，人员是继续排队等候，还是动态转向另一个最近的出口。

STEPS 也很独特，它具有在疏散过程中改变条件的能力——像日常生活中发生的那样。烟气可能封闭特定的出口，紧急设施可能开始向人群服务，并且人员在不同的时间从不同的区域开始疏散。模拟一开始，人群首先依照他们预置的特性进行行动，影响人员行为的因素与现实生活相同——人们向相反的方向移动、阻塞、减速以及排队。当一个紧急情况产生，每个人的行程将因为从正常模式转到疏散模式而被重新设定，但是仍旧遵循他们的各自特性。

使用者可按照需要将模型平面界定为不同大小的网格系统。目前 STEPS 模型中只允许每个人占据一个网格。当开始计算时,STEPS 会使用一种递归算法来寻找每一个网格与出口之间的距离。

STEPS 与 SIMULEX 一样都属于用于人员疏散模拟计算的精细网格模型,都可以用于使用人数众多的多层建筑的疏散模拟分析。这两个疏散软件各有特色,由于它们在各自擅长的领域的出众特点,它们在工程中的应用也越来越广泛。STEPS 与 SIMULEX 两种软件特点对比见表 4-18。

表 4-18 STEPS 与 SIMULEX 两种软件特点对比

项 目	STEPS	SIMULEX
方法	精细网格法	精细网格法
空间维数	三维	二维模拟三维
输入图	CAD 图	CAD 图
网格大小可调	是	否
网格与人员关系	每个人占据一个网格,每个网格只能有一个人	不同类型的人员占据不同面积,不受网格约束
方向选择	动态决策系统	等距图
人员行走方向	45°角的 8 个方向	任意方向
初始人员行走速度	用户设置	通过用户设置的人员属性自动设置、随机分布
人员行走速度是否可调	否,除非被阻挡而停止	是,随密度动态调整
是否可以动态改变出口	是	否
计算时间步长	0.5s	0.1s

五、人员疏散安全性评估

火灾中人员的安全疏散指的是在火灾烟气未达到危害人员生命状态之前,建筑内的所有人员安全地疏散到安全区域的行动。在人员疏散的安全评估中,关于建筑内的消防安全性能判定的主要原则是在建筑某火灾危险区域内发生火灾时,人的可用疏散时间(ASET)足以超过必需疏散时间(RSET),即 ASET>RSET,则建筑疏散设计方案可行。否则需对该设计方案进行调整,直至其满足人员安全疏散的要求。人员疏散安全性评估方法及流程如图 4-15 所示。

对于评估后需要改进,提高疏散安全性的场所,可以通过以下几方面来解决。

① 增加疏散出口的数量,缩短独立疏散出口间距离,增加疏散出口及疏散通道的宽度,提高疏散通道通行能力。

② 改善区域烟气控制措施,提高排烟量、改变排烟方式、改进防烟分区设置等。

③ 改善火灾探测、报警系统设计,改善应急通知和广播系统设计,提高早期报警速度,改善火灾警报通知效果。

④ 完善疏散指示系统设计,包括出口标志、导流标志以及加强应急照明,提高疏散通道使用效率。

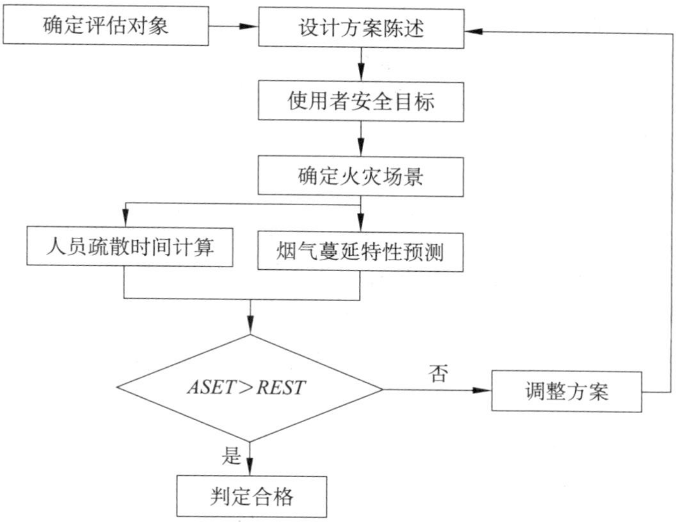

图 4-15 人员疏散安全性评估方法及流程

此外，火灾发生过程中还可能出现很多特殊的情况。例如，疏散过程中建筑结构的稳定性，人员被困等多种情况。因此，在人员安全疏散的判定标准中还可以根据具体情况，考虑特殊性制定具体的判定标准。

当结构存在坍塌的危险时，要保证人员的安全，需要同时满足下面的条件。

$$RSET < \min(T_{fr}, T_f) \tag{4-43}$$

式中：$RSET$——必需疏散时间，s；

T_{fr}——结构的耐火极限小时，h；

T_f——在火灾条件下结构的失效时间。

当人员无法疏散、需要滞留在建筑内等待救援时，需要同时满足下面的条件：

$$K \times T_{control} < \min(T_{fr}, T_f) \tag{4-44}$$

式中：$T_{control}$——消防队有效控火时间，h；

K——安全系数。

第七节 建筑结构耐火性能分析

一、影响建筑结构耐火性能的因素

（一）结构类型

1. 钢结构

钢结构是由钢材制作结构，包括钢框架结构、钢网架结构、钢网壳结构和大跨交叉梁系结构。钢结构具有施工机械化程度高、抗震性能好等优点。但钢结构的最大缺点是耐火性能较差,需要采取涂覆钢结构防火涂料等防火措施才能耐受一定规模的火灾。在高大空间等钢结构建筑中,在进行钢结构耐火性能分析的基础上,如果火灾下钢结构周围的温度较低,并能保持结构安全时,钢结构可不必采取防火措施。

2. 钢筋混凝土结构

钢筋混凝土结构是在混凝土中配置钢筋形成的结构。混凝土主要承受压力,钢筋主要承受拉力,二者共同承担荷载。在建筑结构耐火重要性较高,火灾荷载较大,人员密度较大或建筑结构受力复杂的场合时,钢筋混凝土结构的耐火能力也可能不满足要求。这时,需要进行钢筋混凝土结构及构件的耐火性能评估,确定结构的耐火性能是否满足要求。

3. 钢—混凝土组合结构

(1) 型钢混凝土结构

型钢混凝土结构是将型钢埋入钢筋混凝土结构形成一种组合结构,截面形式如图 4-16 所示,适合大跨、重载结构。由于型钢被混凝土包裹,火灾下钢材的温度较低,型钢混凝土结构的耐火性能较好。

(2) 钢管混凝土结构

钢管混凝土结构是由钢和混凝土两种材料组成的。它充分发挥了钢和混凝土两种材料的优点,具有承载能力高、延性好等优点。钢管混凝土结构中,由于混凝土的存在可降低钢管的温度,钢管的温度比没有混凝土时要低得多。一般情况下,钢管混凝土结构中的钢管需要进行防火保护。钢管混凝土柱截面如图 4-17 所示。

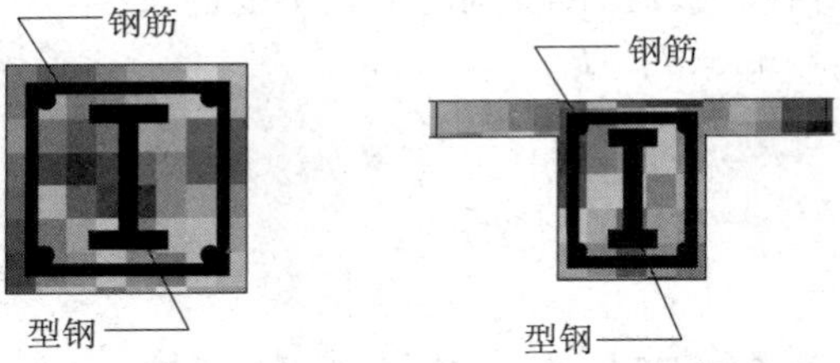

图 4-16 型钢混凝土结构

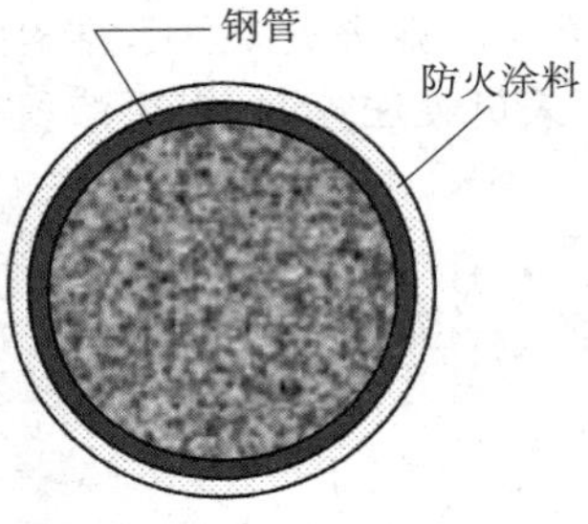

图 4-17 钢管混凝土结构

(二) 荷载比

荷载比为结构所承担的荷载与其极限荷载的比值。火灾下,结构承受的荷载总体不变,而随温度升高,材料强度降低,构件的承载能力降低。当构件的荷载达到极限荷载,构件就达到了火灾下的承载能力,也就达到了耐火极限状态,构件开始倒塌破坏,这时的耐火时间为耐火极限。荷载比越大,构件的耐火极限越小。荷载比是影响结构及构件耐火性能的主要因素之一。

（三）火灾规模

火灾规模包括火灾温度和火灾持续时间。火灾高温是构件升温的源泉，它通过对流和辐射两种传热方式将热量从建筑内空气向构件传递。作为构件升温的驱动者，火灾规模对构件温度场有明显的影响。当火灾高温持续时间较长时，构件的升温也较高。

（四）结构及构件温度场

温度越高，材料性能劣化越严重，结构及构件的温度场是影响其耐火性能的主要因素之一。材料的热工性能直接影响构件的升温快慢，从而决定了火灾下结构及构件的温度场分布。

二、结构耐火性能分析的目的及判定标准

结构耐火性能分析的目的就是验算结构和构件的耐火性能是否满足现行规范要求。结构的耐火性能分析一般有两种方法。第一种验算结构和构件的耐火极限是否满足规范的要求；第二种即在规范规定的耐火极限时的火灾温度场作用下，结构和构件的承载能力是否大于荷载效应组合。这两种方法是等效的。

（一）耐火极限要求

构件的耐火极限要求应符合《建筑设计防火规范》(GB 50016—2014)且与其他相关国家标准的要求一致。

（二）构件抗火极限状态设计要求

《建筑钢结构防火技术规范》(国标报批稿)提出了基于计算的结构及构件抗火验算方法。火灾发生的概率很小，是一种偶然荷载工况。因此，火灾下结构的验算标准可放宽。根据《建筑钢结构防火技术规范》，火灾下只进行整体结构或构件的承载能力极限状态的验算，不需要正常使用极限状态的验算。构件的承载能力极限状态包括以下几种情况。

① 轴心受力构件截面屈服。

② 受弯构件产生足够的塑性铰而成为可变机构。

③ 构件整体丧失稳定。

④ 构件达到不适于继续承载的变形。对于一般的建筑结构，可只验算构件的承载能力，对于重要的建筑结构还要进行整体结构的承载能力验算。

三、计算分析模型

抗火灾验算时建筑结构耐火性能计算(一般也可称为抗火灾验算)一般有三种方法。第一种采取整体结构的计算模型；第二种采取子结构的计算模型；第三种采取单一构件计算模型。《建筑钢结构防火技术规范》和广东省地方标准《建筑混凝土结构耐火设计技术

规程》(DBJ/T 15-81-2011)规定,对于高度大于100m的高层建筑结构宜采用整体计算模型进行结构的抗火计算,单层和多层建筑结构可只进行构件的抗火验算。

实际建筑结构中,构件总是和其他构件相互作用,独立构件是不存在的。因此,研究构件的耐火性能需要考虑构件的边界条件。欧洲规范规定,进行构件耐火性能分析时,构件的边界条件可取受火前的边界条件,并在受火过程中保持不变。

整体结构耐火性能评估模型是一种高度非线性分析,计算难度较高,需要专门机构和专业人员完成。

四、建筑结构耐火性能分析的内容和步骤

建筑结构耐火性能分析包括温度场分析和高温下结构的安全性分析。建筑火灾模型和建筑材料的热工参数是进行结构温度场分析的基础资料。同样,高温下建筑材料的力学性能是建筑结构高温下安全性分析的基础资料。同时,进行建筑结构高温下安全性分析还需要确定火灾时的荷载。确定上述基本材料之后,就可按照一定的步骤进行高温下结构的抗火验算了。

(一)结构温度场分析

确定建筑火灾温度场需要火灾模型。我国《建筑设计防火规范》(GB 50016—2014)提出可采用ISO 834标准升温曲线作为一般建筑室内的火灾模型。《建筑钢结构防火技术规范》提出可采用参数化模型作为一般室内的火灾模型,同时也提出了大空间室内的火灾模型。由于建筑室内可燃物数量和分布、建筑空间大小及通风形式等因素对建筑火灾有较大影响,为了更准确地确定火灾温度场,也可采用火灾模拟软件对建筑火灾进行数值模拟。

确定火灾模型之后,即可对建筑结构及构件进行传热分析。确定火灾作用下建筑结构及构件的温度。进行传热分析,需要已知建筑材料的热工性能。国内外对钢材、钢筋和混凝土材料的高温热工性能、力学性能进行了大量的研究。在进行构件温度场分布的分析时涉及的材料热工性能有三项,即导热系数、质量热容和质量密度,其他的参数可以由这三项推导出。

1. 钢材

《建筑钢结构防火技术规范》提供的高温下钢材的有关热工参数见表4-19。

表4-19 高温下钢材的物理参数

参数名称	符号	数值	单位
热传导系数	λ_s	45	W/(m·℃)
比热容	c_s	600	J/(kg·℃)
密度	ρ_s	7 850	kg/m³

2. 混凝土

《建筑钢结构防火技术规范》提供的高温下普通混凝土的有关热工参数可按下述规定取值。

热传导系数可按式(4-45)取值。

当：

$$20℃ \leqslant T_c \leqslant 1\,200℃$$

则：

$$\lambda_c = 1.68 - 0.19\frac{T_c}{100} + 0.008\,2\left(\frac{T_c}{100}\right)^2 \tag{4-45}$$

比热容应按式(4-46)取值。

当：

$$20℃ \leqslant T_c \leqslant 1\,200℃$$

则：

$$c_c = 890 - 56.2 \times \frac{T_c}{100} - 3.4\left(\frac{T_c}{100}\right)^2 \tag{4-46}$$

密度应按式(4-47)取值。

$$\rho_c = 2\,300 \tag{4-47}$$

式中：T_c——混凝土的温度，℃；

c_c——混凝土的比热容，J/(kg·℃)；

ρ_c——混凝土的密度，kg/m^3。

（二）材料的高温性能

1. 混凝土

高温下普通混凝土的轴心抗压强度、弹性模量应按式(4-48)、式(4-49)确定。

$$f_{cT} = \eta_{cT} f_c \tag{4-48}$$

$$E_{cT} = 1.5 f_{cT}/\varepsilon_{c0,T} \tag{4-49}$$

式中：f_{cT}——温度为 T_c 时混凝土的轴心抗压强度设计值，mPa；

f_c——常温下混凝土的轴心抗压强度设计值，mPa；应按现行国家标准《混凝土结构设计规范》(GB 50010—2001)取值；

η_{cT}——高温下混凝土的轴心抗压强度折减系数，应按表 4-20 取值；其他温度下的值，可采用线性插值方法确定；

E_{cT}——高温下混凝土的弹性模量，mPa；

$\varepsilon_{c0,T}$——高温下混凝土应力为 f_{cT} 时的应变，按表 4-20 取值；其他温度下的值，可采用线性插值方法确定。

表 4-20　高温下普通混凝土的轴心抗压强度折减系数 η_{cT} 及应力为 f_{cT} 时的应变 $\varepsilon_{c0,T}$

T_c/℃	20	100	200	300	400	500	600	700	800	900	1 000	1 100	1 200
η_{cT}	1.00	1.00	0.95	0.85	0.75	0.60	0.45	0.30	0.15	0.08	0.04	0.01	0
$\varepsilon_{c0,T}$($\times10^{-3}$)	2.5	4.0	5.5	7.0	10.0	15.0	25.0	25.0	25.0	25.0	25.0	25.0	—

2. 钢材

在高温下，普通钢材的弹性模量应按下式计算。

$$E_{sT}=\chi_{sT}E_s \tag{4-50}$$

$$\chi_{sT}=\begin{cases}\dfrac{7T_s-4\ 780}{6T_s-4\ 760} & (20℃\leqslant T_s\leqslant 600℃)\\ \dfrac{1\ 000-T_s}{6T_s-2\ 800} & (600℃\leqslant T_s\leqslant 1\ 000℃)\end{cases} \tag{4-51}$$

式中：T_s——温度，℃；

E_T——温度为 T_s 时钢材的初始弹性模量，MPa；

E——常温下钢材的弹性模量，MPa；按现行《钢结构设计规范》(GB 50017—2017)确定；

χ_T——高温下钢材的弹性模量折减系数。

高温下钢材的热膨胀系数可取 1.4×10^{-5} m/℃。

在高温下，普通钢材的屈服强度应按下式计算。

$$f_{yT}=\eta_{sT}f_y \tag{4-52}$$

$$f_y=\gamma_R f_y \tag{4-53}$$

$$\eta_{sT}=\begin{cases}1.0 & (20℃\leqslant T_s\leqslant 300℃)\\ 1.24\times10^{-8}T_s^3-2.096\times10^{-5}T_s^2 & \\ \quad +9.228\times10^{-3}T_s-0.216\ 8 & (300℃< T_s< 800℃)\\ 0.5-T_s/2\ 000 & (800℃\leqslant T_s\leqslant 1\ 000℃)\end{cases} \tag{4-54}$$

式中：T_s——钢材的温度，℃；

f_{yT}——高温下钢材的屈服强度，mPa；

f_y——常温下钢材的屈服强度，mPa；

f——常温下钢材的强度设计值，mPa，应按现行国家标准《钢结构设计规范》(GB 50017—2017)取值；

γ_R——钢材的分项系数，取 $\gamma_R=1.1$；

η_{sT}——高温下钢材的屈服强度折减系数。

（三）火灾极限状态下荷载效应组合

《建筑钢结构防火技术规范》规定，火灾作用工况是一种偶然荷载工况，可按偶然设计状况的作用效应组合，采用下列较不利的设计表达式。

$$S_m=\gamma_{0T}(\gamma_G S_{GK}+\gamma_T S_{TK}+\gamma_Q\phi_f S_{QK}) \tag{4-55}$$

$$S_m=\gamma_{0T}(\gamma_G S_{GK}+\gamma_T S_{TK}+\gamma_Q\phi_q S_{QK}+\gamma_W S_{WK}) \tag{4-56}$$

式中：S_m——荷载效应组合的设计值；

S_{GK}——按永久荷载标准值计算的荷载效应值；

S_{TK}——按火灾下结构的温度标准值计算的荷载效应值；

S_{QK}——按楼面或屋面活荷载标准值计算的荷载效应值；

S_{WK}——按风荷载标准值计算的荷载效应值；

γ_{0T}——结构重要性系数；耐火等级为一级的建筑，$\gamma_{0T}=1.15$；其他建筑，$\gamma_{0T}=1.05$；

γ_G——永久荷载的分项系数，一般可取 $\gamma_G=1.0$；当永久荷载有利时，取 $\gamma_G=0.9$；

γ_T——温度作用的分项系数，取 $\gamma_T = 1.0$；

γ_Q——楼面或屋面活荷载的分项系数，取 $\gamma_Q = 1.0$；

γ_W——风荷载的分项系数，取 $\gamma_W = 0.4$；

ϕ_f——楼面或屋面活荷载的频遇值系数，应按现行国家标准《建筑结构荷载规范》（GB 50009—2012）的规定取值；

ϕ_q——楼面或屋面活荷载的准永久值系数，应按现行国家标准《建筑结构荷载规范》（GB 50009—2012）的规定取值。

（四）结构构件抗火验算基本规定

1. 耐火极限要求

构件的耐火极限要求与《建筑设计防火规范》(GB 50016—2014)及其他国家标准的要求一致。

2. 构件抗火极限状态设计要求

《建筑钢结构防火技术规范》(国标报批稿)提出了基于计算的构件抗火计算方法。火灾发生的概率很小，是一种耦合荷载工况。因此，火灾下结构的验算标准可放宽。根据《建筑钢结构防火技术规范》，火灾下只进行整体结构或构件的承载能力极限状态的验算，不需要正常使用极限状态的验算。构件的承载能力极限状态包括以下几种情况。

① 轴心受力构件截面屈服。

② 受弯构件产生足够的塑性铰而成为可变机构。

③ 构件整体丧失稳定。

④ 构件达到不适于继续承载的变形。对于一般的建筑结构，可只验算构件的承载能力，对于重要的建筑结构还要进行整体结构的承载能力验算。

基于承载能力极限状态的要求，钢构件抗火设计应满足下列要求之一。

① 在规定的结构耐火极限时间内，结构或构件的承载力 R_d 不应小于各种作用所产生的组合效应 S_m，即

$$R_d \geqslant S_m \tag{4-57}$$

② 在各种荷载效应组合下，结构或构件的耐火时间 t_d 不应小于规定的结构或构件的耐火极限 t_m，即

$$t_d \geqslant t_m \tag{4-58}$$

③ 结构或构件的临界温度 T_d 不应低于在耐火极限时间内结构或构件的最高温度 T_m，即

$$T_d \geqslant T_m \tag{4-59}$$

对钢结构来说，上述三条标准是等效的。由于钢构件温度分布较为均匀，因此，钢结构构件验算时采用上述第③条的最高温度标准，混凝土构件可采用前面两条标准。

3. 构件抗火验算步骤

采用承载力法进行单层和多高层建筑钢结构各构件抗火验算时，其验算步骤如下。

① 设定防火被覆厚度。

② 计算构件在要求的耐火极限下的内部温度。

③ 计算结构构件在外荷载作用下的内力。

④ 进行荷载效应组合。

⑤ 根据构件和受载的类型，进行构件抗火承载力极限状态验算。

⑥ 当设定的防火被覆厚度不合适时（过小或过大），可调整防火被覆厚度，重复上述①～⑤步骤。采用承载力法进行单层和多高层混凝土结构各构件抗火验算时，其验算步骤如下。

① 计算构件在要求的耐火极限下的内部温度。

② 计算结构构件在外荷载作用下的内力。

③ 进行荷载效应组合。

④ 根据构件和受载的类型，进行构件抗火承载力极限状态验算。

⑤ 当设定的截面大小及保护层厚度不合适时（过小或过大），可调整截面大小及保护层厚度，重复上述①～④步骤。

4. 钢结构构件抗火验算

这里只介绍基于高温下承载能力验算的方法，火灾下钢构件的验算还有极限温度计算方法，读者可参考其他资料。

高温下，轴心受拉钢构件或轴心受压钢构件的强度应按下式验算。

$$\frac{N}{A_n} \leqslant \eta_T \gamma_R f \tag{4-60}$$

式中：N——火灾下构件的轴向拉力或轴向压力设计值，MPa；

A_n——构件的净截面面积，m^2；

η_T——高温下钢材的强度折减系数；

γ_R——钢构件的抗力分项系数，近似取 $\gamma_R=1.1$；

f——常温下钢材的强度设计值，MPa。

高温下，轴心受压钢构件的稳定性应按下式验算。

$$\frac{N}{\varphi_T A} \leqslant \eta_T \gamma_R f \tag{4-61}$$

$$\varphi_T = \alpha_c \varphi \tag{4-62}$$

式中：N——火灾时构件的轴向压力设计值，MPa；

A——构件的毛截面面积，m^2；

φ_T——高温下钢材的强度折减系数；

γ_R——钢构件的抗力分项系数，近似取 $\gamma_R=1.1$；

f——常温下钢材的强度设计值，MPa。

α_c——高温下轴心受压钢构件的稳定验算参数；

φ——常温下轴心受压钢构件的稳定系数。

高温下，单轴受弯钢构件的强度应按下式验算。

$$\frac{M}{\gamma W_n} \leqslant \eta_T \gamma_R f \tag{4-63}$$

式中：M——火灾时最不利截面处的弯矩设计值，N·m；

W_n——最不利截面的净截面模量，MPa；

γ——截面塑性发展系数；对于工字型截面 $\gamma_x=1.05$，$\gamma_y=1.2$，对于箱形截面 $\gamma_x=\gamma_y=1.05$，对于圆钢管截面 $\gamma_x=\gamma_y=1.15$。

高温下，单轴受弯钢构件的稳定性应按下式验算。

$$\frac{M}{\varphi'_{bT}W}\leqslant\eta_T\gamma_R f \tag{4-64}$$

$$\varphi'_{bT}=\begin{cases}\alpha_b\varphi_b & \alpha_b\varphi_b\leqslant 0.6\\ 1.07-\dfrac{0.282}{\alpha_b\varphi_b}\leqslant 1.0 & \alpha_b\varphi_b>0.6\end{cases} \tag{4-65}$$

式中：M——火灾时构件的最大弯矩设计值，N·m；

W——纤维确定的构件毛截面模量，MPa；

φ'_{bT}——高温下受弯钢构件的稳定系数；

φ_b——常温下受弯钢构件的稳定系数(基于弹性阶段)；

α_b——高温下受弯钢构件的稳定验算参数。

高温下，拉弯或压弯钢构件的强度，应按下式验算。

$$\frac{N}{A_n}\pm\frac{M_x}{\gamma_x W_{nx}}\pm\frac{M_y}{\gamma_y W_{ny}}\leqslant\eta_T\gamma_R f \tag{4-66}$$

式中：N——火灾时构件的轴力设计值，mPa；

W——纤维确定的构件毛截面模量，mPa；

M_x、M_y——火灾时最不利截面处的弯矩设计值，分别对应于强轴 x 轴和弱轴 y 轴，N·m；

A_n——构件的净截面面积，m^2；

W_{nx}、W_{ny}——对强轴 x 轴和弱轴 y 轴的净截面模量，MPa；

γ_x、γ_y——绕强轴弯曲和绕弱轴弯曲的截面塑性发展系数，对于工字型截面 $\gamma_x=1.05$、$\gamma_y=1.2$，对于箱形截面 $\gamma_x=\gamma_y=1.05$，对于圆钢管截面 $\gamma_x=\gamma_y=1.15$。

高温下，压弯钢构件的稳定性应按下式验算。

① 绕强轴 x 轴弯曲。

$$\frac{N}{\varphi_{xT}A}+\frac{\beta_{mx}M_x}{\gamma_x W_x(1-0.8N/N_{ExT})}+\eta\frac{\beta_{ty}M_y}{\varphi_{byT}W_y}\leqslant\eta_T\gamma_R f \tag{4-67}$$

$$N'_{ExT}=\pi^2 E_T A(1.1\lambda_x^2) \tag{4-68}$$

② 绕弱轴 y 轴弯曲。

$$\frac{N}{\varphi_{yT}A}+\eta\frac{\beta_{tx}M_x}{\varphi_{bxT}W_x}+\frac{\beta_{my}M_y}{\gamma_y W_y(1-0.8N/N'_{EyT})}\leqslant\eta_T\gamma_R f \tag{4-69}$$

$$N'_{EyT}=\pi^2 E_T A(1.1\lambda_y^2) \tag{4-70}$$

式中：N——火灾时构件的轴向压力设计值，MPa；

M_x、M_y——火灾时所计算构件段范围内对 x 轴和 y 轴的最大弯矩设计值，N·m；

A——构件的毛截面面积，m^2；

W_x、W_y——分别为对 x 轴和 y 轴的毛截面模量，MPa；

N'_{ExT}、N'_{EyT}——分别为高温下绕 x 轴弯曲和绕 y 轴弯曲的参数；

λ_x、λ_y——分别为对 x 轴和 y 轴的长细比；

φ_{xT}、φ_{yT}——高温下轴心受压钢构件的稳定系数，分别对应于 x 轴失稳和 y 轴失稳；

φ'_{bxT}、φ'_{byT}——高温下均匀弯曲受弯钢构件的稳定系数，分别对应于 x 轴失稳和 y 轴失稳；

γ_x、γ_y——分别为绕 x 轴弯曲和绕 y 轴弯曲的截面塑性发展系数，对于工字型截面 $\gamma_x=1.05$、$\gamma_y=1.2$，对于箱形截面 $\gamma_x=\gamma_y=1.05$，对于圆钢管截面 $\gamma_x=\gamma_y=1.15$；

η——截面影响系数，对于闭口截面 $\eta=0.7$，对于其他截面 $\eta=1.0$；

β_{mx}、β_{my}——弯矩作用平面内的等效弯矩系数。按现行国家标准《钢结构设计规范》(GB 50017—2014)确定；

β_{tx}、β_{ty}——弯矩作用平面外的等效弯矩系数。按现行国家标准《钢结构设计规范》(GB 50017—2014)确定。

5. 钢筋混凝土构件抗火验算

目前，尚没有国家标准提出钢筋混凝土构件的抗火验算方法，钢筋混凝土构件的抗火验算一般依据通用的非线性有限元方法进行计算。

6. 整体结构抗火验算

(1) 整体结构抗火极限状态

整体结构的承载能力极限状态如下。

① 结构产生足够的塑性铰形成可变机构。

② 结构整体丧失稳定。对于一般的建筑结构，可只验算构件的承载能力，对于重要的建筑结构还要进行整体结构的承载能力验算。

(2) 整体结构抗火验算原理

基于计算的抗火设计方法，要求结构的设计内力组合小于结构或构件的抗力。火灾高温作用下，结构的材料力学性质发生较大变化。基于防火设计性能化的要求，对于一些复杂、重要性高的建筑结构，需要考虑高温下材料结构关系的变化、结构的内力重分布、整体结构的倒塌破坏过程。这就需要对火灾下建筑结构的行为进行准确确定。对火灾下建筑结构的内力重分布，结构极限状态及耐火极限的确定，需要采用基于性能的结构耐火性能计算方法。整体结构耐火性能计算方法需要采用非线性有限元方法完成。

整体结构耐火性能计算的一般步骤如下。

① 确定材料热工性能及高温下材料的结构关系和热膨胀系数。

② 确定火灾升温曲线及火灾场景。

③ 建立建筑结构传热分析和结构分析有限元模型。

④ 进行结构传热分析。

⑤ 将按照火灾极限状态的组合荷载施加到结构分析有限元模型，进行结构力学性能非线性分析。

⑥ 确定建筑结构整体的火灾安全性。

⑦ 按照上节要求进行构件的验算。

(3) 钢结构及钢筋混凝土结构整体结构抗火验算的具体步骤

对单层和多高层建筑钢结构整体抗火验算时,其验算步骤如下。

① 设定结构所有构件一定的防火被覆厚度。

② 确定一定的火灾场景。

③ 进行火灾温度场分析及结构构件内部温度分析。

④ 荷载作用下,分析结构整体和构件是否满足结构耐火极限状态的要求。

⑤ 当设定的结构防火被覆厚度不合适时(过小或过大),调整防火被覆厚度,重复上述①～④步骤。

对单层和多高层钢筋混凝土结构整体抗火验算时,可采用如下步骤。

① 确定一定的火灾场景。

② 进行火灾温度场分析及结构构件内部温度分析。

③ 荷载作用下,分析结构整体和构件是否满足结构耐火极限状态的要求。

④ 当整体结构和构件承载力不满足要求时,调整截面大小及其配筋,重复上述①～③步骤。

第八节　模型评价与计算结果分析和应用

一、模型评价

建筑消防性能化设计的计算方法中,在确定某计算方法的确定性模型的适用性时(区域模拟 CFAST 中的计算模型、场模拟 FDS 中的计算模型等),需由一个或多个熟悉火灾原理的专家对其进行评价。这种评价并不涉及模型的计算结果,而应该包括所有证据文件,特别是一些假设和近似条件。假如求解是通过手工计算的,则应该通过有关标准和开放的文献提供足够的背景资料。对计算机模型进行评价,应该通过开放的文献,判断是否有足够的科学证据证明模型使用的方法和假设是正确的。代码中常量和缺省量的数值同样要进行精确性和适用性的评估。后者尤其重要。因为常量的值在不同场景中有不一样的值。在一些特定情况下,这些常量的值经常需要调整。例如,不同开口情况下的摩擦系数,不合适的默认值甚至可能得到错误的结果。变量作为输入参数时,应该明确定义它的上、下限值的适用范围。

下面针对建筑消防性能化设计计算方法的确定性模型需要重点评价的几个方法进行论述。

(一) 计算模型的适用性

以火灾动力学软件 FDS 为例。FDS 可用来模拟火灾热和燃烧产物的输运,气体和固体表面之间的辐射和对流传热、热解、火蔓延与增长、喷淋等。针对开放空间或燃料控制的火灾，FDS能相对准确地模拟。但FDS的局部性在于其限于低速流动模拟；通过分解压力项，处理状态方程，从而滤除声波的影响。针对相对封闭房间内氧控制的火灾场景，有可能会发生爆燃现象，在此过程中压力波对火焰的传播起着较大的影响。在模拟此类火灾场景时，尽管FDS能模拟并有可能获得看似正确的计算结果，但从模型基本理论上已不再适用。因此，针对计算模型的适用性问题，不仅要从计算结果来考虑，还要从模型的自身假设来分析。由于计算软件为了能模拟更多的问题，往往采用普适性的算法，对于有些根本不满足计算模型理论的场景，计算结果也可能会与实验结果偏差不大，这样的结果是假象，是不能轻易相信的，且也不能说明类似这样的场景就可以采用这样的方法来计算。计算模型理论都不满足，根本就不允许采用这样的模型来计算。

（二）计算的收敛性

在数值方法中，需要对连续性的数学模型进行离散化然后再求解，也就是用一个离散的数值模型来近似。时间和空间都要离散化。一个连续性的数学模型有很多不同的离散方法，形成很多不同的离散模型。为了获得一个好的近似解，要求离散模型能够模拟连续模型的性质和行为。这就要求离散方法采用高阶精度的格式，同时要保证其不会带来计算结果的非物理振荡，能更好地收敛于真实解。对于定常模拟来说，只需要求最终的计算结果逼近真实解。但对于非定常模拟来说，则要求每一计算时间步内的结果也要收敛，且要达到能接受的计算精度。如果模型没有发生时间步的截断而且能保持长的时间步，那表明该模型没有收敛性问题，反之如果经常发生时间步截断，那模型计算将很慢，收敛性差。时间步的大小主要取决于非线性迭代次数。如果模型只用一次非线性迭代计算就可以收敛，那表明模型很容易收敛，如果需要2～3次，模型较易收敛，如果需要4～9次，则模型不易收敛，大于10次的模型可能有问题。

影响计算收敛性的因素很多，如网格尺度、计算格式精度、初始流场参数、化学反应的刚度、计算模型等。

（三）网格尺度的合理性

对于建筑火灾场模拟计算，首先应该考虑网格尺度的合理性问题，而这一问题也是场模拟计算中非常重要的问题。网格尺度的合理性问题直接影响计算结果的误差，甚至影响计算结果是否定性合理。网格尺度的合理性，一方面是计算结果不依赖于网格尺度的变化，即网格的独立性；另一方面，在保证网格独立性的同时，应考虑计算资源的能力，尽可能减少计算量，提高计算网格的经济性。在场模拟计算中，如何做到这两点呢？

1. 网格独立性

没有网格独立性的模拟，无法评判也没有必要评判计算结果的正确与否。在考虑网格的独立性问题时，原则上将网格划分得越小，通过网格离散的ODE（常微分）方程越逼近连续性模型的PDE（偏微分）方程，即计算精度越高，计算的结果越逼近真实值。通常的做法是，下一次要考虑的网格尺度一般为前一次网格尺度的1/2，即网格加密一倍。如果加密一倍的计算结果与该次加密前的计算结果之间的误差在可接受的范围内，网格不再加密，即可采用该次加密前的网格尺度的计算结果作为最终结果来进行分析评判。如果加密一倍的计算结果与该次加密前的网格尺度的计算结果之间的误差不在可接受的范围内，应进一步进行加密。当然，加密的起点也应有一定的基础，可以基于计算者的经验、基于模型分析、基于计算问题的分析、基于前人或公开发表类似问题的经验等。基于这样的基础，可以加密，也可以加粗网格。如火灾动力学软件(FDS)针对网格尺度的问题，给出了经验公式，即火源直径与网格尺度之比应介于4～16。因此，在进行火灾动力学模拟时，网格尺度选择的起点基于此，针对问题的不同，进行加密和加粗网格。针对开放空间，可能满足此条件的计算结果已独立于网格尺度。而对于受限空间或完全封闭空间，这样的网格尺度还远远不够精强。总之，针对具体的问题，也不一定遵循前述加密原则，可适当增大加密强度。

2. 网格经济性

尽管加密网格，可以得到逼近真实值的计算结果，但加密也加重了计算资源的负担，大大增加了计算时间。加密一倍网格，计算量增大8倍，计算时间可能增大几十倍，甚至上百倍。一方面要保证一定计算精度，另一方面要考虑合适的计算量。因此，采用能满足该精度的最粗网格，也可以采用局部加密度技术，在高密度梯度区(如火源)、壁面附近等加密网格，在低密度梯度区或影响相对小的区域加粗网格。网格加粗可以采用非均匀尺度变化，如指数加密或加粗等，还可以采用更为高级的加密技术，如自适应网格等，这样可大大减小计算网格量，提高计算速率。当然，还可以在可接受的计算精度条件下，适当损失一些精度，也可以大大降低计算量，且降低的计算量所带来的优势远远大于损失的少量精度。

(四) 时间步长的合理性

在求解微分方程时，必须注意时间步长的选择。首先应考虑系统的稳定性。在分析和求解瞬态算法时，为了解的收敛，必须考虑稳定性。对时间步长进行限制的算法，称作有条件稳定。没有时间步长限制的称为无条件稳定。在求解连续性问题ODE的解析解时，稳定积分能给出衰减解。对于某些时间步长，不稳定方法会产生无界或快速震荡的数值解。要意识到即使是稳定连续性模型，数值模型也有可能不稳定。因此，原连续性模型不稳定时，任何数值模型都得不到精确解。相反，无条件稳定的算法能够得到稳定的数值模型，即使条件是不稳定的。这意味着无条件稳定算法不能考虑快速增长的现象，例如火灾本身。

在建筑性能化设计计算的火灾场模拟中，时间步通常是条件稳定。时间步过大，会出现数值振荡，进而导致不收敛，计算不能进展下去。时间步一般满足流动的CFL条件，如FDS中的时间步 $dt=5(dx dy dz)^{\frac{1}{3}}/\sqrt{gH}$，其中 dx、dy、dz 为三个坐标方向最小网格尺度，g 为重力加速度，H 为计算域高度。这样的CFL条件仅考虑流动的影响。如果火灾计算中涉及考虑详细化学反应，那么时间步的取法要综合流动的特征时间(即CFL条件)和化学反应的特征时间。化学反应的特征时间比流动的特征时间要小得多，因此模拟计算的时间步由化学反应来确定。通常，在模拟时，为了加快计算效率，时间步仍采用流动时间步，而采用点隐或全隐的计算方法来处理大时间步下化学反应的刚性问题，即认为在每一流动时间步内化学反应已达到平衡。

另外，满足CFL条件的计算中，由于CFL条件中的经验参数（如CFL数等）的选择不同，也有可能导致计算不稳定。另外，在满足计算稳定的条件下，由于CFL数的选择不同，也可能导致计算时间步的大小不同。当然，时间步小，计算更接近真值；但时间步太小，受到计算机舍入误差的影响也越大。同时，计算的时间越长，对计算资源的消耗也越大。因此，在开展火灾数值模拟计算时，需要在花费和精度之间寻找一个平衡点。建议开展时间步的收敛性研究，有可能会由于时间步大小，影响到火灾场温度等参数的偏差。但一般在满足CFL条件下，时间步的影响相对较小。

（五）计算区域选择的合理性

计算区域大小的选择问题，实质是边界条件问题，是在计算中无法针对指定的边界给出合适的边界条件而做的“无奈”之举。一般，先确定边界条件，然后选择计算区域，来迎合、满足边界条件。在采用商业软件计算中，这种情况通常出现，因为商业软件所提供的边界条件有限。

以FDS模拟开放环境油池火为例，一般四周选择OPEN（选项）边界条件，即边界处的速度梯度、温度梯度和辐射梯度等应为0。由于火羽流的存在，浮力导致火羽流高度方向流体速度在很大的距离内不为0，因此高度方向区域选择主要取决于速度梯度。在水平方向，一方面卷吸导致速度梯度不为0的区域向四周扩展，另一方面辐射和温度也会对计算区域的选择起到决定性的作用。水平区域的大小要综合考虑速度、温度和辐射等的影响。

因此，在开展建筑火灾模拟计算时，要统筹分析场景中的流动情况、温度情况和辐射情况。如针对封闭空间，还要考虑压力情况来选择合适的计算区域，也就涉及计算区域的收敛性研究，即要求计算结果不依赖于计算区域的大小。当然，选择的计算区域在满足收敛性和可接收精度要求的同时，还要尽可能节省计算时间。

二、计算结果分析

（一）烟气模拟分析

烟气模拟分析需要首先在软件中输入计算参数，一般火灾模拟需要输入的参数为：①模型场景物理模型；②边界条件；③定义火源；④定义消防系统。

烟气模拟分析可以得到烟气运动规律和模拟空间的环境参数指标，经常用到的参数为：①烟气的温度；②烟气的能见度；③烟气的毒性；④气体流速；⑤辐射强度。

（二）疏散模拟分析

疏散模拟分析需要首先在软件中输入计算参数，一般疏散模拟需要输入的参数为：①人员疏散空间模型；②人员特性；③流出系数；④边界层宽度。

人员疏散分析可以得到人员疏散的状态，可得到的结果为：①人员疏散行动时间；

②最小行走路径；③疏散出口拥堵情况；④出口利用的有效性。

三、计算结果应用

计算结果可以用于判定所设置的安全目标是否可以实现，以人员安全疏散为例进行说明。

保证人员安全疏散是建筑防火设计中的一个重要的安全目标，人员安全疏散即建筑物内发生火灾时整个建筑系统(包括消防系统)能够为建筑中的所有人员提供足够的时间疏散到安全的地点，整个疏散过程中不应受到火灾的危害。

建筑的使用者撤离到安全地带所花的时间(*RSET*)小于火势发展到超出人体耐受极限的时间(*ASET*)，则表明达到人员生命安全的要求。即保证安全疏散的判定准则如式(4-71)所示。

$$RSET+T_s<ASET \tag{4-71}$$

式中：*RSET*——疏散所需要的时间，s；

ASET——开始出现人体不可忍受情况的时间，也称可用疏散时间或危险来临时间，s；

T_s——安全裕度，s。

其中，疏散所需时间 *RSET*，即建筑中人员从疏散开始至全部人员疏散到安全区域所需要的时间。疏散过程大致可分为感知火灾、疏散行动准备、疏散行动机到达安全区域几个阶段。

危险到来时间 *ASET*，即疏散人员开始出现生理或心理不可忍受情况的时间。一般情况下，火灾烟气是影响人员疏散的最主要因素，常常以烟气降下一定高度或浓度超标的时间作为危险来临时间。

安全裕度 T_s，即防火设计为疏散人员所提供的安全余量。

火灾时人员疏散过程与火灾发展过程的关系可用图 4-12 来表示。在人员疏散时间与火势蔓延时间之间引入安全系数，以解决在发生火情时可能出现的不确定性问题。

根据计算结果确定或者和修改完善设计，对于上述火灾场景下能否达到设定的设计目标进行分析评价。若设计不能满足设定的消防安全目标或低于规范规定的性能水平，则需要对其进行修改与完善，并重新进行评估直至其满足设定的消防安全目标为止。否则，该设计应被淘汰。

第九节　建筑性能化防火设计文件编制

在建筑性能化报告中，应明确表述设计的消防安全目标，充分解释如何来满足目标，提出基础设计标准，明确描述火灾场景，并证明火灾场景选择的正确性等。不得从其他国家的规范中断章取义引用条文，而应以我国国家标准的规定为基础进行等效性验证。

由于设计报告是性能化设计能否被批准的关键因素，所以报告需要概括分析和设计过程中的全部步骤，并且编写的格式和方式应符合权威机构的要求和用户的需要。所以编写的报告中应包含以下内容。

① 建筑基本情况及建筑性能化设计的内容。例如，建筑特征、人员特征、原有的消防措施、来自各方面的对设计的限制条件，以及需要进行性能化设计的范围等。

② 分析目的及安全目标。该部分应包括建筑业主，建筑使用方，建筑设计单位，性能化消防设计咨询单位和消防主管部门共同认定的总体安全目标和性能目标；并说明性能目标是如何建立的。

③ 性能判定标准即性能指标。该部分应该说明对应不同性能目标的性能指标是什么；是如何确定的；考虑了哪些不确定因素；采用了哪些假设条件。

④ 火灾场景设计。该部分需要说明选择火灾场景的依据和方法，并对每一个火灾场景进行讨论，列出最终需要分析的典型火灾场景。

⑤ 所采用的分析方法及其所基于的假设。分析评估采用的工具、方法和参考资料应科学合理；报告中列出选择该分析方法的依据；描述清楚计算分析模型采用的边界条件和输入参数；说明其合理性。

⑥ 计算分析与评估。根据计算结果与性能判定标准的比较分析，说明设计方案是如何满足安全判定指标的。

⑦ 不确定性分析。在工程分析中，通常只能从确定性的一面出发进行定量的分析。不确定性问题贯穿于性能化设计过程的始终，对建筑物性能化消防设计的质量、安全水平等都有着重要影响。不确定性包括偶然的不确定性、认知的不确定性和不明确的不确定性。例如，分析方法存在不确定性，人员行为存在不确定性，对风险的理解与评价存在不确定性，建筑物使用寿命和安全也存在不确定性等。

⑧ 结论与总结。该部分是对前面所有工作的总结，应包括此次设计的内容、目标、最终设计方案。包括防火要求、管理要求、使用中的限制条件等。

⑨ 参考文献。列出主要的设计图样，相关技术文献等技术资料。

⑩ 设计单位和人员资质说明。此部分包含设计单位的名称、经营范围、设计资质，参与本设计项目的消防工程师的相关工作经历等。

第五章 消防安全评估技术与方法应用实例

第一节　某市区域火灾风险评估实际案例

近年来，我国的城市化建设高速发展，其建设规模和人口比例的不断扩大，导致因电气设备故障、生活用火不慎、违章操作、放火、玩火等多种因素，以及其他事件引发的火灾事故频繁发生。火灾已经成为我国城市中多发性、破坏性和影响性最强的灾种之一。面临越来越严峻的城市火灾总体形势，对城市区域进行火灾风险评估日趋重要。

本节以某市区域的火灾风险评估为范例，详细介绍了进行区域火灾风险评估的流程和方法，为城市区域火灾风险评估提供实效性和可操作性指导。

一、火灾风险评估方法

（一）火灾风险评估指标体系

某市城市区域火灾风险评估体系分为火灾危险源评估系统，城市基础信息评估系统，消防力量评估系统，火灾预警防控评估系统和社会面防控能力评估系统五部分。火灾风险评估指标体系如图 5-1 所示。

（二）火灾风险计算方法

采用模糊综合评估、模糊集值统计、专家赋分等方法进行火灾风险评估。评估方法见第二章中风险评估方法阐述。

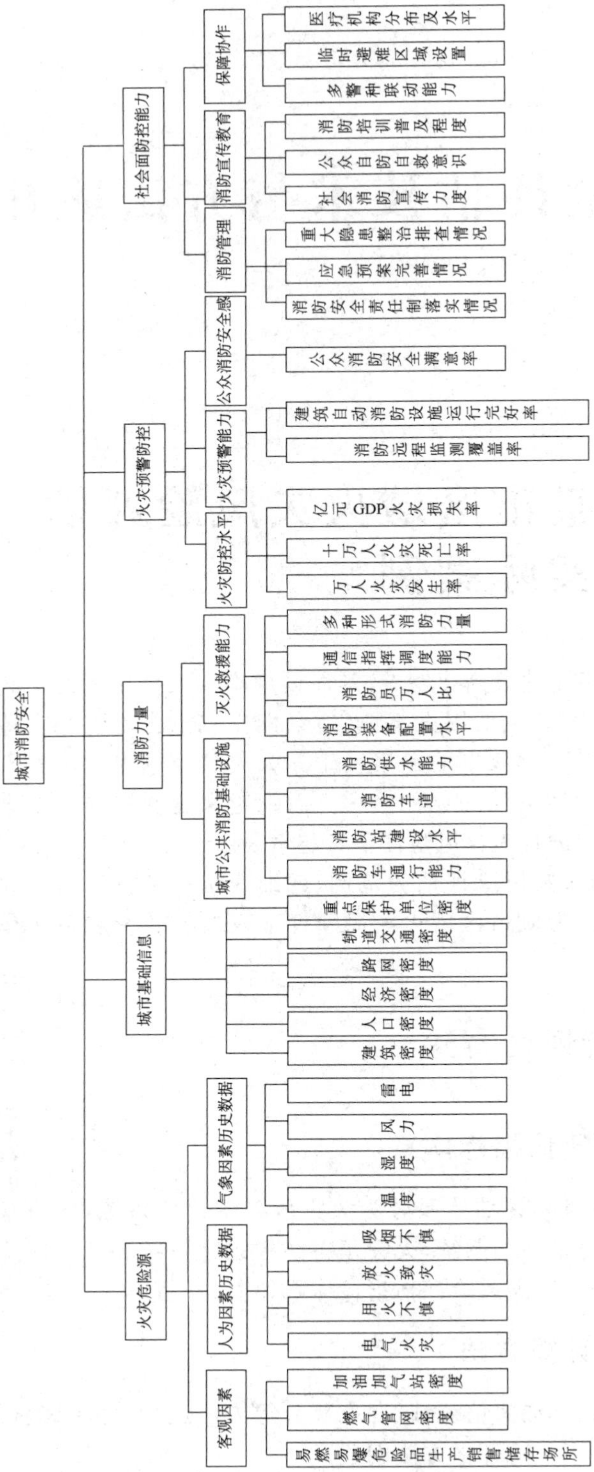

图5-1 火灾风险评估指标体系

二、火灾风险因素识别及选择

（一）某市历史火灾数据分析

1. 2007—2009 年各月发生火灾起数统计

2007—2009 年全年各月火灾次数如图 5-2 所示。可以看出，火灾高发于每年的 1、2 月份。

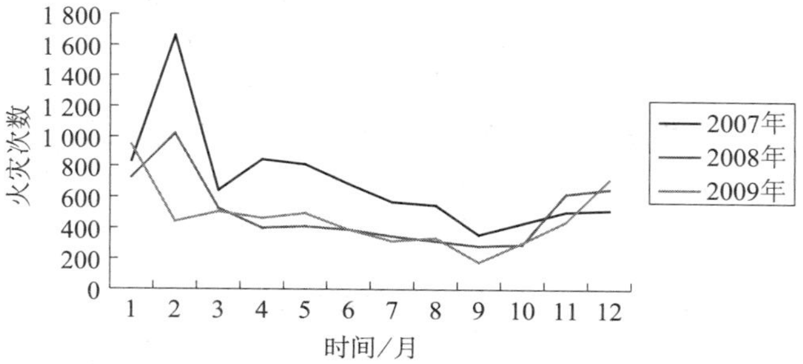

图 5-2　2007—2009 年某市各月火灾次数统计

2. 起火原因统计

2007—2009 年某市火灾起火原因统计如图 5-3 所示。

从图中看出，2007—2009 年某市发生火灾的主要原因集中在电气、用火不慎及吸烟上，这三种原因引起的火灾占火灾总数的 63%。其他原因引起的火灾数量占 13%。玩火、放火、生产作业等比例相对较少。

3. 致死原因分布

2007—2009 年某市火灾致死原因分布如图 5-4 所示。

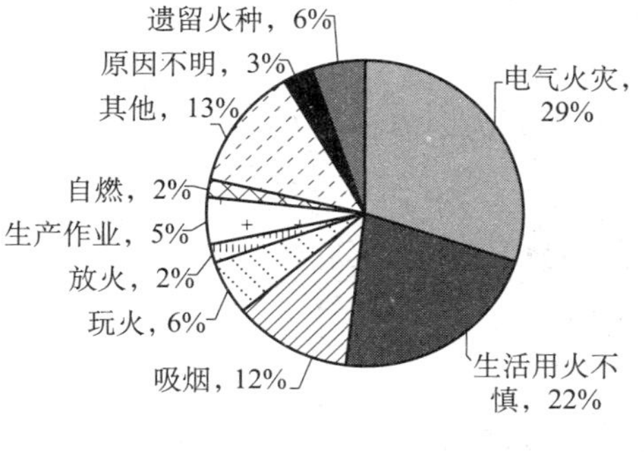

图 5-3　2007—2009 年某市火灾起火原因统计

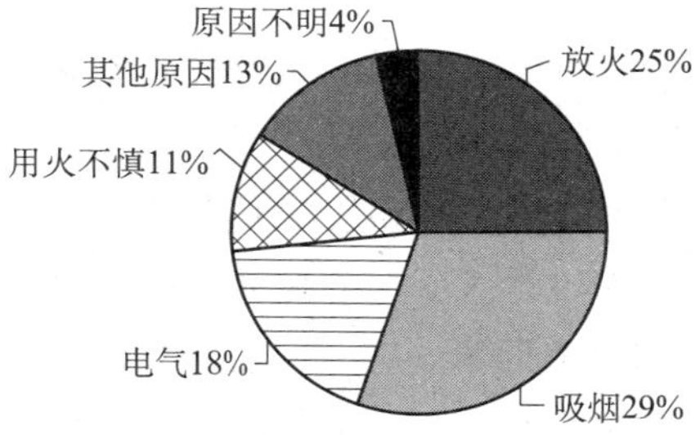

图 5-4　2007—2009 年某市火灾致死原因分布

从图中可以看出，致死原因最多的是吸烟、放火和电气火灾。其中用火不慎占 11%，不容忽视。

4. 各时段火灾起数统计

2007(9—12 月)—2009 年某市火灾各时段起火次数如图 5-5 所示。

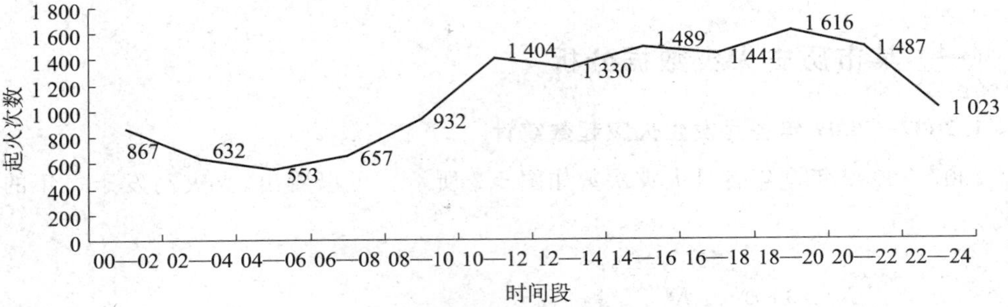

图 5-5 2007(9—12 月)—2009 年某市火灾各时段起火次数

从 24 小时分布情况看,火灾从早晨 6 时开始呈上升趋势,之后火灾维持高位运行,18 至 20 时出现小高峰。随后,火灾呈下降趋势,凌晨 3 时火灾出现最低值。

5. 起火场所统计

2007(9—12 月)—2009 年某市起火场所分布统计如图 5-6 所示。

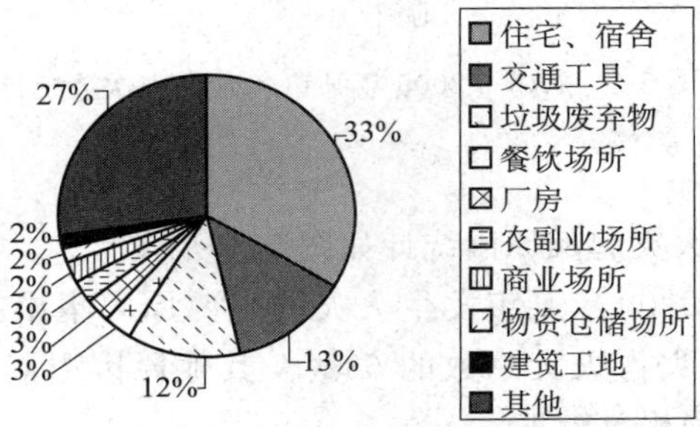

图 5-6 2007(9—12 月)—2009 年某市起火场所分布统计

从图中看到,火灾高发场所为住宅、宿舍、交通工具等。此外,垃圾废弃物着火也不容忽视。

(二) 火灾危险源

指标体系中火灾危险源评估单元分为客观因素和人为因素两类。

1. 客观因素

在火灾危险源评估单元中,客观因素主要考虑易燃易爆化学品生产,销售及储存场所密度,加油/加气站密度及万人燃气用量等影响因素。

2. 人为因素

人为因素导致的火灾主要包括电气火灾,用火不慎,放火致灾,吸烟不慎等。

(三) 城市基础信息

基础信息评估单元包括建筑密度、人口密度、经济密度、路网密度、轨道交通密度、重点保护单位密度六个方面。

1. 建筑密度

某市城镇居民人均住宅建筑面积 25m²,人均住宅使用面积 18m²,农村居民人均住房面积 35m²。

2. 人口密度

某市常住人口 1 000 余万人,全市常住人口出生率 0.8%,死亡率 0.4%,自然增长率 0.3%,常住人口密度为 800 人/km²。

3. 经济密度

某市地区年生产总值 8 000 亿元人民币,人均 GDP 约 6 万元人民币。

4. 路网密度

路网密度为城市范围内由不同功能、等级、区位的道路,以一定的密度和适当的形式组成的网络结构。

某市城区的路网结构横平竖直,与经纬线平行分布。目前公路总里程已达 18 000km,每 100km² 就有 85km 公路。

5. 轨道交通密度

轨道交通密度为每平方千米轨道交通的千米数。城市轨道交通具有运量大、速度快、安全、准点、保护环境、节约能源和用地等特点,能有效缓解城市的交通拥堵问题。某市轨道交通线网密度为 1km/km²。

6. 重点保护单位密度

重点保护单位密度指每平方千米拥有的重点保护单位个数。

(四)消防力量

消防力量评估单元分为城市公共消防基础设施和灭火救援能力两类。

1. 城市公共消防基础设施

(1) 道路。道路指供消防车通行的道路。某市内道路桥梁的通行能力较好,可供各种大型消防车辆通行,但由于部分巷道较窄,消防车辆驶入时行驶速度缓慢,给灭火救援工作带来了一定的困难。

(2) 水源。消防水源包括市政消火栓、人工水源及天然水源等。某市属于消防水源薄弱地区,一旦发生较大的火灾,需要调集大量运水车辆进行运水供水,不能满足灭火救援需要。针对这种情况,应制定缺水地区的供水方案,确保各地区的灭火救援工作能够顺利进行。

2. 灭火救援能力

(1) 消防装备

① 万人拥有消防车。它是指常住人口每万人拥有的消防车数量,包括市辖区内公安消防队及政府专职消防队的消防车辆,但不含超期服役或评价时不能使用的消防车辆。从城市人口规模的角度反映消防车辆的配备情况。

② 消防队员空气呼吸器配备率。它是指消防队员(市辖区内公安消防队,政府专职消

防队的消防人员。不包括单位专职消防队的人员和城市公安消防支队，总队机关的人员）配备空气呼吸器（包括氧气呼吸器）的平均数量。反映消防队员基本防护装备的配备情况。

③ 抢险救援主战器材配备率。它是指消防站配备典型抢险救援器材（液压破拆工具、气体探测仪、生命探测仪）的平均数量。反映公安消防部队配备应对化学、毒气、爆炸、辐射、建筑倒塌及交通事故等特殊灾害事故的抢险救援器材的情况。

(2) 消防站与人员配备

万人拥有消防站指常住人口每万人拥有的消防站（含市辖区内的公安消防队、政府专职消防队驻地，不包括单位专职消防队）数量，从城市规模（以人口划分）的角度反映消防站的建设情况。

(3) 通信调度能力

① 消防无线通信一级网可靠通信覆盖率。指在城市市辖区内，消防通信指挥中心与消防站配备的固定电台和消防车配备的车载电台实现可靠通信的区域占城市市辖区总面积的比例。

② 消防无线通信三级组网通信设备配备率。指城市市辖区内消防站的消防队员（包括指挥员、战斗员）配备手持无线电台（包括无线通信头盔）以及消防车辆配备车载电台的比例。反映火灾扑救及抢险救援现场无线通信保障的物质水平。

（五）火灾预警

1. 火灾防控水平

(1) 万人火灾发生率。它是指年度内火灾起数与常住人口的比值，反映火灾防控水平与人口数量的关系。

(2) 十万人火灾死亡率。它是指年度内火灾死亡人数与常住人口的比值，反映火灾防控水平与人口规模的关系。

(3) 亿元 GDP 火灾损失率。它是指年度内火灾直接财产损失与 GDP 的比值，反映火灾防控水平与经济发展水平的关系。

2. 火灾预警能力

(1) 消防远程监测覆盖率。它是指市辖区内能够将火灾报警信息，建筑消防设施运行状态信息和消防安全管理信息传送到城市消防安全远程监测系统的消防控制室数量占消防控制室总数的比例。通过城市消防安全远程监测系统实现火灾的早期报警和建筑消防设施运行状态的集中监测，有利于促进单位提高消防安全管理水平和快速处置火灾事故，是评价城市火灾防控能力的一个重要指标。

(2) 建筑自动消防设施运行完好率。它是指运行完好的建筑自动消防设施占建筑自动消防设施总数的比例。反映城市及时发现和扑救建筑火灾的基础性保障水平。

3. 公众消防安全满意度

公众消防安全满意度指公众对所处生活、工作环境的消防安全状况的满意程度。消防安全满意度是公民对社会消防安全状况的主观感受和自我评价，是在一定时期内的社会生活中对人身和财产消防安全权益受到或可能受到火灾侵害及保护程度的综合判断。

它体现了公众对社会消防状况的认知，对社会消防事业发展的信心水平。

（六）社会面防控能力

社会面防控能力评估单元分为消防管理、消防宣传教育和保障协作三个方面。

1. 消防管理

消防管理包括安全责任制落实情况、应急预案完善情况和重大隐患排查整治情况等。

2. 消防宣传教育

消防宣传教育包括社会消防宣传力度、公众自防自救意识和消防培训普及程度等方面。

3. 保障协作

保障协作包括多警种联动能力、临时避难区域设置、医疗机构分布及水平等。

为了提高火灾灾害的抵御能力，某市制定了各级的责任制度以及各部门分工协作，临时避难和医疗救援的应急预案。

三、火灾风险评估结果

（一）基本指标专家打分表汇总

基本指标专家打分统计见表 5-1。

表 5-1　专家打分统计表

专家	专家 1		专家 2		专家 3		专家 4		专家 5		专家 6		专家 7		专家 8		专家 9		专家 10	
评价指标	下限	上限	下限	上限	下限	上限	下限	上限	下限	上限	下限	上限	下限	上限	下限	上限	下限	上限	下限	上限
易燃易爆化学品	55	70	60	65	60	65	55	70	60	65	55	70	55	70	60	70	55	70	60	70
加油/加气站密度	80	95	80	95	80	95	80	90	80	95	85	90	80	90	80	90	80	95	80	90
高层建筑	55	65	55	65	55	70	60	65	55	65	55	70	55	65	55	65	60	65	55	70
地下铁路	55	65	55	70	55	70	55	70	55	65	55	70	55	65	60	65	55	70	55	70
城乡接合部外来人口聚集区	60	65	55	65	55	65	55	65	55	70	55	70	55	65	60	65	60	65	55	65
地下空间	55	70	60	70	60	65	60	65	60	65	60	70	60	65	60	65	60	65	60	65
电气火灾	60	65	60	70	60	70	60	65	60	70	60	65	55	70	60	65	55	70	60	65
用火不慎	85	90	80	90	85	90	85	90	80	95	85	90	80	95	85	90	80	90	80	90
放火致灾	85	90	85	90	85	90	80	95	80	90	80	90	85	90	80	95	80	95	80	90
吸烟不慎	85	90	85	90	80	90	85	90	85	90	80	90	85	90	85	90	85	90	80	95
建筑密度	85	90	80	95	80	95	85	90	85	90	85	90	80	95	80	90	85	90	80	90
人口密度	80	90	85	90	85	90	80	95	80	95	85	90	80	90	80	95	80	90	80	95
经济密度	85	90	85	90	80	90	85	90	80	95	85	90	80	90	80	95	85	90	80	95

续表

专家	专家 1		专家 2		专家 3		专家 4		专家 5		专家 6		专家 7		专家 8		专家 9		专家 10	
评价指标	下限	上限	下限	上限	下限	上限	下限	上限	下限	上限	下限	上限	下限	上限	下限	上限	下限	上限	下限	上限
路网密度	85	90	80	95	80	90	85	90	85	90	80	90	85	90	80	90	85	90	85	90
轨道交通密度	65	80	70	80	65	80	70	80	70	80	70	75	70	75	70	80	70	75	65	80
重点保护单位密度	80	90	80	90	80	95	80	95	85	90	85	90	80	95	85	90	85	90	85	90
消防车通行能力	80	90	85	90	80	90	80	90	80	95	85	90	80	90	80	95	85	90	85	90
消防站建设水平	60	70	60	70	60	75	60	70	65	70	60	75	65	70	65	70	60	70	65	70
消防车道	70	75	70	75	65	80	70	75	65	80	70	75	65	80	65	80	70	75	70	75
消防供水能力	60	75	65	70	65	70	65	70	60	70	60	70	60	70	65	70	65	70	60	75
消防装备配置水平	85	90	80	90	85	90	85	90	85	90	85	90	85	90	85	90	85	90	85	90
消防员万人比	85	90	80	90	85	90	80	90	80	90	80	95	80	90	85	90	80	95	80	90
通信指挥调度能力	85	90	80	95	80	95	85	90	85	90	85	90	80	90	85	90	85	90	85	90
多种形式消防力量	85	90	80	95	80	95	85	90	85	90	85	90	85	90	80	90	80	95	85	90
万人火灾发生率	80	90	80	90	85	90	80	95	85	90	80	95	85	90	85	90	85	90	85	90
十万人火灾死亡率	85	90	80	95	85	90	85	90	85	90	80	90	80	90	85	90	85	90	80	90
亿元 GDP 火灾损失率	85	90	80	90	85	90	80	90	85	90	80	90	85	90	85	90	80	95	85	90
消防远程监测覆盖率	85	90	80	95	85	90	85	90	85	90	85	95	85	95	85	90	85	95	85	95
建筑自动消防设施运行完好率	80	95	85	95	85	95	85	90	85	95	85	95	85	90	80	95	80	95	80	95
公众消防安全满意率	85	90	85	90	85	90	85	90	80	90	80	90	85	90	85	90	80	95	80	90
消防安全责任制落实情况	80	85	80	85	75	90	80	85	80	85	75	90	80	85	75	85	80	85	75	85
应急预案完善情况	80	95	80	95	85	90	80	95	80	95	80	95	85	90	85	90	85	90	85	90
重大隐患排查整治情况	85	90	85	90	80	90	80	90	80	95	85	90	80	90	85	90	80	90	85	90
社会消防宣传力度	85	90	80	90	85	90	85	90	80	90	80	95	80	95	80	95	80	90	85	90
公众自防自救意识	65	75	70	75	70	75	70	75	65	75	65	75	70	75	70	75	65	80	65	75
消防培训普及程度	85	90	80	95	85	90	85	90	85	90	80	95	85	90	85	90	80	90	85	90
多警种联动能力	85	90	80	95	85	90	85	90	85	90	80	95	85	90	85	90	80	95	80	95
临时避难区域设置	80	95	80	95	85	90	85	90	85	90	85	90	85	90	85	90	80	90	80	95
医疗机构分布及水平	80	90	80	95	85	90	85	90	85	90	80	90	80	90	80	90	80	90	80	90

（二）基本指标评估结果

基本指标评估结果见表 5-2。

表 5-2　基本指标评估结果汇总

一级指标	二级指标	三级指标	四级指标	权重	分值	贡献值
城市消防安全	火灾危险源	重大危险因素	易燃易爆化学品	0.2	63.0	12.6
			加油/加气站密度	0.2	86.7	17.3
			高层建筑	0.15	61.3	9.2
			地下铁路	0.15	61.9	9.3
			城乡接合部外来人口聚集区	0.15	61.2	9.2
			地下空间	0.15	63.2	9.5
		人为因素历史数据	电气火灾	0.3	63.4	19.0
			用火不慎	0.3	86.6	26.0
			放火致灾	0.2	86.7	17.3
			吸烟不慎	0.2	86.8	17.4
	城市基础信息	—	建筑密度	0.2	86.9	17.4
			人口密度	0.1	86.8	8.7
			经济密度	0.1	86.9	8.7
			路网密度	0.2	86.5	17.3
			轨道交通密度	0.2	73.5	14.7
			重点保护单位密度	0.2	86.9	17.4
	消防力量	城市公共消防基础设施	消防车通行能力	0.15	86.4	13.0
			消防站建设水平	0.3	66.4	19.9
			消防车道	0.15	72.5	10.9
			消防供水能力	0.4	66.6	26.6
		灭火救援能力	消防装备配置水平	0.3	87.0	26.1
			消防员万人比	0.3	86.2	25.9
			通信指挥调度能力	0.3	87.2	26.2
			多种形式消防力量	0.1	87.2	8.7
	火灾预警	火灾防控水平	万人火灾发生率	0.4	86.9	34.8
			十万人火灾死亡率	0.3	86.5	26.0
			亿元 GDP 火灾损失率	0.3	86.5	26.0
		火灾预警能力	消防远程监测覆盖率	0.4	88.8	35.5
			建筑自动消防设施运行完好率	0.6	88.4	53.0
		公众消防安全感	公众消防安全满意率	1.0	86.5	86.5
	社会面防控能力	消防管理	消防安全责任制落实	0.3	81.9	24.6
			应急预案完善情况	0.3	87.5	26.3
			重大隐患排查整治情况	0.4	86.3	34.5
		消防宣传教育	社会消防宣传力度	0.3	86.7	26.0
			公众自防自救意识	0.4	71.3	28.5
			消防培训普及程度	0.3	87.2	26.2
		保障协作	多警种联动能力	0.4	87.5	35.0
			临时避难区域设置	0.2	87.2	17.4
			医疗机构分布及水平	0.4	85.8	34.3

（三）三级指标评估结果

三级指标评估结果见表 5-3。

表 5-3　三级指标评估结果汇总

三级指标		权重	分值	贡献值
火灾危险源	重大危险因素	0.5	67.1	33.5
	人为因素历史数据	0.5	79.7	39.8
消防力量	城市公共消防基础设施	0.5	70.4	35.2
	灭火救援能力	0.5	86.8	43.4
火灾预警	火灾防控水平	0.5	86.7	43.3
	火灾预警能力	0.4	34.9	13.9
	公众消防安全感	0.1	86.5	8.7
社会面防控	消防管理	0.4	85.3	34.1
	消防宣传教育	0.3	80.7	24.2
	保障协作	0.3	86.8	26.0

（四）二级指标评估结果

二级指标评估结果见表 5-4。

表 5-4　二级指标评估结果汇总

二级指标	权重	分值	对上级指标贡献
火灾危险源	0.2	73.4	14.7
城市基础信息	0.2	84.2	16.8
消防力量	0.2	78.6	15.7
火灾预警	0.2	65.9	13.2
社会面防控能力	0.2	84.4	16.9

（五）总体火灾风险评估结果

某市消防安全水平得分 $R=77.3$。根据风险等级判定标准，某市消防安全等级为Ⅱ级，即火灾风险为中风险级。

（六）风险因素排序

风险因素排序见表 5-5。

表 5-5　风险因素排序

风险因素	评估得分	风险级别
城乡接合部外来人口聚集区	61.2	高风险
高层建筑	61.3	
地下铁路	61.9	
易燃易爆化学品	63.0	
地下空间	63.2	
电气火灾	63.4	
消防站建设水平	66.4	中风险
消防供水能力	66.6	
公众自防自救意识	71.3	
消防车道	72.5	
轨道交通密度	73.5	
消防安全责任制落实情况	81.9	
医疗机构分布及水平	85.8	低风险
消防员万人比	86.2	
重大隐患排查整治情况	86.3	
消防车通行能力	86.4	
路网密度	86.5	
10 万人火灾死亡率	86.5	
亿元 GDP 火灾损失率	86.5	
公众消防安全满意率	86.5	
用火不慎	86.6	
加油/加气站密度	86.7	
放火致灾	86.7	
社会消防宣传力度	86.7	
吸烟不慎	86.8	
人口密度	86.8	
建筑密度	86.9	
经济密度	86.9	
重点保护单位密度	86.9	
万人火灾发生率	86.9	
消防装备配置水平	87.0	
临时避难区域设置	87.2	
通信指挥调度能力	87.2	
多种形式消防力量	87.2	
消防培训普及程度	87.2	
多警种联动能力	87.5	
应急预案完善情况	87.5	
建筑自动消防设施运行完好率	88.4	
消防远程监测覆盖率	88.8	

四、结论及建议

（一）结论

某市的整体火灾风险分值为77.3，等级为Ⅱ级，风险处于可控制的水平，在适当采取措施后达到可接受水平。

由计算结果可知风险值位居前10位的基本指标如下，城乡接合部外来人口聚集区、高层建筑、地下铁路、易燃易爆化学品、地下空间、电气火灾、消防站建设水平、消防供水能力、公众自防自救意识、消防车道。某市目前的火灾风险主要来自上述风险值较高的指标。

（二）建议

1. 高风险控制措施及工作建议

（1）城乡接合部外来人口聚集区

① 风险级别，高风险。

② 控制措施建议。加快城乡一体化进程，加强城乡规划，为外来人员提供满足消防安全要求的居住条件；加强公共消防基础设施建设；落实乡镇政府消防安全主体责任，加强乡镇防火安全委员会建设；定期维修保养建筑消防设施，保证正常运行；加强消防安全宣传和教育，定期开展消防演练；完善消防安全管理，建立全员消防安全责任制度。

（2）高层建筑

① 风险级别，高风险。

② 控制措施建议。严格高层建筑消防工程审核、验收；合理规划建筑物布局，设置防火分隔，阻止火灾沿管道空间蔓延；提高建筑本身的耐火等级，以降低火灾发生率；完善建筑自身的消防设施，加强日常维护保养，严格监督检查，确保消防设施完整好用。

加强消防监督检查；加强对高层建筑消防控制室人员、消防保卫人员的培训教育力度。督促高层建筑的使用、管理单位，明确消防工作管理部门，健全消防安全管理制度，落实各级消防管理责任。建立防火档案，消防设施防火档案。加大宣传教育力度，提高人们的消防安全意识。加强对业主的宣传教育，定期组织开展火灾应急疏散演练，确保一旦发生火灾事故高层建筑内人员能够迅速逃生，减少人员伤亡。

建立城市建筑消防设施和消防安全管理远程监控系统，采用先进的技术防范手段提高超高层建筑的安全等级，加强对高层超高层建筑消防设施运行情况的监控；加快建设航空消防队。

（3）地下铁路

① 风险级别，高风险。

② 控制措施建议。加强安检，严把入口关，落实“逢包必检，逢液必查”的安检工作原则，严禁乘客携带易燃易爆危险品进站。加强火灾隐患自查，对中控室设备设施、人员值岗、消防档案、规章制度执行落实情况等进行重点检查。增强消防安全设施的设置、运行和维护保养。

制定和演练事故应急预案，定期进行演练。加强地铁系统的快速反应机制和装备建设，提升地铁灭火救援的综合能力。对内强化员工教育培训，确保重点岗位员工持证上岗和消防知识应知应会；对外加强对乘客的宣传教育，倡导安全乘车氛围，并加大对火灾报警、逃生自救、安全疏散等应急知识的宣传力度。

(4) 易燃易爆危险化学品生产企业、储存仓库

① 风险级别，高风险。

② 控制措施建议。严格落实消防安全责任制。生产、储存、销售、使用易燃易爆化学物品的场所设置位置要符合工程建设消防技术标准要求。对于相互发生化学反应或者灭火方法不同的物品不得混存、混放，危险品存放要符合国家标准规定要求。

在仓库或堆场处设立表明化学危险物品性能及灭火方法的说明牌。在仓库或储藏室设置相应的通风、降温、防汛、避雷、消防、防护等安全措施。在禁火区域和安全区域设立明显标志，严禁吸烟、动用明火，进入库区、储罐区、禁火区域内的机动车辆，采取消除火花、电气防爆措施。

促危险品单位按照存储类别(一、二、三类)配备相应数量的专业技术人员。保管人员要经专项培训并取得证书后方可上岗。

(5) 地下空间

① 风险级别，高风险。

② 控制措施建议。民防、建设、消防等部门密切联合，各负其责，共同监管地下空间的消防安全。消防部门要加强人防工程和普通地下室消防安全的行政审批工作，严格限制用途、控制出口数量、防火分区面积和人员数量。落实消防安全主体责任。地下空间产权单位、管理部门必须按照规定配备、配齐灭火器材，设置报警、喷淋等消防设施，安装配置应急疏散照明及应急疏散指示照明灯、标志牌，确保安全疏散。不得擅自改变地下空间的使用性质，用于住宿、出租、经营场所的地下空间必须符合相关消防安全要求。严格禁止利用普通地下室开办商品批发市场和旅店；禁止设置幼儿园、医院和疗养院的住院部分；禁止地下空间内违规生产、储存、使用易燃、易爆化学危险物品。

(6) 电气火灾

① 风险级别，中风险。

② 控制措施建议。建立健全国家级电气法律法规、技术规范。电气火灾占有相当大的比例，需尽快制定电气方面的技术法规，从源头上预防电气火灾的发生。督促电器使用、管理单位，明确消防工作管理部门，健全消防安全管理制度，落实各级消防管理责任。做好电气防火检测工作。对电气系统设备进行安全检测，及时发现与消除隐患是在当今电力普及应用的情况下预防火灾发生的一项必要措施。加强对电气防火常识的宣传。在广大群众中大力开展宣传教育工作，充分利用报刊杂志、电台、电视台、网络等手段，广泛普及用电安全知识，宣传电气火灾发生的规律、特点以及电气火灾所造成的危害性。加强对管理人员和员工的消防安全教育。对重点工种、重点岗位的人员及义务消防队员进行消防安全培训。

2. 中风险控制措施及工作建议

(1) 消防站建设水平

① 风险级别，中风险。

② 控制措施建议。加强消防公共消防基础设施建设工作，加快消防站建设步伐。在规划城市建设的同时考虑消防队站建设用地、市政消火栓的建设。将消防站建设纳入市政府快速审批通道，简化程序、压缩时限、各审批部门提前介入、同步受理等措施，加强协调配合，提高审批效率，切实推动消防站建设速度。拓展消防站建设资金的投入渠道。在保持政府投入的主导地位的基础上，进一步增加市级资金投入比例，同时由各区县政府负责征地拆迁和市政配套资金的投入。发展多渠道的建设投融资体系，可考虑引入银行贷款、吸引社会捐赠等多种融资方式，缓解政府财政压力，建立多渠道的投资体系。加大消防专用车辆和装备投入。针对高层建筑、地下空间等火灾日益突出的现实，立足于改善常规装备、增加特种装备，进一步加强特勤消防站车辆装备建设。

(2) 消防供水能力

① 风险级别，中风险。

② 控制措施建议。某市的消防供水能力较为薄弱。建议将消防水源建设纳入市政建设发展的总体规划，从立法的角度明确各种消防水源的规划、建设和管理；同时结合本地实际情况，制定相应的地方性规章和建设技术标准，明确公共消防水源规划、设计、投资、建设、验收、管理、维护和使用等。

理顺城市消防水源建设投资体制，统一规划市政消火栓建设，加大城市消防水源投资管理力度。充分利用城市天然水源，沿天然水源设置建设取水码头或取水井，增强天然水源的利用率，以弥补城市人工消防水源的不足。针对消防水源薄弱地区制定消防应急供水预案，并积极组织应急供水演练。加强消防部队装备建设，增配大吨位消防水罐车等车辆。

加强农村消防规划，在进行生活用水改造时同步建设消防通道、消防给水设施，加快农村消火栓建设；在比较偏僻的农村建立消防蓄水池，并组织训练群众性义务消防队，配备简单的移动消防泵、水带、水枪等器材，以此控制农村初期火灾，解决消防水源和消防力量不足的问题。

(3) 公众自防自救意识

① 风险级别，中风险。

② 控制措施建议。依托城市消防站、防灾馆、科技馆等场所建设空间布局合理、覆盖全市的消防宣传站点网络。

建立消防宣传教育政府协同机制和消防宣传社会协同机制。推动消防安全知识纳入义务教育、素质教育、学历教育、就业培训教育、领导干部和国家公务员培训教育。开展“消防志愿者行动”，扩大消防志愿者队伍。

(4) 交通道路及消防车道

① 风险级别，中风险。

② 控制措施建议。加强城市道路交通建设进程，加大改造力度。实施城市公共交通优先战略，优化公交路网，大力发展轨道交通。各相关部门加强对小区道路监督的管理。

(5) 消防责任制落实

① 风险级别，中风险。

② 控制措施建议。落实政府、企业、事业、机关、团体消防安全责任制。建设市、区县、乡镇三级防火安全委员会实体机构建设。建立政府责任追踪检查制度，加强消防安全

工作绩效考评。

3. 消防部门风险控制措施建议

(1) 通过开展专项火灾防控整治行动，以政府为主体，整合各职能部门的力量；广泛发动企、事业单位和群众，落实消防安全责任制；深入开展火灾隐患排查整改，加大消防宣传教育力度；增强消防工作的群众基础，以形成政府统一领导、部门依法监管、单位全面负责、公众积极参与的社会消防防控网络，从而提高全市整体的火灾防控能力。

(2) 通过建设消防公共基础设施，采取合同制消防员、多种形式消防队伍、综合应急救援体系等措施，大力提升公安消防部队处置重大火灾事故的能力水平；缩小万人消防站、万人消防员、消防经费占 GDP 比例等硬性指标，减小同世界性城市的差距，推动社会化消防工作体系，立体化火灾扑救体系，专业化应急救援体系，全方位综合保障体系的建设。

第二节　某体育中心火灾风险评估范例

一、评估目的

通过对体育中心的火灾风险评估，使建设方、使用者和消防管理部门能够准确地了解其火灾危险性；掌握评估对象的主被动防火能力以及外部灭火救援能力；最大限度地消除和降低赛事和活动中存在的各项火灾风险。

二、建筑概况

（一）地理位置

体育中心位于大型公园的中心位置，南面有一处庙遗址和规划绿地，北面隔路临近另一体育馆，东西两侧为城市道路。

（二）建筑功能

体育中心赛时具有游泳、跳水、水球、花样游泳比赛等竞赛场地，平时可以满足集专业体育训练/竞赛、全民健身、商业、娱乐、办公等一体的多功能要求。

（三）建筑设计

体育中心建筑面积 87 283m^2，建筑基底为 177m×177m 的正方形。其中，包括约 120m(长)×115m(宽)×28m(高)的比赛大厅；约 140m(长)×40m(宽)×28m(高)的嬉水大厅等可进行大规模竞赛、热身及娱乐空间。

体育中心的结构体系由上部的空间网架钢结构和下部的钢筋混凝土结构组成。造型独特的钢结构网架将屋顶与墙体整合为一体。结构体系的内外两个表面均以 ETFE 透明膜做为外围护材料，给建筑内部的水上比赛及娱乐空间以最理想的自然光环境。

在钢结构空间网架和 ETFE“表皮”的“庇护”下，是一系列大型空间和其辅助用房。比赛大厅内有供游泳、跳水、水球、花样游泳比赛的标准 50m×25m 游泳池和跳水池。赛时的观众席位 17 048 个。其中永久座席 4 992 个，上层临时座席 11 140 个，池岸临时座椅 976 个，残疾人专用座椅 28 个。主比赛大厅与嬉水大厅均为通高的单层大空间。二者之间以东西向商业街相隔。热身池、多功能池大厅与其上部的休闲冰场大厅位于场馆的西侧与主比赛大厅隔一道“泡泡墙”及其下部连接场馆南北两侧的天桥。休闲冰场南北两侧各有一栋小楼，容纳一些场馆管理、辅助用房及赛后俱乐部泳池设施。

三、评估方法的选择

体育中心属于大型的重要性建筑，需要兼顾消防保卫的动态性、立体性和综合性，且需要获得统一的最终评估结果。模糊综合评估法考虑了系统间各因素的相互作用，评估结果动态地反映了整体安全性，符合对火灾风险结果动态性的要求，运用模糊综合评估方法具有更好的适用性。因此，本范例采用模糊综合评估方法进行评估。对于具体的风险因素，为了获得更为精确的数据，提高评估结果的准确度，根据需要采用模拟实验、现场实验以及计算机模拟演算进行进一步的分析计算。

四、指标体系构建

（一）一级指标

一级指标包括火灾危险源、建筑防火特性、内部消防管理和消防保卫力量。

（二）二级指标

二级指标包括客观因素、人为因素、建筑特性、被动防火措施、主动防火措施、支援力量和消防团队。

（三）三级指标

三级指标包括电气火灾、易燃易爆危险品、周边环境、气象因素、用火不慎、防火致灾、吸烟不慎、火灾荷载、建筑高度、建筑用途、建筑面积、人员荷载、内装修、消防扑救条件、防火间距、防火分隔、防火分区、疏散通道、耐火等级、消防给水、灭火器材配置、防排烟系统、疏散诱导系统、火灾自动报警系统、自动灭火系统、消防设施维护、消防安全责任制、消防应急预案、消防培训与演练、隐患整改落实、消防组织管理机构、普通中队、特勤中队、指挥机关、消防经理、消防主管、防火助理、灭火助理、消防车配备等相关内容。

五、评估标准制定

（一）评分标准

火灾危险源评分标准（客观因素）见表 5-6。

表 5-6　火灾危险源评分标准（客观因素）

指标	权重	评分标准			
		项目	权重	现　　状	分值
电气火灾	0.4	电线	0.3	使用年限 0～3 年	0～3
				使用年限 3～8 年	3～7
				使用年限＞8 年	7～10
		用电设备	0.4	最大使用荷载与设计荷载比值 0～0.8	0～3
				最大使用荷载与设计荷载比值 0.8～1	3～7
				最大使用荷载与设计荷载比值＞1	7～10
		防护	0.3	有漏电保护	0
				无漏电保护	10
易燃易爆危险品	0.4	锅炉房	0.3	与周边建筑间距合理；操作间与附属间可燃物数量少	0～2.5
				与周边建筑间距较近；操作间与附属间可燃物数量较少	2.5～5
				与周边建筑间距合理；操作间与附属间可燃物数量较多	5～7.5
				与周边建筑间距较近；操作间与附属间可燃物数量较多	7.5～10
		发电机房	0.4	油箱存储量≤8h；油箱容积≤1m³	0～2.5
				油箱存储量＞8h；油箱容积≤1m³	2.5～5
				油箱存储量≤8h；油箱容积＞1m³	5～7.5
				油箱存储量＞8h；油箱容积＞1m³	7.5～10
		其他化学品	0.3	无	0～3
				有，但不超标	3～7
				有，而且超标	7～10
周边环境	0.1	无较大火灾危险性的建筑；无临时建筑；无燃绿化带			0～2.5
		无较大火灾危险性的建筑；无临时建筑；有可燃绿化带			2.5～5
		无有较大火灾危险性的建筑；有临时建筑			5～7.5
		有较大火灾危险性的建筑			7.5～10
气象因素	0.1	体育场；有避雷设施			0～2.5
		体育馆；有避雷设置			2.5～5
		体育场；无避雷设施			5～7.5
		体育馆；无避雷设置			7.5～10

火灾危险源评分标准(人为因素)见表 5-7。

表 5-7 火灾危险源评分标准(人为因素)

指标	权重	评分标准			
		项目	权重	现状	分值
用火不慎	0.5	燃气	0.25	使用不经常;用量少	0～2.5
				使用不经常;用量大	2.5～5
				使用经常;用量少	5～7.5
				使用经常;用量多	7.5～10
		电气	0.25	使用不经常;电气少	0～2.5
				使用不经常;电气多	2.5～5
				使用经常;电气少	5～7.5
				使用经常;电气多	7.5～10
		明火	0.25	使用不经常;明火多	0～2.5
				使用不经常;明火少	2.5～5
				使用经常;明火少	5～7.5
				使用经常;明火多	7.5～10
		人员素质	0.25	经过岗前培训;有上岗证	0～2.5
				经过岗前培训;无上岗证	2.5～5
				未经过岗前培训;有上岗证	5～7.5
				未经过岗前培训;无上岗证	7.5～10
放火纵火	0.2	监控系统	0.4	完善且先进	0～3.5
				数量足够、水平一般	3.5～7
				有缺陷	7～10
		人员素质	0.2	高	0～3.5
				中	3.5～7
				低	7～10
		安检制度	0.4	健全	0
				不健全	10
吸烟不慎	0.3	场馆内不许吸烟			0～2.5
		允许吸烟;有专用吸烟区;有人巡视			2.5～5
		允许吸烟;有专用吸烟区;无人巡视			5～7.5
		允许吸烟;无专用吸烟区			7.5～10

建筑防火性能评分标准(建筑特征)见表 5-8。

表 5-8　建筑防火性能评分标准(建筑特征)

指标	权重	评分标准	
		具体情况	分值
公共区火灾荷载	0.1	无危害(全部不燃材料)	0～2
		可燃荷载不大于 30MJ/m²	2～4
		可燃荷载大于 30MJ/m²,可燃荷载不大于 80MJ/m²	4～6
		可燃荷载大于 80MJ/m²,可燃荷载不大于 240MJ/m²	6～8
		可燃荷载不大于 240MJ/m²	8～10
建筑用途	0.1	比赛项目对抗性一般,观众人数较少	0～2.5
		比赛项目对抗性一般,观众人数较多	2.5～5
		比赛项目对抗性较高,观众人数较少	5～7.5
		比赛项目对抗性较高,观众人数较多	7.5～10
防火间距	0.1	最小防火间距＞30m	0～2
		最小防火间距位于 20～30m	2～4
		最小防火间距位于 10～20m	4～6
		最小防火间距位于 6～10m	6～8
		最小防火间距小于 6m	8～10
耐火等级	0.1	建筑耐火等级为 1 级,全部构件均达到 1 级	0～2
		建筑耐火等级为 1 级,部分构件降级使用	2～4
		建筑耐火等级为 2 级,全部构件均达到 2 级	4～6
		建筑耐火等级为 2 级,部分构件降级使用	6～8
		建筑耐火等级低于 2 级	8～10
建筑高度	0.1	观众可到达的最大高度＜10m	0～2.5
		观众可到达的最大高度位于 10～20m	2.5～5
		观众可到达的最大高度位于 15～20m	5～7.5
		观众可到达的最大高度＞20m	7.5～10
建筑面积	0.05	≤50 000m²	0～2
		50 000～100 000m²	2～4
		100 000～150 000m²	4～6
		150 000～200 000m²	6～8
		＞200 000m²	8～10
人员荷载	0.2	观众人数＜20 000 人	0～2
		观众人数位于 20 000～40 000 人	2～4
		观众人数位于 40 000～60 000 人	4～6
		观众人数位于 60 000～80 000 人	6～8
		观众人数＞80 000 人	8～10

续表

指标	权重	评分标准	
		具体情况	分值
防火分区	0.05	最大防火分区面积<2 500m²	0～2.5
		最大防火分区面积位于 2 500～5 000m²	2.5～5
		最大防火分区面积位于 5 000～10 000m²	5～7.5
		最大防火分区面积>10 000m²	7.5～10
消防扑救条件	0.1	有穿越建筑的消防车道和良好的消防扑救面	0～2.5
		有环形消防车道,有良好的消防扑救面	2.5～5
		有环形消防车道,扑救面条件较差	5～7.5
		无消防车辆可以接近的扑救面	7.5～10
内装修	0.1	无危害(全部不燃材料)	0～2
		全部区域采用不燃或难燃材料	2～4
		用火区全部采用不燃或难燃材料,其他大部分区域不燃或难燃材料	4～6
		有少部分区域采用了可燃材料,大部分区域采用不燃材料	6～8
		大部分区域采用可燃材料	8～10

建筑防火性能评分标准(消防设施)见表 5-9。

表 5-9 建筑防火性能评分标准(消防设施)

指标	权重	评分标准	
		具体情况	分值
消防给水	0.15	有消防水池容量大,补水水源可靠;公共区 2 股水柱覆盖	0～2.5
		有消防水池;大部分公共区 2 股水柱覆盖	2.5～5
		无消防水池;管网基本合理	5～7.5
		其他情形	7.5～10
防排烟系统	0.15	大空间具有良好的机械排烟系统(换气次数、补风方式、排烟口位置)	0～2.5
		大空间具有基本的机械排烟系统	2.5～5
		大空间具有良好的自然排烟系统(排烟口面积比、防风措施、是否联动)	5～7.5
		大空间具有基本的自然排烟系统	7.5～10
火灾自动报警系统	0.15	有报警;有视频监控;有人值守	0～2.5
		有报警;无视频监控;有人值守	2.5～5
		有报警;无视频监控;无人值守	5～7.5
		无报警	7.5～10
自动灭火系统	0.1	有自动喷淋(快速响应喷头);大空间有智能灭火装置	0～2.5
		有自动喷淋(标准响应喷头);大空间有智能灭火装置	2.5～5
		有自动喷淋(快速响应喷头);大空间无智能灭火装置	5～7.5
		其他情形	7.5～10

续表

<table>
<tr><th rowspan="2">指标</th><th rowspan="2">权重</th><th colspan="4">评 分 标 准</th></tr>
<tr><th colspan="3">具体情况</th><th>分值</th></tr>
<tr><td rowspan="4">灭火器</td><td rowspan="4">0.15</td><td colspan="3">按严重危险级标准配置，布局合理</td><td>0～2</td></tr>
<tr><td colspan="3">按中危险级标准配置，布局合理</td><td>3～5</td></tr>
<tr><td colspan="3">按轻危险级标准配置，布局合理</td><td>5～7</td></tr>
<tr><td colspan="3">其他情形</td><td>8～10</td></tr>
<tr><td rowspan="4">防火分隔设置</td><td rowspan="4">0.1</td><td colspan="3">全部采用防火墙和防火门</td><td>0～2.5</td></tr>
<tr><td colspan="3">部分采用特级防火卷帘</td><td>2.5～5</td></tr>
<tr><td colspan="3">部分采用普通防火卷帘并设置水喷淋冷却防护</td><td>5～7.5</td></tr>
<tr><td colspan="3">部分采用普通防火卷帘未设置水喷淋冷却防护</td><td>7.5～10</td></tr>
<tr><td rowspan="16">疏散通道</td><td rowspan="16">0.2</td><td rowspan="4">疏散宽度</td><td rowspan="4">0.3</td><td>百人宽度指标大于等于 1m</td><td>0～2.5</td></tr>
<tr><td>百人宽度指标大于等于 0.7m，小于 1m</td><td>2.5～5</td></tr>
<tr><td>百人宽度指标大于等于 0.5m，小于 1m</td><td>5～7.5</td></tr>
<tr><td>百人宽度指标小于等于 0.3m</td><td>7.5～10</td></tr>
<tr><td rowspan="4">疏散路径</td><td rowspan="4">0.3</td><td>路径简洁、步行距离不大于 30m</td><td>0～2.5</td></tr>
<tr><td>路径简洁、步行距离大于 30m，不大于 60m</td><td>2.5～5</td></tr>
<tr><td>路径复杂</td><td>5～7.5</td></tr>
<tr><td>路径曲折且步行距离大于 60m</td><td>7.5～10</td></tr>
<tr><td rowspan="4">疏散防护</td><td rowspan="4">0.2</td><td>有符合规范的防排烟措施，防火门功能正常</td><td>0～2.5</td></tr>
<tr><td>有符合规范的防排烟措施，防火门有轻微缺陷</td><td>2.5～5</td></tr>
<tr><td>有符合规范的防排烟措施，防火门有缺陷</td><td>5～7.5</td></tr>
<tr><td>无防排烟措施，或防排烟措施有缺陷</td><td>7.5～10</td></tr>
<tr><td rowspan="4">诱导系统</td><td rowspan="4">0.2</td><td>设置有高、低位结合灯光疏散指示，连续性好</td><td>0～2.5</td></tr>
<tr><td>设置有高、低位结合灯光疏散指示，连续性一般</td><td>2.5～5</td></tr>
<tr><td>设置高位灯光疏散指示，结合低位非灯光疏散指示</td><td>5～7.5</td></tr>
<tr><td>其他情形</td><td>7.5～10</td></tr>
</table>

内部消防管理评分标准见表 5-10。

表 5-10 内部消防管理评分标准

<table>
<tr><th rowspan="2">指标</th><th rowspan="2">权重</th><th colspan="2">评 分 标 准</th></tr>
<tr><th>具体情况</th><th>分值</th></tr>
<tr><td rowspan="4">消防设施检查与维护</td><td rowspan="4">0.2</td><td>配备专业消防设施维护人员，长期维护</td><td>0～2.5</td></tr>
<tr><td>未配备消防设施维护人员，有定期检查维护计划，落实较好</td><td>2.5～5</td></tr>
<tr><td>未配备消防设施维护人员，有定期检查维护计划，但落实有部分缺陷</td><td>5～7.5</td></tr>
<tr><td>未配备消防设施维护人员且无定期检查维护计划</td><td>7.5～10</td></tr>
</table>

续表

指标	权重	评分标准	
		具体情况	分值
消防安全责任制	0.2	责任制明确落实，业主非常重视	0～2.5
		责任制落实情况较好，业主较重视	2.5～5
		责任制部分未落实，业主选择性重视	5～7.5
		责任制大部分未落实，业主不重视	7.5～10
消防应急预案	0.1	有科学合理、详尽细致、可操作性强的应急预案	0～2.5
		有较为科学合理、详尽细致、可操作性强的应急预案	2.5～5
		有较为科学合理的应急预案，尚有部分缺陷	5～7.5
		未建立消防应急预案	7.5～10
消防培训与演练	0.2	有定期人员培训和预案演练计划，落实好	0～2.5
		有定期人员培训和预案演练计划，落实较好	2.5～5
		有定期人员培训和预案演练计划，落实有部分缺陷	5～7.5
		未进行培训，也未定期演练	7.5～10
隐患整改落实	0.1	业主非常重视，对消防局的隐患整改意见逐条完全落实	0～2.5
		业主较重视，对消防局的隐患整改意见大部分落实	2.5～5
		业主重视，对消防局的隐患整改意见小部分落实	5～7.5
		业主不重视，对消防局的隐患整改意见完全未落实	7.5～10
消防管理组织机构	0.2	建立了健全的消防管理组织机构	0～2.5
		建立了较为健全的消防管理组织机构	2.5～5
		建立了消防管理组织机构，尚有部分缺陷	5～7.5
		未建立专门的消防管理组织机构	7.5～10

（二）风险等级划分

风险分级量化和特征描述见表 5-11。

表 5-11 风险分级量化和特征描述

风险等级	名称	量化范围	风险等级特征描述
Ⅰ级	低风险	(85,100]	几乎不会发生火灾，火灾风险性低，火灾风险处于可接受的水平，风险控制重在维护和管理
Ⅱ级	中风险	(65,85]	可能发生一般火灾，火灾风险中等，火灾风险处于可控制的水平，在适当采取措施后可达到接受水平，风险控制重在局部整改和加强管理
Ⅲ级	高风险	(25,65]	可能发生较大火灾，火灾风险性较高，火灾风险处于较难控制的水平，应采取措施加强消防基础设施和消防管理水平
Ⅳ级	极高风险	[0,25]	可能发生重大或特大火灾，火灾风险性极高，火灾风险处于很难控制的水平，应当采取全面的措施对建筑的主动防火、危险源防控、消防管理和救援力量全面加强

六、火灾风险因素识别

1. 电气火灾

根据过往的经验，电气火灾的发生大多数与电气设备运行的时间较长有关系。由于体育中心的赛时运行时间仅为 3 个月，运行时间有限，大部分诱发和导致电气火灾发生的原因都可以通过产品质量控制、电气防火设计、定期电气检修以及遵守操作规程等措施予以消除。

2. 易燃易爆危险品

体育中心柴油发电机房均为独立布置，油箱存储量两小时，容量 $1m^3$，线路敷设良好。赛时需要的柴油发电机房，在建设和使用阶段均须通过消防部门的设计审核、验收和开业前检查。在此过程中，会对执行规范情况进行检查。如果运营单位严格遵守操作规程，避免在发电机房动火和金属撞击，并严禁在发电机房吸烟等不安全行为，则赛时出现柴油爆炸起火的概率很低。

体育中心的贵宾操作间使用燃气，存在厨房内燃气泄漏的可能性。但是体育中心是新建场馆，厨房的燃气连接管件均为全新件，不存在老化问题。厨房使用时间一般小于 4 小时，因此如果在施工和安装中，没有造成连接管件的损坏，则使用期间漏气产生爆炸起火的概率很低。

3. 周边环境

体育中心附近无火灾危险性高的建筑；BOB 在场馆内有工作区，场馆外有传播车；室外有临时消防站、物流区（食品、桌椅储藏、注册房间）、交通指挥室。结构为彩钢板（岩棉），耐火等级 B1，帐篷为阻燃材料。

赛时在奥林匹克公园中心区的公共区内将搭建 199 个临时设施，并且使用的材料有可能为易燃、可燃材料。

4. 气象因素

气象条件与消防工作有着直接关系。一般来讲，影响火灾的气象因素主要有高温、大风、降水以及雷击。

（1）高温。赛事期间处于 8 月至 10 月，8 月的高温天气并不是太多，整体上有利于比赛的举办。

在体育中心使用的物品中，可能会存在堆放状态下受高温影响而自燃的物品，如果这类物品的堆放没有选择好适当的位置，使其处于赛时的高温暴晒之下，也可能会由于长期堆放散热不畅造成受热自燃起火。另外由于垃圾中含有残余食物、废纸或其他可燃物，大多数垃圾本身就处于潮湿状态，长时间堆放会引起垃圾缓慢氧化放热，存在垃圾自燃起火的可能性。

场馆内禁止吸烟并且限制火种进入场馆。但是，可能有的观众在前往观赛时随身携带有打火机，进入场馆安检区时需要存放这些打火机。集中存放的打火机如果受到高温暴晒，则存在爆炸起火的可能性。

(2) 大风。从1971—2003年，33年的大风资料统计结果来看，当地大风主要在出现春季，7—9月份大风日数最少。体育中心所处的区域，几乎没有室外的架空线。因此，除了燃放焰火或相邻建筑着火而产生飞火之外，赛时体育中心由于大风而引起火灾的概率较低。

(3) 降水量。通过对历年暴雨次数的统计分析，某体育中心所处地区的暴雨主要出现在夏季，尤其是7月上旬至8月中旬。在比赛期间出现降水的概率基本在30%～40%之间，出现降雨的日子以小雨天气为主，平均月降水量在200mm左右。

(4) 雷击。赛时正处当地的夏季，这一时期是雷电的多发时段。当地的自然雷电主要发生在夏季6—8月，占全年的65.7%。其中，7月是当地自然雷电最多的月份，占全年的24.4%。当地的雷电灾害同样发生在夏季，其中，雷电灾害最多的月份是8月，占全年的27.4%。由于体育中心安装有完善的避雷设施。因此，雷击引起火灾的概率较低。

5. 用火不慎

体育中心使用了燃气厨房，因此有可能出现用火不慎起火。由于场馆为新建场馆，因此不存在厨房烟道起火的可能性。几个主要起火因素主要是由于人的不安全行为或失误造成的。如果届时能够做好工作人员的消防培训，增强消防意识，掌握火灾预防知识，加上赛事运行时间相对较短，人员固定，厨房安装有可燃气体报警装置，一旦出现燃气泄漏，将会及时发现。因此厨房出现爆炸起火的概率很低。

6. 放火致灾

(1) 关于吸烟火种

在允许部分人员在场馆内吸烟并携带火种（如打火机、打火纸等）的情况下，如果这些许可人群中混入了蓄意破坏人员，则能够轻易利用合法的吸烟火种作为放火或破坏其他消防设施（包括其他设施）正常运行的工具，引发混乱，对赛事造成恶劣的影响。

(2) 关于易燃易爆危险物品

炸药、爆竹、香蕉水以及各种油品等易燃易爆危险品，应该是中心区大安检范围内检查的重点。经过安检进入中心区范围内的人员，私自藏带易燃易爆进入竞赛场馆的概率极低。但是作为易燃易爆物品之一的汽油，则可以随着机动车进入中心区。如果这里面混入了蓄意破坏人员，则可以从机动车内获得汽油，作为纵火的武器，或者直接点燃机动车进行纵火。另外，倘若体育中心未设有独立的安检设施，破坏人员就可以将汽油带入场馆内。这样，在无须明火的情况下，就可以通过其他途径引燃汽油，引发混乱，严重影响赛事的正常运行和人身安全。

考察发生人为纵火的概率，在很大程度上依赖于大安保圈的安检与体育中心的监控水平。安保措施到位，则纵火成功的概率低；如果安保措施存在漏洞，则会加大纵火成功的概率。体育中心内布置了190个监控点，完全覆盖公共区域；安防人员配置完备、数量充足、从业时间在3年以上；安防制度健全、执行严格。因此体育中心发生人为纵火的概率较低。

7. 吸烟不慎

体育中心禁止观众在场馆内吸烟。但是，据调研获得的信息，对于运动员、技术官员、嘉宾和官员，在许多地方是不受禁烟规定限制的。场馆内的垃圾箱均为纸制，属于易燃品。如果燃着的烟蒂被扔进纸制垃圾箱，不但能够引燃垃圾或使垃圾箱内的垃圾自燃，而且有可能直接引燃垃圾箱，从而引起火灾。但是吸烟造成的影响范围有限，基本上不会影响赛事和活动的正常运行。

七、措施有效性分析

（一）建筑防火性能

建筑防火性能评估单元包括建筑特性、被动防火措施、主动防火措施三个方面。

1. 建筑特性

建筑特性在建筑状况评估单元中所占比重为 0.26。包括公共区火灾荷载、建筑用途、建筑高度、建筑面积、人员荷载、内部装修六部分。

(1) 公共区火灾荷载。体育中心的公共区主要包括比赛区和休息区。根据调研结果，比赛区共设座椅 17 048 个，材质为塑料，燃烧等级为 B2 级，其他为不可燃材料；休息区设有一个敞开式商店和一个小型邮局，其他设施为不可燃材料。考虑耐久性和舒适性，观众席座椅难以依照《体育建筑设计规范》(JGJ31—2003)的要求采用难燃材料制作，其燃烧性能等级为 B2 级，因此具有起火及火灾蔓延的可能性。

(2) 建筑用途。游泳、跳水、花样游泳 3 个比赛项目的 36 场比赛在体育中心举行。赛事关注程度较高，有较多国内外著名的游泳和跳水名将，但是比赛身体对抗和观众冲突的可能较小。

(3) 建筑高度。体育中心建筑高度 45.9m，观众可到达的高度约 30m。因此，火灾发生时最高处人员的安全疏散及外部救援较为不利。

(4) 建筑面积。体育中心总建筑面积 87 283m^2，比赛厅建筑面积 25 000m^2。虽然建筑面积较大，但是配备了充足的消防力量，可以满足应对突发火灾事件的需求。

(5) 人员荷载。体育中心比赛区总人数约 20 000 人，比赛厅建筑面积 25 000m^2，其中部分为水面面积，人员密度为 0.8 人/m^2，高于日本建筑学会《建筑物的火灾安全设计指针》(2002 年 7 月)规定，因此具有一定的危险性。

(6) 内部装修。体育中心比赛区和休息区顶棚为膜材，其他为不可燃材料，贵宾用房地面为阻燃地毯。因此，膜材发生火灾后，可能导致大面积燃烧，具有一定的危险性。

2. 被动防火措施

被动防火措施在建筑状况评估单元中所占比重为 0.32，包括防火间距、耐火等级、防火分区、扑救条件、防火分隔和疏散通道六部分。

(1) 防火间距。体育中心防火间距大于 30m，满足规范要求。

(2) 耐火等级。体育中心耐火等级为 1 级，部分构件降级使用，满足规范要求。

(3) 防火分区。国家游泳中比赛厅防火分区面积为 25 000m^2,经过消防性能化设计与专家论证,可以保证消防安全的需要。

(4) 扑救条件。建筑的消防扑救条件可根据消防通道和消防扑救面的实际情况进行衡量。体育中心无穿越建筑消防通道,有环形消防车道和 3 部消防电梯,100%可作为消防扑救面,消防扑救条件良好。

(5) 防火分隔。体育中心的比赛区、休息区和贵宾用房大部分采用防火墙和防火门,部分采用特级防火卷帘,安全系数较高。

(6) 疏散通道。体育中心百人宽度指标 0.7～1m/百人,共有 28 个疏散口,疏散电梯为防烟设计;最远疏散路径 60m,疏散指示间距 20m,疏散条件良好。

3. 主动防火措施

主动防火措施在建筑状况评估单元中所占比重为 0.42,包括消防给水、防排烟系统、火灾自动报警系统、自动灭火系统、灭火器材配置和疏散诱导系统六部分。

(1) 消防给水。体育中心有 2 路市政供水,管线直径 200mm;单独 200m^3 消防水池,自动切换游泳池、跳水池;8 个室外消火栓、环状布置、压力 2.5kg/m^2;8 个水泵结合器;室内消火栓最大间距 30m,环状布置,两股水柱能够同时到达任意点,因此消防供水情况良好。

(2) 防排烟系统。体育中心消防排烟风机、排风兼排风风机、加压送风机、消防补风风机共 69 台,风机主要分布在 B1 层、B2 层及屋顶的风机房内。防烟楼梯间 B1 层、B2 层、L0 层、L2 层各设自垂百叶送风口;防排烟系统控制,烟气探测对应于防烟分区。每个防烟分区设多个烟气探测。防排烟系统配有紧急备用电源。火灾发生时,区域内的火灾报警系统启动,则烟火控制系统自动进入操作系统。关闭正常 AHU(空气处理机)模式启动对应区域的防排烟系统,启动对应区域补风机。

(3) 火灾自动报警系统。体育中心探测器主要为西门子的感烟探测器和科大立安的火焰探测器;与消防广播、防排烟等系统联动,实时或者录制广播均可;有控制室、摄像和巡视联合监控火情,探测报警条件良好。

(4) 自动灭火系统。体育中心设有 12 台消防水炮,保护半径 50m,可保证被保护区域内同时两股水射流到达;产品与消防广播、探测报警联动,供水充足。水炮有火焰探测功能,能够自动探测和定位火灾位置,自动灭火条件良好。

(5) 灭火器材配置。根据《建筑灭火器配置设计规范》(GB 50140—2005),体育馆的观众厅可定为轻危险级。体育中心灭火器材按轻重量级配置,布局合理,最大保护距离 25m,每组配置两个灭火器,灭火器材配置条件良好。

(6) 疏散诱导系统。体育中心采用自发光指示灯,间距 20m,满足相关规范要求。

(二) 内部消防管理

内部消防管理包括消防设施维护、消防安全责任制、消防应急预案、消防培训与演练、隐患整改落实和消防管理组织机构六部分。

1. 消防设施维护

体育中心所有设备维护周期为 6 个月,故障处理时间为 1 天之内,部分设备可自寻检。

2. 消防安全责任制

体育中心有消防责任制和奖惩制度，各自任务划分明确，职责划分清晰。具体见第二章相关内容。

3. 消防应急预案

体育中心目前已制定火灾应急预案和人员疏散预案。

4. 消防培训与演练

体育中心制订了人员培训和演练计划，目前为止已实际演练一次，演练效果良好。

5. 隐患整改落实

依据国家有关消防规范和标准，体育中心在正式投入使用前进行了火灾自动报警系统、消防供水系统、消火栓系统、自动喷水灭火系统、气体灭火系统、防排烟系统、防火卷帘、防火门等消防设施和系统检测；对发现的消防隐患已全部清除。

6. 消防管理组织机构

体育中心设消防经理 1 名，消防主管 3 名，消防助理 4 名，消防队员 14 名。组织架构较为完善，人员配备到位。

（三）消防保卫力量

根据体育中心实际情况，其消防保卫力量可分为支援力量和消防团队两部分。

1. 支援力量

支援力量是指体育中心所处辖区的消防救援力量，包括普通中队、特勤中队、指挥机关和到达时间。

2. 消防团队

消防团队是指体育中心自身配备消防团队的力量，包括人员实力、消防装备、通信能力、预案完善，以及临时消防站。

八、结论及建议

（一）评估结论

采用集值统计法计算得出四级指标的最终得分以及利用加权平均求得各上级指标的得分。通过对上述各项风险指标的逐级求和，计算得到体育中心火灾风险的最后得分为 84.92。按照火灾风险分级表，体育中心整体火灾风险属于第Ⅱ级，为中等风险。

（二）对策、措施及建议

为了降低体育中心整体火灾风险（即提高火灾风险评估值），从提高建筑防火安全性能出发，通过深入分析防火分区、建筑功能、建筑高度、人员荷载等影响因素，从火灾危险源控制的角度出发，提出以下建议。

1. 人为纵火火灾风险的控制

（1）加强对打火机、火柴等火种的检测与控制，防止该类物品带入场馆。

（2）在场馆的入口或地下停车场进入场馆的入口处设置可燃气体检测仪，防止车用燃料被带入场馆。

（3）加强对停车场的巡查，防止或快速处置利用机动车燃油进行纵火事件。

2. 电气火灾风险的控制

（1）赛事活动主办单位在现场布置国旗、彩旗、条幅等可燃物时，应避免将该类可燃物布置在高温照明灯具的正下方，并与高温照明灯具及其他高温设备保持足够的安全距离，避免因长时间烘烤或灯具爆裂引起火灾。

（2）赛事活动主办方提前估算最大临时用电量，并就活动表演的电线线路、设备布置可能存在的火灾风险问题与消防部门进行沟通。

3. 易燃易爆物品火灾风险的控制

（1）燃气使用单位对场馆内燃气使用人员进行全员安全培训和教育，并持证上岗；制定燃气使用的操作规程和燃气使用人员的岗位职责。

（2）场馆运行团队应加强对燃气使用的安全检查，督促燃气使用人员落实操作规程和岗位职责。

（3）使用单位应在赛事活动期间指派专人在易燃易爆物品的存储使用场所值守，做好防护措施，防止高温条件下油品大量挥发。指派的专人应具有岗位资格证书。

4. 焰火燃放火灾风险的控制

（1）焰火燃放团队应按照相关论证确定的焰火、礼花尺寸进行燃放。

（2）场馆运行团队应组织人员对各场馆燃放阵地范围内的树叶、废纸等可燃杂物进行清理。

（3）焰火燃放团队指派专人接受灭火培训，在燃放期间携带灭火器在指定位置进行值守，确保及时扑救焰火燃放出现意外时第一时间扑救初期火灾。

5. 临时设施火灾风险的控制

（1）责任单位严格落实逐级责任制，做到定岗定人，并定时对岗位情况进行检查。

（2）责任单位制定完善的用火用电管理操作规程，加强对相关人员的培训。

（3）消防监督人员加强巡查，及时督促责任单位消除各种隐患。灭火救援人员做好相关的准备工作。

6. 气象因素火灾风险的控制

场馆运行团队在大风、高温、雷雨、暴雨等恶劣天气情况下，应加强场馆责任区域内电气设施和易燃可燃物的检查和维护管理，及时发现和上报可能引发火灾的险情和隐患。采取可靠的应对措施予以处置，避免造成火灾事故。

7. 用火火灾风险的控制

（1）赛时必须用火时，场馆主任应履行用火安全审批手续，并清理用火现场周围的可燃物，用阻燃材料进行分隔，并派专人进行现场看护。

(2) 场馆运行单位应保持厨房内消防设施完好有效，妥善制定好厨房工作人员的班组计划，防止工作人员疲劳作业，做好上岗人员的消防安全教育工作，杜绝不安全行为，同时严禁非工作人员进入厨房区用电用火。

8. 关于吸烟火灾风险的控制

外事单位预先做好对各国技术官员、运动员、贵宾以及相关工作人员的禁烟宣传，劝阻技术官员、运动员、注册记者等人员在场馆内吸烟。

第三节 建筑消防性能化设计评估案例分析

一、某一地下机械停车库消防性能化设计评估应用案例分析

（一）烟气流动模拟分析

停车库采取机械排烟方式。车库内不划分防烟分区。机械排烟量按每小时 6 次换气确定并考虑 1.5 倍的安全余量。所需机械排烟量不应小于 $7.5\times10^4 m^3/h$。采取机械补风方式，低位补风，机械补风量不应小于排烟量的 1/2。

为验证上述排烟方案能否满足所有火灾情况下排烟要求，利用火灾动力学软件 pyrosim 2012 对地下机械停车库防排烟效果进行模拟，给出验证结果和模拟结论。

考虑位于地下六层小汽车火灾；假设自动灭火系统有效，排烟系统有效；设计最大热释放速率 1.5MW，采用快速 t^2 火灾发展模型，模拟时段为 1 200s。

模拟结果表明，排烟方案至少在 271s 为 B1 层人员安全疏散提供保证，至少在 308s 为 B2 层人员安全疏散提供保证，至少在 357s 为 B3 层人员安全疏散提供保证，至少在 517s 为 B4 层人员安全疏散提供保证，至少在 638s 为 B5 层人员安全疏散提供保证，至少在 960s 为 B6 层人员安全疏散提供保证。

（二）人员疏散模拟分析

该机械车库设置两部楼梯，可用总疏散宽度为 1.8m。

疏散人数按检修测试状态考虑，保守设置每层 2 人，共 12 人。

对于发生火灾的封闭房间，则可采用《日本避难安全检证法》提供的房间疏散开始时间量化计算方法，其计算方法见公式(5-1)。

$$t_{\text{start}}=\frac{\sqrt{\sum A}}{30} \tag{5-1}$$

式中：A——建筑面积，本工程单层房间面积 $493m^2$，计算得到疏散开始时间 45s，考虑一定安全系数，取 60s。

利用 Pathfinder 软件模拟疏散行动时间。

对 B1 层至 B6 层进行人员疏散整体模拟分析，可以看出：人员通过 LT1、LT2 向上疏散至室外安全区，人员全部疏散至安全区域所需行动时间为 62s。各楼层疏散行动时间见表 5-12。

表 5-12　B1 层至 B6 层各区域人员疏散行动时间

疏散场景	区域/层	人数/个	行动时间/s
整体疏散	B6	2	12
	B5	2	17
	B4	2	15
	B3	2	20
	B2	2	7
	B1	2	16
完成全部疏散		12	62

各区域人员疏散安全判断汇总见表 5-13。

表 5-13　人员疏散安全性判断表

区域/层	*RSET*/s	*ASET*/s	是否满足疏散条件
B6	78	960	是
B5	86	638	
B4	83	517	
B3	90	357	
B2	71	308	
B1	84	271	

二、某商业购物中心消防性能化设计报告编写方法案例分析

（一）建筑基本情况

建筑的基本情况应对建筑的总体概况、建筑设计、常规的消防设计进行说明。

1. 工程介绍

工程介绍应对项目的建筑概况、区域位置、总平面设计、建筑设计等方面进行说明，主要由设计院提供。该部分内容可配有相关的总平面图、效果图、建筑三维视图样等。

2. 消防设计

消防设计主要包括该项目常规的消防设计说明，主要根据设计院提供的消防设计专篇进行撰写。该部分内容可配防火分区图样以及其他相关的消防图样。

（二）性能化设计的内容

性能化设计的内容应包括该项目主要的消防问题，消防性能化的范围及主要内容，消防性能化原则等几个方面。

1. 主要消防安全问题

对项目存在的消防问题进行汇总，其主要的消防设计难题和问题可按表 5-14 整理。

表 5-14 本工程主要消防设计难题和问题

消防设计问题		规 范 要 求
防火分区	购物中心内步行街区域（即中庭及回廊组成的交通空间）总面积约为超过 4 万 m^2，难以按照规范进行防火分区划分	《建筑设计防火规范》（GB 50016—2014）第 5.1.7 条、第 5.1.11 条、第 5.1.12 条规定
人员疏散	部分楼梯间在首层不能直接对外，且其出口距直通室外的安全出口大于 15m	《建筑设计防火规范》（GB 50016—2014）第 5.3.13 条规定
	各层均有距安全出口直线距离超出 37.5m 的问题	《建筑设计防火规范》（GB 50016—2014）第 5.3.17 条对商业疏散宽度确定进行了规定

2. 性能化设计评估范围及内容

通过对项目消防问题的总结，以解决不满足规范的消防问题为目的，制定相应的性能化设计评估范围及内容，对于可应用现行相关规范展开设计的区域应遵照现行规范执行。

3. 性能化设计评估原则

对于项目存在的特殊消防设计问题，将本着安全适用、技术先进的原则，采用合理的消防设计理念和方法，通过对消防设计方案的分析和安全评估，使制定的解决方案能更好地满足本项目的消防安全要求，并最大限度地满足业主商业功能需求。

（三）分析目的及安全目标

分析目的及安全目标应包括建筑业主、建筑使用方、建筑设计单位、性能化消防设计咨询单位和消防主管部门共同认定的总体安全目标和性能目标，并说明性能目标是如何建立的。

1. 分析目的

一般地，消防设计的目的在于：防止火灾发生；及时发现火情；通过适当的报警系统及时发布火灾警报；有组织、有计划地将楼内人员撤出；采取正确方法扑灭和/或控制大火；将商业损失控制在一定范围内。

2. 分析目的安全目标

结合项目消防设计遇到的问题和难题，确定项目消防安全目标，主要有以下几个方面。

① 为使用者提供安全保障。

② 将火灾控制在一定范围，尽量减少财产损失。

③ 为消防人员提供消防条件并保障其生命安全。

④ 尽量减少对运营的干扰。

⑤ 保证结构的安全。

（四）性能判定标准即性能指标

性能判定标准应该说明对应不同性能目标的性能指标是什么，是如何确定的，考虑了哪些不确定因素，采用了哪些假设条件。

1. 人员疏散安全性判定准则、判据

保证人员安全疏散是建筑防火设计中的一个重要的安全目标，人员安全疏散即建筑物内发生火灾时整个建筑系统（包括消防系统）能够为建筑中的所有人员提供足够的时间疏散到安全的地点，整个疏散过程中不应受到火灾的危害。

通常情况下人员疏散安全判据指标见表 5-15。

表 5-15 人员疏散安全判据指标

项　目	人体可耐受的极限
能见度	当热烟层降到 2m 以下时，对于大空间其能见度临界指标为 10m
使用者在烟气中疏散的温度	2m 以上空间内的烟气平均温度不大于 180℃；当热烟层降到 2.0m 以下时，持续 30min 的临界温度为 60℃
烟气的毒性	一般认为在可接受的能见度的范围内，毒性都很低，不会对人员疏散造成影响（一般 CO 判定指标为 500ppm）

2. 防止火灾蔓延扩大判定准则

根据澳大利亚建筑规范协会《防火安全工程指南》提供的资料，保守的选取被引燃物是很薄很轻的窗帘、松散堆放的报纸等非常容易被点燃的物品时的临界辐射强度 $10kW/m^2$。

（五）火灾场景设计

火灾场景设计需要说明选择火灾场景的依据和方法，并对每一个火灾场景进行讨论，列出最终需要分析的典型火灾场景。

火灾场景见表 5-16。

表 5-16 火灾场景设置一览表

位置编号	火灾位置	自动灭火系统	排烟系统	最大火灾规模/MW
A	商业步行街	有效	有效	2.2
B				
C				

（六）所采用的分析方法及其所基于的假设

分析评估采用的工具、方法和参考资料应科学合理，报告中列出选择该分析方法的依据，并描述清楚计算分析模型采用的边界条件和输入参数，并说明其合理。

1. 疏散设计分析方法

疏散设计分析，即根据设定的人员类型和数量，对疏散人员疏散所需时间的分析。疏散时间（*RSET*）包括疏散开始时间（tstart）和疏散行动时间（taction）两部分。

（1）疏散行动时间预测分析方法

疏散行动时间（taction）是指从疏散开始至疏散结束的时间。疏散行动时间预测模型主要有水力模型和行为模型两种。本项目以行为模型来预测疏散行动时间，采用模拟分析工具 Pathfinder 进行计算。

（2）疏散设计分析主要参数确定

① 有效流出系数和人员步行速度：有效流出系数和步行速度同人员密度紧密相关，常用的数据资料见表 5-17。

表 5-17　有效流出系数和步行速度数据表

疏散设施	拥挤状态	密度（人/m^2）	速度（m/min）	流出系数（人/min/m）	日本避难安全检证法	
					速度（m/min）	流出系数（人/min/m）
楼梯	最小	0.5	45.7	16.4	27（上楼） 36（下楼）	60（楼梯有足够容量时，其他情况应通过计算获得）
	中等	1.1	36.6	45.9		
	最优	2.0	29.0	59.1		
	大	3.2	12.2	39.4		
走廊	最小	0.5	77.2	39.4	60（一般）	80（走廊有足够容量时，其他情况应通过计算获得）
	中等	1.1	61.0	65.6		
	最优	2.2	36.6	78.7		
	大	3.2	18.3	59.1		
对外出口	—	—	—	—	60（一般）	90

注：引自美国《SFPE 消防工程手册》。

② 疏散路径有效宽度确定：各疏散路线边界层宽度见表 5-18。

表 5-18　边界层宽度

疏散路线因素	边界层/mm
楼梯梯级的墙壁或面	15
栏杆，扶手	9
走道，斜坡墙	20
障碍物	10
宽阔的场所，过道	46
门，拱门	15

③ 人数确定方法：分析所使用的疏散人数应根据不同建筑场所功能不同，分别按密度或座位数进行计算。

根据本项目的特点和定位，依据现行防火设计规范和权威文献资料，对于消防性能化区域的主要功能区域人员荷载确定，应附有人员荷载计算参数。

2. 烟控系统设计与分析

防排烟系统设计的主要目的是保证人员的疏散安全，即保证人员在疏散过程中不会受到火灾产生的烟气的危害。此外，应为消防救援提供一个救援和展开灭火战斗的安全通道和区域，免受火灾的影响，及时排除火灾中产生的大量热量，减少热烟气对建筑结构的损伤。

(1) 烟气层临界高度

防排烟设计应使烟层维持在距离有人地面至少 1.8m 以上的高度，对于高大空间，临界高度应根据下式进行计算确定。

$$z'=1.6+0.1(H-h) \tag{5-2}$$

式中：z'——烟层距离疏散人员所在地面的临界高度，m；

H——空间顶棚距离火源位置的高度，m；

h——疏散地面高于火源位置的高度，m。

(2) 火焰高度、烟气生成量及烟羽流轴线温度分析

本项目采用 NFPA 92B 和 NFPA 204 中提供的有关轴对称羽流的分析方法进行计算。

(七) 计算分析与评估

根据计算结果与性能判定标准的比较分析，说明设计方案是如何满足安全判定指标的。

1. 烟气模拟分析与评估

烟气模拟分析与评估部分应主要包括每个火灾场景的防排烟系统设计情况介绍，计算参数的设置，温度、能见度等参数在关键时间点的模拟结果以及计算结果小结。

各区域危险来临时间($ASET$)可以表格形式汇总，见表 5-19。

表 5-19 火灾危险来临时间分析

场景编号	假设条件		楼层	$ASET$/s
A	排烟有效	自动灭火有效	一层步行街	>1 800
			二层步行街	
B			一层步行街	>1 800
			二层步行街	
C			一层步行街	>1 800
			二层步行街	

2. 疏散模拟分析与评估

烟气模拟分析与评估部分应主要包括对应每个火灾场景设计的疏散场景,每个场景的疏散策略,疏散模拟在关键时间点的人员分布示意图以及计算结果小结。

各区域疏散所需时间(*RSET*)可以表格形式汇总,见表 5-20。

表 5-20 人员疏散所需时间分析结果汇总表 单位:s

区域	疏散路径	开始时间	行动时间	*REST*
首层区域	首层人员直接疏散到室外	270	293	710
二层区域	二层店铺人员离开着火店铺	63	95	206
	中庭人员离开本层步行街区域	270	547	1 091
	本层所有人员全部疏散至楼梯间		559	1 109
	所有人员疏散到室外		665	1 268

注:行动时间计入所需疏散时间时考虑 1.5 倍安全系数。

3. 计算结果与性能判定标准的比较

将各火灾场景的危险来临时间(*ASET*)与相对应的疏散场景下人员疏散时间(RSET)进行对比,判定人员疏散的安全性,见表 5-21。

表 5-21 人员疏散安全判定结果 单位:s

场景编号	火灾位置	监测位置	*AEST*	*REST*	是否满足安全要求
A	步行街(中庭)底部	一层步行街	>1800	1121	是
		二层步行街		1091	
B		一层步行街	>1800	1121	
		二层步行街		1091	
C		一层步行街	>1800	1121	
		二层步行街		1091	

(八)不确定性分析

1. 疏散过程中的人员不确定性分析

采用行为模型来计算人员的疏散时间时,其假设为:疏散人员都具有足够的身体条件自行疏散到安全地点,人员疏散行走同时且井然有序,这与实际发生火灾时的情况有一定差距。因此,本报告在计算疏散行动时间时考虑了一定的安全系数(安全系数=1.5),以弥补这些不确定性因素所带来的影响。

在预测疏散时间时,重要之处在于人员的特性参数,包括对建筑物的熟悉程度、人员的身体条件及行为特征、人员的数量及分布等。

2. 火灾蔓延的不确定性分析

火灾蔓延区域和面积的大小受到多种不确定因素的影响如下。

① 可燃材料和可燃物本身的对火反应特性等。

② 可燃物的形状、摆放方式和堆积形式等。

③ 可燃物之间的相对空间位置。

④ 火灾时的通风状况。

⑤ 其他燃烧物体以及高温体、热烟气层的热反馈。

⑥ 灭火救援和消防系统的作用效果。

⑦ 空间内的防火分隔方式与面积大小。

火灾蔓延不仅受众多不确定因素的影响，而且火灾蔓延的全过程机理尚未完全研究透彻，目前还缺乏准确预测火灾蔓延的数学模型，火灾模拟计算所需参数还不丰富。因此，项目中对火灾蔓延的分析仅针对典型可燃物及常规情况下的火灾蔓延情形。基于上述原因，为了使消防设计更加安全，一般采取较保守的分析方法，如考虑了最不利的起火位置和引燃条件，确定最大火灾热释放速率和排烟量时均考虑了 1.5 倍的安全系数。

（九）结论与总结

结论与总结部分应包括防火要求、管理要求、使用中的限制条件等。

1. 模拟结果总结

对各场景下烟气及疏散模拟结果进行分析，并得出结论。

2. 消防策略总结

针对项目存在的消防问题提出相应的解决措施，对采取的消防策略进行总结。

3. 注意事项及建议

对实施消防策略时设计方、管理方应注意的内容进行说明，并提出相应的建议。

（十）参考文献

参考文献应包括主要的设计规范、相关技术文献等技术资料。

（十一）设计单位和人员资质说明

此部分包含设计单位的名称、经营范围、设计资质，参与本设计项目的消防工程师的相关工作经历等。

（十二）专家评议

由于设计过程中存在许多非规范化的内容，如性能指标的确定、火灾场景的设计、一些边界条件的设定等。同时也为了保证设计过程的正确性，减少设计中可能出现的失误，一般有必要对设计报告进行第三方的复核或再评估，最终还需要组织专家论证会，对性能化设计报告与复核报告进行论证，接受专家的评审和质疑，最后以论证会上形成的专家组意见作为调整性能化设计及评估报告与设计方案的依据。

（十三）深化调整设计报告

性能化消防设计一般开始于建筑设计的方案设计与初步设计阶段。在初步设计中，有些条件和参数是不明确或未知的，这些信息可能只有在后续的施工设计阶段才能确定下来，而这些条件或参数却是性能化设计所需要的。例如，性能化设计在确定排烟量的同时会对排烟口的布置、每个风口的风量等提出要求，而排烟口的数量、排烟口的布置以及每个风口的风量一般要等到施工设计时才能完全确定。另外，性能化设计中提出的假设和边界条件，在施工设计阶段也可能会被改变。诸如此类的问题都需要在后续的设计工作中不断深化。所以性能化设计应该存在于建筑设计的整个过程中。

（十四）性能化消防设计的实体验证

为了加强对进行了性能化消防设计工程的消防监督管理，在性能化设计开展较多的一些城市，已陆续在工程消防验收过程中增加了实体验证实验的工作步骤，对性能化设计设计方案进行综合验证。性能化设计单位应配合建设单位完成验证工作，并对验证结果是否满足设计要求提供书面意见，该意见应作为性能化设计报告的补充资料。

三、大型商业综合体消防性能化设计评估案例分析

（一）情景描述

某商业综合体地上 26 层、地下 3 层，建设用地面积 8.95 万 m^2，总建筑面积 37.73 万 m^2，其中地上建筑面积 27.08 万 m^2、地下建筑面积 10.65 万 m^2。该建筑地上一层至三层设计为室内步行街，通过若干中庭互相连通。步行街建筑面积 43 411m^2。其中首层建筑面积 15 922m^2，步行街净宽约 11～15m。

该建筑地下室主要使用性质为汽车库、机电设备用房、物业服务用房。首层主要使用性质为百货、主力店、室内步行街和临街商铺。2 层和 3 层主要使用性质为室内步行街、百货、电玩、酒楼、歌舞厅；4 至 6 层主要使用性质为百货、酒楼、电影院；7 至 26 层主要使用性质为五星级酒店。

（二）需解决的主要问题

该建筑除室内步行街的防火分区划分、安全疏散，以及部分疏散楼梯间在首层需借助室内步行街进行疏散等问题以外，其他消防设计均满足现行有关国家工程消防技术标准的规定。

在消防性能化设计评估中，通过隔离室内步行街中的商业火灾荷载，限制室内步行街内部的火灾荷载，设置有效的火灾探测、自动灭火、防排烟等消防措施，将步行街设置为“临时安全区”（也称为“准安全区”），以解决步行街防火分区面积超大、借用步行街疏散等问题。

（三）消防性能化设计评估提出的消防措施

餐饮、商店等商业设施通过有顶棚的步行街连接，且步行街两侧的建筑利用步行街进行安全疏散，消防性能化设计评估针对室内步行街采取以下相应消防措施。

（1）步行街两侧建筑的耐火等级不应低于二级。

(2) 步行街两侧建筑相对面的距离不应小于相应的防火间距要求且不应小于 9m,长度不宜长于 300m。

(3) 相邻商铺之间应设置耐火极限不低于 2h 的防火隔墙,每间商铺的建筑面积不宜大于 $300m^2$。

(4) 面向步行街一侧宜采用耐火极限不应低于 1h 的实体墙;当采用其他分隔设施时,商铺之间隔墙两侧的开口或非实体墙之间应设置宽度不小于 1m、耐火极限不低于 1h 的实体墙。门、窗应采用乙级防火门、窗,或采用耐火极限不低于 1h 的 C 类防火玻璃门、窗。

当步行街为多层结构时,每层面向步行街一侧应设置防止火灾竖向蔓延的措施,当设置回廊或挑檐时,其出挑宽度不应小于 1.50m。

(5) 步行街的顶棚材料应采用不燃或难燃材料,承重结构的耐火极限不应低于 0.50h。步行街内不应布置可燃物。

(6) 疏散楼梯应靠外墙设置并直通室外,确有困难时,在首层可直接通至步行街;商铺的疏散门可直接通至步行街。步行街内任一点到达最近室外安全地点的步行距离不应大于 60m。

(7) 步行街顶棚下檐距地面的高度不应小于 6m,顶棚应设置自然排烟设施,且自然排烟口的有效面积不应小于其地面面积的 20%。

(8) 步行街内沿两侧的商铺外每隔 50m 应设置 DN65 的消火栓,并应配备消防软管卷盘。步行街两侧的商铺内应设置自动喷水灭火系统和火灾自动报警系统,每层回廊应设置自动喷水灭火系统;步行街宜设置自动跟踪定位射流灭火系统。

(9) 步行街内应设置消防应急照明、疏散指示标志和消防应急广播系统。

(四) 注意事项

近年来,我国的大型商场设计理念已从传统单一的百货商店转向综合性的商业中心。这些现代化的商业中心往往集购物、休闲娱乐、运动、餐饮于一身。商业布局上也有多种形式,既有满足人们对不同风格和品牌需求的精品商业街,又有适应家电、百货、超市业态的面积较大的主力店。

不同的业态和商业功能布局的可燃物和火灾荷载的分布特点、火灾和烟气蔓延特点、人流特点也不同。如本建筑内的步行街,由大小不一的中庭、公共走道及其两侧面积较小的一连串精品店组成,其中宽敞的中庭和走道组成的公共区域占据了步行街的较大一部分面积,这部分公共区域主要是火灾荷载密度较低的人流通行空间。

由于这样的建筑和商业布局特点,如按现行消防规范要求数千平方米划分为一个防火分区,在连通各层的中庭开口处设防火卷帘,这在商业街中实施有很大困难,会造成人流通行空间隔断和使用大量大面积、大跨度的防火卷帘,增加消防设施本身的不可靠性。因此,需要运用消防性能化评估的方法对其新的设计理念的合理性进行论证和调整。如将中庭两侧的商铺设置为独立的防火单元,在此基础上将室内步行街设置为临时安全区,并从防火分隔、防烟排烟、人员疏散、自动灭火系统等方面提出了消防设计方案,并利用消防安全工程分析方法,分析消防设计方案是否能满足防止火灾大规模蔓延和人员安全疏散的需要。

四、大型会展建筑消防性能化设计评估案例分析

（一）情景描述

某会展中心工程地上2层，建筑高度为24m，总建筑面积98 000m²，钢桁架结构，耐火等级一级。该建筑一层层高12m，建筑面积85 400m²，主要使用性质为登录大厅、主会议厅、六个展览厅、厨房及设备用房；二层建筑面积12 600m²，主要使用性质为会议室及设备用房。该建筑根据使用功能的特殊需要，共划分为15个防火分区；其中，首层10个防火分区，二层5个防火分区；每个防火分区均有两个以上安全出口，每个防火分区安全出口之间的距离均大于5m。

（二）需解决的实际问题

本项目除防火分区划分、疏散设计不符合现行规范的规定而采用消防性能化设计评估之外，室内外消火栓、自动喷水灭火系统、火灾自动报警系统等建筑消防设施、器材均满足现行有关国家工程建设消防技术标准的规定。

（三）消防性能化设计评估提出的消防安全措施

在本项目的消防性能化设计评估中，为了解决登陆大厅内部疏散距离过长、二层会议室楼梯在首层无直接对外出口的问题，将首层大、小展厅之间的多条通道通过防火墙、防火卷帘分隔，火灾时自动加压送风构成安全疏散通道。针对展厅防火分区面积扩大问题，通过提高烟控系统的设计水平，并经数值模拟确保火灾时人员能够安全疏散来解决。

（四）注意事项

展厅内展位如连续布置，一旦发生火灾，火灾蔓延迅速。因此，应当合理布置展位，形成顺畅的疏散通道。展厅的有利条件是空间高、储烟能力大，人员疏散受火灾烟气影响较小。

登录大厅内，作为人员集散的场所，不利条件是人数多，有利条件是可燃物分散摆放、空间开敞、净高高、疏散出口清晰，人员疏散较为有利。

五、大型交通枢纽消防性能化设计评估案例分析

（一）情景描述

某大型交通枢纽地上2层、地下3层，建筑高度为20m，由铁路综合站房、高架候车大厅、地下换乘大厅、地下汽车库和设备用房、地下地铁付费区五部分组成。铁路综合站房建筑面积96 488m²，其中地上建筑面积63 743m²，地下建筑面积32 745m²；高架候车大厅35 000m²；地下换乘大厅32 969m²；地下汽车库和设备用房90 273m²；地下地铁付费区5 791m²。

（二）需解决的具体问题

本案例中，除高大空间防火分区划分、人员疏散设计难以按照现行规范执行而采用消防性能化设计评估解决之外，其他消防设计均满足现行有关国家工程消防技术标准的规定。

在消防性能化设计评估中，通过隔离火灾危险源、降低高大空间起火可能性、提高烟控系统设计水平、设置大空间探测灭火设备等，将高大空间设计为低火灾风险的区域，从而解决防火分区面积扩大、人员疏散距离超长问题。

（三）性能化设计评估中，对高大空间中的高火灾荷载区域所采取的措施

1. 防火单元

对于公共空间内设置的高火灾荷载、人员流动小，无独立疏散条件的区域（如厨房、为旅客服务的办公室、设备用房、既有商业设施等）应采用防火单元的处理方式，即采用耐火极限不低于 2.00h 的不燃烧体防火隔墙和 1.50h 的不燃烧体屋顶与其他空间进行防火分隔，在隔墙上开设门窗时，应采用甲级防火门窗。

2. 防火舱

对于站房内设置的为旅客服务的无明火作业的餐饮、商业零售网点、商务候车等场所，可采用"防火舱"的处理方式（图 5-7），以确保将火灾影响限制在局部范围内，最大限度地避免危及生命安全、财产安全和运营安全的事件发生，以实现大空间开敞布局的需要。

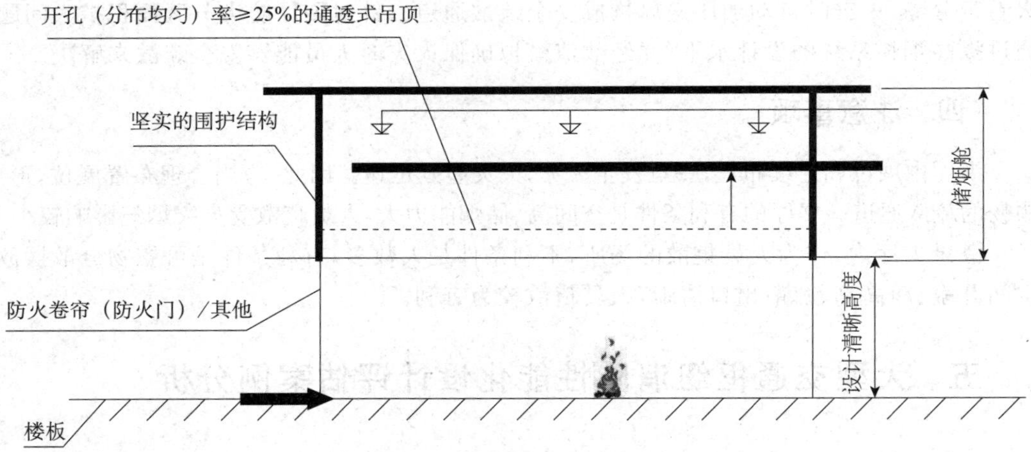

图 5-7 防火舱示意图（图内坚实的围护结构为防火隔墙）

所谓"防火舱"是指由坚实的有足够耐火极限的不燃围护结构（要求围护结构耐火极限不小于 1.00h）构成，覆盖在整个火灾荷载相对较高的区域之上。顶棚下要求安装火灾自动报警系统、自动喷水灭火系统和排烟装置。这样，既可快速抑制火灾，又可防止烟雾蔓延到大空间。防火舱可分为开放式防火舱和封闭式防火舱两种形式。

开放式防火舱是指其四周围护结构可局部开敞，要求储烟舱高度不小于 1m，其内部必

须设置机械排烟系统，以控制火灾烟气向大空间的蔓延。不同防火舱间应保持一定的防火间距，防止火灾连续蔓延；当开放式防火舱连续设置时，应采取防止火灾连续蔓延的措施。

封闭式防火舱是指四周围护结构为全封闭的，或有一边局部敞开且局部敞开处应设置防火卷帘或防火门。要求四周围护结构耐火极限均不应小于1.00h，对于防火卷帘，当探测器发出火警时防火卷帘应分两步下降关闭，保证舱内人员的及时疏散。

3. 燃料岛

“燃料岛”是指在开放大空间内设置的没有顶棚的小型陈列和零售服务设施，这些设施被要求控制在6～20m^2内，火灾规模一般为3～5MW燃料岛之间应保持足够的防火安全间距，一般不小于9m。

（四）注意事项

火车站作为人员密集的公共场所，每天迎送的旅客川流不息，发生火灾的危险源可能来自旅客携带的火种或化学危险品，旅客违章吸烟，车站内的电气设备火灾，改扩建或装修过程中的电气焊等热工操作，站内设置的餐饮场所厨房明火等。

“舱”和“防火单元”的设计方法是解决大空间难以进行物理防火分隔的有效手段。设计中可以将火灾危险性较大的区域从大空间中剥离出来，力争将火灾限制在局部区域和范围，最大限度限制火灾的影响区域。高架候车厅内的人员可以选择水平方向疏散及向下垂直疏散，其疏散路径清晰。另外，高架候车厅可以依靠大空间自身强大的蓄烟能力及设置一些自然排烟口来延缓、控制烟气层的下降及蔓延，能够给人员安全疏散及消防队员灭火战斗提供较有利的条件。

高架候车厅火灾危险性较大的区域是局部两层功能用房和软席候车区域。可以通过引入“封闭舱”的概念，将局部两层功能用房进行封闭并设计独立排烟及自动灭火系统。软席候车区域可采用“开放舱”概念设计。

六、大型地下空间消防性能化设计评估案例分析

（一）情景描述

某商务核心区地下一层面积约为102 951m^2，主要功能为：①人行交通系统。是联系公共区与二级地块的人行通道，为在地下车库停车的使用者提供了清晰和便捷的快速通道，呈“井”字形分布于地块内。快速通道的净宽为14m，面积约为52 529m^2，与各二级地块均有出入口，行人可通过清晰的标识系统找到相应的楼座。②商业功能。包括品牌主力店、餐饮区、影剧院、超市等，面积约为50 422m^2。商业西侧室外设置有从南至北、完全开敞的下沉广场，既为商业增加了室外景观，又改善了采光通风及疏散条件。为满足商业店铺的有效布局，并解决商业疏散问题，在商业区域中间设置了南北长约200m，东西宽度为14m的室内步行街，周围的商业店铺通过步行街进行疏散，步行街设置有多个直通下沉广场的出口，还设置有多部直通室外地坪的疏散楼梯。

（二）需解决的具体问题

该建筑除室内步行街的防火分区划分、借用室内步行街进行疏散等问题以外，其他消防设计均满足现行有关国家工程消防技术标准的规定。

在消防性能化设计评估中，通过隔离室内步行街中的商业火灾荷载，限制室内步行街内部的火灾荷载，设置有效的火灾探测、自动灭火、防排烟等消防措施，将步行街设置为"临时安全区"，以解决步行街防火分区面积超大、借用步行街疏散等问题。与此同时，通过设置下沉广场，引导步行街人员首先疏散至开阔的下沉广场，有效地解决地下商场疏散楼梯不足的问题。

（三）烟控系统的设计及其量化指标

烟控系统的主要设计目标如下。

(1) 为人员疏散提供一个相对安全的区域，保证在疏散过程中不会受到火灾产生的烟气的伤害。

(2) 为消防救援提供一个救援和展开灭火战斗的安全通道和区域，免受火灾的影响。

(3) 及时排除火灾中产生的大量热量，减少对建筑结构的损伤。

在性能化的烟控系统设计中，排烟量一般采用以下三种方法之一进行计算。

(1) 排烟量大于火灾时产生的烟气量。

(2) 排烟量等于火灾时产生的烟气量，且烟层的高度要大于一个临界高度，即保证人员安全的高度。

(3) 排烟量小于火灾时产生的烟气量，但是烟层的高度下降到临界高度时，人员已经疏散完毕。

由于排烟系统的目的是防止人员受到火灾烟气的影响，因此排烟系统设计应使烟层维持在距离地面一定的高度以上，这个高度又称为临界烟层高度。临界烟层的计算见公式(5-3)。

$$H_d = 1.6 + 0.1(H_c - h) \tag{5-3}$$

式中：H_d——烟层距离疏散地面的临界高度，m；

H_c——空间顶棚距离火源位置的高度，m；

h——疏散地面高于火源位置的高度，m。

三者的空间关系如图 5-8 所示。

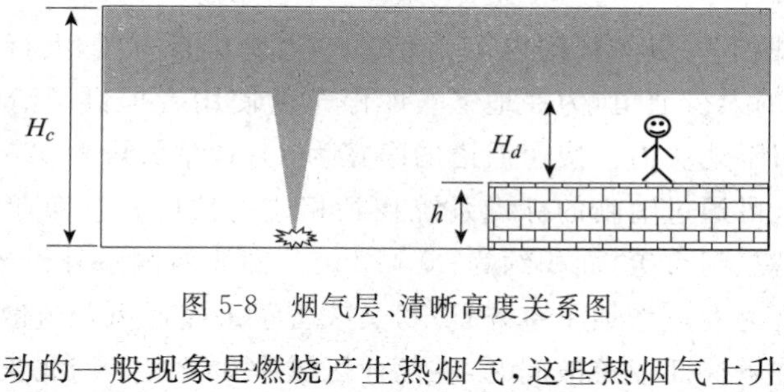

图 5-8 烟气层、清晰高度关系图

火灾中烟气运动的一般现象是燃烧产生热烟气，这些热烟气上升并在火焰上方形成烟羽流。烟羽流在上升的过程中不断卷吸空气，因此随着高度的增加烟羽流水平断面的直径和质量流量逐渐增加。这些热烟气在屋顶形成一个热烟层，并随着烟气的聚集，烟层高度逐渐下降。另外，对于空间形状复杂或情况特殊的排烟设计需要进行烟气运动的数值模拟分析(如 FDS 软件)分析。

1. 性能化设计评估对室内步行街排烟的要求

步行街顶棚如设置自然排烟设施，自然排烟口的有效面积不应小于其地面面积的20%；如采用机械排烟，应当经过数值模拟验证。

2. 性能化设计评估对用于防火分隔的下沉式广场的要求

(1) 不同防火分区通向下沉式广场等室外开敞空间的安全出口，其最近边缘之间的水平距离不应小于 13m。室外开敞空间除用于人员疏散外不得用于其他商业或可能导致火灾蔓延的用途，其中用于疏散的净面积不应小于 $169m^2$。

(2) 下沉式广场等室外开敞空间内应设置不少于 1 部直通地面的疏散楼梯。当连接下沉广场的防火分区需利用下沉广场进行疏散时，疏散楼梯的总净宽度不应小于任一防火分区通向室外开敞空间的设计疏散总净宽度。

(3) 确需设置防风雨蓬时，防风雨蓬不应完全封闭，四周开口部位应均匀布置，开口的面积不应小于室外开敞空间地面面积的 25%，开口高度不应小于 1m；开口设置百叶时，百叶的有效排烟面积可按百叶通风口面积的 60%计算。

(四) 注意事项

1. 快速通道区域

为了提高通道使用的便利性，局部设置一些简易商业设施，单个店铺的面积不超过 $80m^2$。商业设施的设置增加了通道区域的火灾危险性，因此虽然不划分防火分区，但是为了减少通道区内的火灾荷载，限制店铺的面积，如将店铺面积控制在整个通道面积的 6%以内。另外，还应按照规范要求设计防排烟系统，自动探测报警及喷淋灭火等消防设施。

2. 步行街区域

步行街作为地下商业区域重要的疏散路径，应确保其在火灾时的安全性。因此，为了减少步行街通道的火灾危险性，通道区域仅作为人流交通场所，不作为商业用途场所。

3. 商业区域

地下商业的主要火灾危险来源于步行街两侧的营业厅、餐饮区、电影院等。这些不同经营类型的商业区域之间应进行有效的防火分隔。为了安全疏散，连接楼梯间的疏散走道应采用耐火极限不小于 1h 的实体墙进行分隔。作为人员疏散的主要出口下沉广场，应设置不少于 1 个直通地坪的疏散楼梯，总净宽度不应小于相邻最大防火分区通向下沉式广场等室外开敞空间的计算疏散总净宽度。

七、大型广电文化建筑消防性能化设计评估案例分析

(一) 情景描述

某市音乐厅项目总建筑面积 10 $530m^2$，主体建筑高度 23.10m，台塔建筑高度为

29.20m。该工程分为音乐厅主体和室外看台两部分。其中，音乐厅主体为乙等剧场，中型规模，耐火极限一级，地上五层，地上主要使用性质为观众厅（通高一层）、大堂、舞台及相关附属设施、观景平台，地下主要使用性质为舞台机械、升降乐池用房及设备用房；室外看台下为办公服务用房（建筑面积为 1 481m^2）和汽车库（建筑面积为 1 695m^2）。

音乐厅四周的疏散广场可形成环形消防车道，且其北、东北、南及东南部分均可作为消防车登高操作场地。音乐厅按水平、竖向主要分为六个防火分区。第一至第三防火分区为竖向分区，其余为水平分区。音乐厅主体部分观众厅的前厅、休息厅为第三防火分区，也是本项目研究的对象，其面积为 4 383.64m^2。

（二）需解决的具体问题

由于建筑设计风格的特殊性能要求，音乐厅核心筒内人员需要通过相邻防火分区（首层前厅、休息厅）才能疏散到室外安全区域，设计上难以做到各个防火分区安全出口直通室外。除上述疏散问题以外，其他消防设计均满足现行有关国家工程消防技术标准的规定。

在本项目的消防性能化设计评估中，为了解决借用疏散、疏散距离过长问题，通过隔离前厅、休息厅中的商业火灾荷载，限制前厅、休息厅内部的火灾荷载，设置有效的火灾探测、自动灭火、防排烟等消防措施，将前厅、休息厅设置为“临时安全区”，以解决借用前厅、休息厅疏散，以及疏散距离过长等问题。

（三）疏散通道有效宽度

大量的火灾演练实验表明人群的流动依赖于通道的有效宽度而不是通道实际宽度，也就是说在人群和侧墙之间存在一个“边界层”。对于一个楼梯间来说，每侧的边界层大约是 0.15m，如果墙壁表面是粗糙的，那么这个距离可能会再大一些。而如果在通道的侧面有数排座位，例如在剧院或体育馆，这个边界层是可以忽略的。在工程计算中应从实际通道宽度中减去边界层的厚度，采用得到的有效宽度进行计算。典型通道的边界层厚度见表 5-22。

表 5-22 典型通道的边界层厚度 单位：m

类　型	减少的宽度指标
楼梯间的墙	0.15
扶手栏杆	0.9
剧院座椅	0.0
走廊的墙	0.20
其他的障碍物	0.10
宽通道处的墙	0.46
门	0.15

疏散走道或出口的净宽度应按下列要求计算。

(1) 对于走廊或过道，为从一侧墙到另一侧墙之间的距离。

(2) 对于楼梯间，为踏步两扶手间的宽度。

(3) 对于门扇，为门在其开启状态时的实际通道宽度。

(4) 对于布置固定座位的通道，为沿走道布置的座位之间的距离或两排座位中间最狭窄处之间的距离。

(四) 注意事项

对于有特殊空间要求的大型广电文化类建筑，其大体量、大空间、大面积、超长疏散距离的特殊性很难符合现行的消防设计规范如《建筑设计防火规范》和《高层民用建筑设计防火规范》的要求。因此，在建设过程中采用专家论证和消防性能化设计评估相结合的方法来解决这一难题。

第六章 CHAPTER 6

某消防安全重点单位消防安全专业评估实例

某公司是消防安全重点单位，为实现本单位建筑消防设施系统的安全可靠运行以及消防安全管理水平，组建评估小组对全公司开展消防安全专业评估。该公司成立于1999年，下辖4个县级分公司和1个直属公司，主要从事卷烟、雪茄烟的专卖经营，现已拥有总资产约10亿元。

第一节 消防安全专业评估项目概述

一、生产、办公建筑情况

4个县级分公司和1个直属公司办公楼多以租赁方式（1家分公司与物流中心除外），建筑所处区域不同，建设时间不同，办公条件也存在差异。各分公司与物流中心建筑物情况详见表6-1～表6-6。

表6-1 直属公司主要建（构）筑物一览表

名称	结构类型	占地面积/m^2	建筑面积/m^2	层数/层	层高/m	耐火等级	火灾危险性类别	备注
办公大楼	钢混	1 300	23 000	16	4	一级	—	自建

表6-2 某县分公司A主要建（构）筑物一览表

名称	结构类型	占地面积/m^2	建筑面积/m^2	层数/层	层高m	耐火等级	火灾危险性类别	备注
办公楼	钢混	2 000	4 200	6	6	二级	—	租赁

表 6-3 某县分公司 B 主要建(构)筑物一览表

序号	名称	结构类型	占地面积/m^2	建筑面积/m^2	层数/层	层高/m	耐火等级	火灾危险性类别	备注
1	办公楼	钢混	450	380	1	4	二级	—	租赁
2									
3									
4	饭堂			200		2.2			

表 6-4 某县分公司 C 主要建(构)筑物一览表

序号	名称	结构类型	占地面积/m^2	建筑面积/m^2	层数/层	层高/m	耐火等级	火灾危险性类别	备注
1	仓库	钢混	5 273.36	2 573.58	3	5	二级	丙类	
2	250kVA配变电室			149.5	2	3.5			
3	办公楼			5 619.42	7	3.3		—	

表 6-5 物流中心主要建(构)筑物一览表

序号	名 称	结构类型	占地面积/m^2	建筑面积/m^2	层数/层	耐火等级	火灾危险性类别	备注
1	仓库	钢混	2 346	2 346	1	一级	丙类	
2	充电室		18	18		二级	丁类	
3	10kV 配变电所		120	120				
4	功能房	钢结构	573	573	3			
5	办公楼	钢混	2 419	2 419	2		—	

表 6-6 某县分公司 D 主要建(构)筑物一览表

名称	结构类型	占地面积/m^2	建筑面积/m^2	层数/层	层高/m	耐火等级	火灾危险性类别	备注
办公楼	钢混	611	1 944	6	3.2	二级	—	租赁

二、消防系统现状

1. 消防供水配置

公司在办公区域内设 1 座地上式钢筋混凝土消防储水池，总储水量为 200m^3。水池之间用吸水井连通。消防水池补充水由市政给水管网提供，补水量为 300m^3/h。

消防泵房内设有 2 台电动消防主泵(一用一备)。1 台电动消防稳压泵，2 台电动消防喷淋主泵(一用一备),供电为一级电力负荷的电源。电动消防主泵型号:125C25X2 型。其性能:$Q=101\text{m}^3/\text{h}$,$H=43\text{m}$,配 Y180M-2 型电机:$N=22\text{kW}$,$U=380\text{kV}$;电动消防喷淋主泵型号:100DL108-20X3 型,其性能:$Q=108\text{m}^3/\text{h}$,$H=50\text{m}$,配 Y200L-4 型电机:$N=30\text{kW}$,$U=380\text{kV}$;电动消防稳压泵型号:25LG-15X5 型,其性能:$Q=4\text{m}^3/\text{h}$,$H=75\text{m}$;配 Y90L-2 型电动机:$N=2.2\text{kW}$,$U=380\text{V}$。消防水泵采用自灌式启动;稳高压消防管网工作压力维持在 0.6MPa。

2. 火灾报警系统

在办公大楼区设有火灾手动报警按钮和报警器,各报警信号分别接入办公大楼区值班室火灾报警系统。在办公大楼区设置了 211 只烟感探测报警器,8 只温感探测报警器。各报警信号分别接入办公大楼区值班室火灾自动报警系统。

3. 建筑灭火器配置情况

办公区域灭火器配置见表 6-7。

表 6-7 移动式灭火器一览表

序号	名称	型号	生产厂家	配置部位	最近一次充装时间	数量/只
1	手提式二氧化碳灭火器	MT/2	广东平安消防实业有限公司 广东平安消防实业有限公司	一楼	2011 年 1 月	8
2				二楼		14
3				三楼		8
4				四楼		
5				五楼		
6				六楼		24
7				七楼		18
8	手提式干粉灭火器	MFZL/(ABC)4		附楼一楼		16
9				附楼二楼		20
10				附楼三楼		24
11		MFZL/(ABC)2		各办公室		86
12		MFZL/(ABC)4		办证厅/办案室		8
13	手提式二氧化碳灭火器	MT/2		停车场		16
14	手提式干粉灭火器	MFZL/(ABC)4		停车场		28
15	手提式二氧化碳灭火器	MT/2		员工活动室		8
16		MFZL/(ABC)4		营销物资仓库		
17		MT/2		高低压电房		12
18				电梯机房		2
19						

办公楼消火栓配置见表 6-8。

表 6-8　南海区烟草专卖局(分公司)消火栓配置一览表

<table>
<tr><th>名　　称</th><th>型　　号</th><th>配置部位</th><th>配置时间</th><th>数量/个</th></tr>
<tr><td rowspan="10">减压稳压型消火栓</td><td rowspan="10">SN65</td><td>一楼</td><td rowspan="10">2011 年 7 月</td><td rowspan="8">3</td></tr>
<tr><td>二楼</td></tr>
<tr><td>三楼</td></tr>
<tr><td>四楼</td></tr>
<tr><td>五楼</td></tr>
<tr><td>六楼</td></tr>
<tr><td>七楼</td></tr>
<tr><td>附楼一楼</td></tr>
<tr><td>附楼二楼</td><td>2</td></tr>
<tr><td>附楼三楼</td><td>4</td></tr>
</table>

4. 可燃气体检测仪配备情况

在七楼设置 3 个固定式可燃气体检测器，报警器设于值班室内，当可燃气体浓度达到爆炸下限的 25%时，能及时发出声、光报警信号。可燃气体检测器于 2015 年 12 月经检测合格。

5. 消防外援

公司自身未建立专职消防队伍，但由公司员工组成志愿消防队。

周边现有消防支队下设 1 个中队。中队所在的消防站布置在桂城区域内，公司一旦发生火灾，可迅速到达火场。

三、安全管理体系

该公司依据国家相关法律法规的规定，已制定了一套安全管理体系文件——《安全管理实施细则》。其详细的安全管理制度见表 6-9。

表 6-9　安全管理制度一览表

序号	名　　称	文　　号	备注
1	安全生产责任制	Q/SY. 3155	
2	消防安全管理规定	Q/SY. 3156	
3	机关安全管理规定	Q/SY. 3157	
4	监控中心管理规定	Q/SY. 3158	
5	值班管理制度	Q/SY. 3159	
6	消防器材(设施)管理规定	Q/SY. 3160	

续表

序号	名　　称	文　　号	备注
7	绩效测量和监视管理程序	Q/SY. 3161	
8	安全检查制度	Q/SY. 3162	
9	法律法规及其他要求管理程序	Q/SY. 3163	
10	劳动防护用品管理规定	Q/SY. 3164	
11	特种作业及特种作业人员管理规定	Q/SY. 3165	
12	高低压配电房安全管理规定	Q/SY. 3166	
13	临时用线、用电管理规定	Q/SY. 3167	
14	危险源辨识、风险评价、风险控制管理程序	Q/SY. 3168	
15	应急准备和响应管理程序	Q/SY. 3169	
16	事件调查、处理与报告管理程序	Q/SY. 3170	
17	运行与控制管理程序	Q/SY. 3187	

四、评估目的

（1）为加强烟草物流、储存以及专卖场所的管理，预防和减少火灾事故，贯彻“预防为主，防消结合”的方针，落实“谁主管、谁负责”的原则，建立专业安全评估长效机制，有效提升公司安全风险管理水平，对公司消防安全条件进行专业分析、评估。

（2）通过运用精实、精细的管理思想和方法，采用专业技术手段，全面系统地排查消防系统设备的安全风险，使用定量和定性法评估确定风险等级，进一步加强消防系统设备管理，完善维护机制，更新改造落后设施设备提供基础性依据，进而建立科学、严谨、完善的设施设备管理体系，提升设施设备的安全管理水平和技术保障能力，实现设施设备的长久、安全、可靠运行。

五、预期目标

（1）贯彻“预防为主，防消结合”的方针，落实“谁主管、谁负责”的原则，实现火灾事故为零。

（2）依据国家相关安全法律法规及技术标准，对消防设备全面排查、辨识、评价分级、建档立卡，通过风险评估，确定风险等级，并针对各项风险（事件）拟定初步处理方案，提高安全管理标准，筑牢管理基础，整体提升企业安全管理水平。按照上级工作部署和要求，在当年 10 月前完成全公司范围内消防系统专业安全评估工作。

六、项目成果

在细致、扎实开展工作的前提下充分发挥创新意识，将评估活动与日常安全管理工作更好地结合起来，以评估活动促进日常工作；将评估活动与行业开展的安全生产标准化、岗位达标、专业达标等标准有机结合，全面提高干部员工的安全思想意识和安全技能。对安全评估工作查出的问题实行"零容忍"，要按照标准、规程立刻落实整改。同时通过全面、深入地安全评估工作，进一步落实企业安全生产主体责任和安全监管责任；进一步健全并落实各项安全规章制度；逐步建立和完善长效的安全风险评估整改机制，不断夯实企业安全基础。

第二节　评估方案

一、基本原则

按国家现行有关消防安全法律法规和标准规范的要求进行，同时遵循以下原则：

(1) 强调规范性、专业性、可靠性的原则。

(2) 评估依据的方法要科学、合理、先进，对象要明确、具体、可行。

(3) 评估过程要严格、严谨、严肃，分阶段、分步骤实施。

(4) 评估结果要客观、真实、有效；整改建议要可行可操作；整改过程要有序有效、有主次轻重。

(5) 以自身力量为主，外部专家为辅的原则。

二、组织机构

公司总经理为安全第一责任人，全面负责公司的专业安全评估工作。公司成立了专业安全评估小组，并为工作的有效开展成立了专业安全自查小组。

三、评估对象

根据国家的有关法律法规标准、规范等，对全公司的机关大楼、物流配送中心、两个县区级分公司建筑物的建筑防火性能、建筑防火消防设施、内部消防管理等方面进行专业的安全评估。评估内容主要有以下几个方面。

(1) 分析建筑内可能存在的火灾危险源，建立全面的评估指标体系。

(2) 对项目各单位进行安全检查，找出存在的火灾事故隐患。

(3) 对评估单位进行定性及定量分级，并结合专家意见建立权重系统。

(4) 对可能造成重大后果的火灾事故因素，进行分析评估，预测极端情况下事故的影响范围及最大损失。

(5) 对发现的事故隐患及存在问题，提出整改建议；同时提出针对性的消防安全对策措施及规划建议。

(6) 对火灾风险做出客观、公正的评估结论。

四、评估依据

1. 主要法律法规

- 《中华人民共和国消防法》(主席令第 6 号，2009 年 5 月 1 日起施行)
- 《中华人民共和国安全生产法》(主席令第 13 号，2014 年 12 月 1 日施行)
- 《中华人民共和国突发事件应对法》(主席令第 69 号，2007 年 11 月 1 日起施行)
- 《中华人民共和国烟草专卖法》(主席令第 46 号，2015 年 4 月 24 日第十二届全国人民代表大会常务委员会第十四次会议通过，自公布之日起施行)
- 《中华人民共和国劳动法》(主席令第 28 号，1995 年 1 月 1 日施行)
- 《危险化学品安全管理条例》(国务院令第 591 号，自 2011 年 12 月 1 日起施行)
- 《生产安全事故报告和调查处理条例》(国务院令第 493 号，自 2007 年 6 月 1 日起施行)
- 《气象灾害防御条例》(国务院令第 570 号，自 2010 年 4 月 1 日起施行)
- 《中华人民共和国烟草专卖法实施条例》(国务院令[1997]第 223 号，2013 年 7 月 18 日修订公告并执行)
- 《国务院关于进一步加强企业安全生产工作的通知》(国发[2010]23 号，自 2010 年 10 月 13 日起施行)
- 《国务院关于加强和改进消防工作的意见》(国发[2011]46 号)
- 《国务院办公厅关于印发突发事件应急预案管理办法的通知》(国办发[2013]101 号)
- 《建设工程消防监督管理规定》(公安部令[2012]119 号，自 2012 年 11 月 1 日起施行)
- 《烟草行业消防安全管理规定》(国家烟草专卖局、公安部令[1992]第 1 号，自 1992 年 9 月 9 日起施行)
- 《机关、团体、企业、事业单位消防安全管理规定》(公安部令第 61 号，自 2002 年 5 月 1 日起施行)
- 《生产安全事故应急预案管理办法》(国家安全生产监督管理总局令第 17 号，自 2009 年 5 月 1 日起施行)
- 《安全生产事故隐患排查治理暂行规定》(国家安全生产监督管理总局令第 16 号，

自 2008 年 2 月 1 日起施行)

- 《安全生产培训管理办法》(修订)(国家安全生产监督管理总局令第 80 号,自 2015 年 7 月 1 日起施行)

2. 主要标准规范

- 《建筑设计防火规范》(GB 50016—2014)
- 《工业企业总平面设计规范》(GBT 50187—2012)
- 《建筑灭火器配置设计规范》(GB 50140—2005)
- 《消防给水及消火栓系统技术规范》(GB 50974—2014)
- 《建筑灭火器配置验收及检查规范》(GB 50444—2008)
- 《仓储场所消防安全管理通则》(GA 1131—2014)
- 《爆炸危险环境电力装置设计规范》(GB 50058—2014)
- 《建筑物防雷设计规范》(GB 50057—2010)
- 《消防控制室通用技术要求》(GB 25506—2010)
- 《气体灭火系统施工及验收规范》(GB 50263—2007)
- 《灭火器维修与报废规程》(GA 95—2007)
- 《建筑内部装修设计防火规范》(GB 50222—1995)
- 《建筑照明设计标准》(GB 50034—2013)
- 《泡沫灭火系统设计规范》(GB 50151—2010)
- 《建筑物电子信息系统防雷技术规范》(GB 50343—2004)
- 《漏电保护器安装和运行》(GB 13955—2005)
- 《供配电系统设计规范》(GB 50052—2009)
- 《低压配电设计规范》(GB 50054—2011)
- 《用电安全导则》(GB/T 13869—2008)
- 《安全色》(GB 2893—2008)
- 《安全标志及其使用导则》(GB 2894—2008)
- 《个体防护装备选用规范》(GB/T 11651—2008)
- 《生产过程安全卫生要求总则》(GB/T 12801—2008)
- 《工业企业设计卫生标准》(GBZ 1—2010)

3. 有关文件及技术资料

公司评估工作方案及建筑防火消防设施、建筑灭火消防设施和建筑电气消防设施的评估表;针对消防的各项管理制度、规章、规定;各种检验、检查、维修、操作记录。

五、评估程序

本次评估工作按照有关要求进行,具体评估流程如图 6-1 所示。

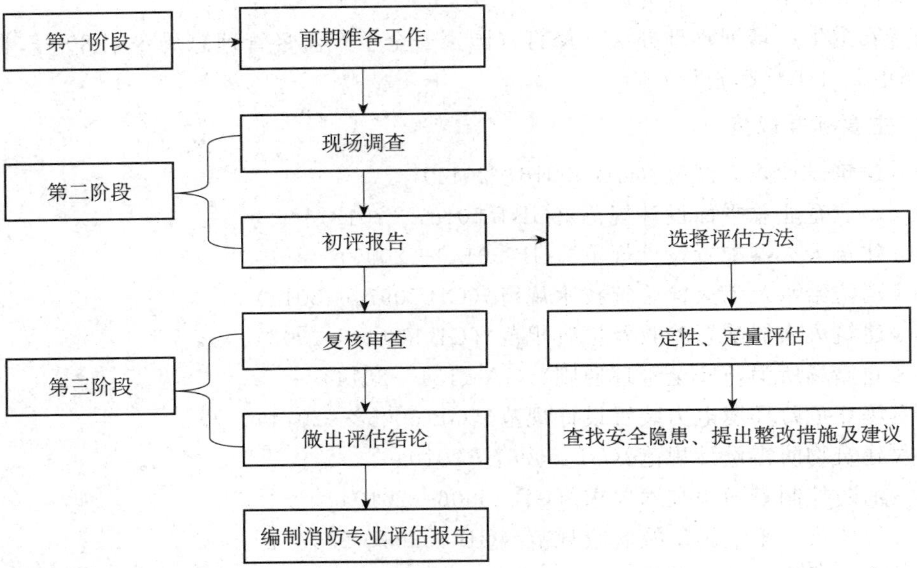

图 6-1 消防安全专业评估流程图

六、评估方法

1. 分等级分阶段

采取定量分析结合定性分析的方法,以定量分析为主,将各类安全风险分等级量化。第一阶段评估以对象整体的、全面的、共性的特征为目标,以法律法规标准规范为依据采用安全检查法为主;第二阶段评估以对象特定的、深入的、个性的特征为目标,部分区域消防安全采用事件法进行评估,再利用层次分析法确定权重,并结合模糊综合评估法进行评估。

2. 分组别

分别设立自查小组和评估小组。

3. 分层次

自查与核查相结合,自查强调设施设备专业技术性,由各类专业技术人员(部门)牵头开展;核查强调安全技术专业性,由领导层、安全管理部门、外部专家等共同开展。

七、实施计划

根据评估工作阶段性开展要求,确定本次评估工作时间进展要求,见表 6-10。

表 6-10　专业评估实施计划时间表

工作阶段	时间节点	工 作 内 容	责任主体
第一阶段（准备）	6 月 15 日前	成立评估小组； 成立内部自查小组	公司
	7 月 10 日前	辨识和收集法律法规； 制定、修改、完善评估方案； 确定评估标准、评估对象、工作进度	评估小组
第二阶段（自查）	7 月 30 日前	组织各区局现状调查，并提出工作要求和整改意见； 形成初评报告	评估小组
完善及整改	9 月 20 日前	根据整改意见进行整改，根据标准、要求进行管理完善	公司
复查审核	9 月 30 日前	根据工作要求开展复查	评估小组
第三阶段（评估）	10 月 20 日前	根据复查内容开展评估分析	评估小组
	10 月 30 日前	向评估小组提交整改的闭环情况	公司
	11 月 10 日前	编写评估报告，上报佛山局，提出建议和看法。如消防体系信息化建设、标准化建设、长效安全监督机制建设等	评估小组
后期	长期	PDCA 戴明循环，其他专业评估	公司

第三节　评 估 过 程

一、前期工作

(1) 成立专业评估小组与自查小组，明确小组工作职责。

(2) 根据上级管理部门要求结合企业自身情况明确专业评估对象和评估范围。

(3) 组织完善公司各专业技术资料：建筑总平面图，消防设施平面布置图，建筑应急疏散图的绘制以及消防相关设备、设施、仪表信息数据的统计。

(4) 依据行业标准与消防专业规范，针对公司各职能部门及下属各单位的具体情况编制消防安全自查评估表，消防专业安全检查表及评估流程记录表。消防安全自查评估表，消防专业安全检查表及评估流程记录表(本书省略)。

二、现场调查

1. 自查

6 月中旬，直属公司及 4 个县级分公司根据评估工作自查小组职能分工开展自查工作，重点理清各单位的消防系统配置、维护、保养情况。

2. 现场调查

以整体的、全面的、共性的建筑消防安全特征为目标，展开现场调查，进行项目建筑火灾风险识别。

主要调查内容：各单位在用办公楼存在的火灾危险源，在用楼建筑防火性能，在用建筑防火消防设施与内部消防管理情况。

根据相应专业与行业标准规范，对企业各职能部门及下属各单位安全管理情况、现场设施状况进行现状摸底，摸清各单位存在的问题和缺陷。

对照法规的具体要求，对各分公司的办公、仓储、生产的建筑进行检查。当年 7 月 24 日完成《消防安全隐患排查报告及整改意见》。

三、初步评估报告

1. 消防系统自查

（1）消防设施配置、维护与保养情况

评估过程编制了各类信息分类统计表，将公司各单位的消防设施配置的维护与保养情况进行了统计。下一步要求各单位建立规范的消防档案。

（2）自查小组展开检查

依据《中华人民共和国消防法》《行业消防安全管理规定》《机关、团体、企业、事业单位消防安全管理规定》《建筑设计防火规范》等法律法规标准编制消防安全检查表。针对公司各区分公司防火、灭火和应急救援措施的有效性展开检查。

2. 各区分公司开展消防安全自评

各分公司及物流中心针对消防安全情况、消防设备设施设置及运行情况和消防安全管理情况进行评估。及时发现消防存在的问题，制定并采取有效措施，消除火灾隐患，降低火灾风险和危害。公司依据相关的法规标准编制了消防安全自评表。

3. 消防安全风险源识别与分析

消防设施、消防管理的主要目的是预防火灾发生和防止火灾扩散，有效控制与降低火灾危害。为此，通过消防设施配置、维护与保养情况的统计分析，自查小组对各区分公司的现场勘察以及各区分公司的自评结果，展开公司消防安全风险源的识别与分析。

该公司的主要火灾风险源：电气火灾；易燃、可燃物质；周边环境（市政交通道路与居民建筑）；气象因素（气象条件与消防工作有着直接关系，火灾的起数与气象条件密切相关，影响火灾的气象因素主要有大风、降水、高温以及雷击）；用火不慎；吸烟不慎。

火灾风险源控制措施：建筑防火性能（建筑特性、被动防火措施、主动防火措施）、内部消防管理和消防保卫力量三个方面。

4. 消防专业安全评估体系建立

根据对国外火灾风险评估相关研究成果的分析，结合建筑工程的特点，综合考虑评估方法的可操作性与适用性，从火灾危险源、建筑防火性能、建筑防火消防设施和内部消防管理等方面对公司进行消防安全专业评估。建立以下三个层次的指标体系结构。

（1）一级指标

一级指标包括火灾危险源、建筑防火性能和内部消防管理(图 6-2)。

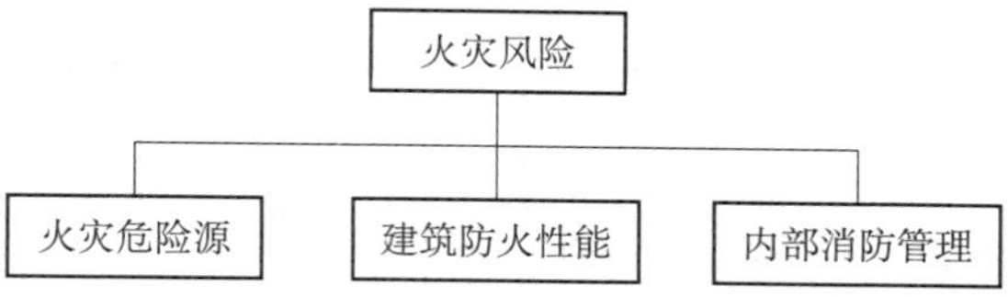

图 6-2　一级指标因素集

（2）二级指标

二级指标包括客观因素、人为因素、建筑防火性能、被动防火措施和主动防火措施(图 6-3)。

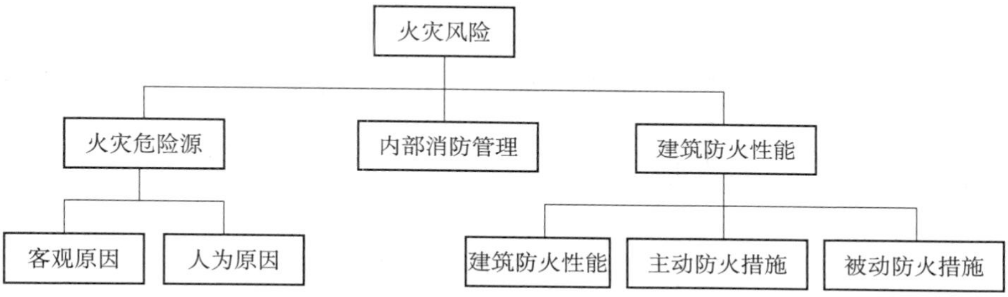

图 6-3　二级指标因素集

（3）三级指标

三级指标包括电气火灾，易燃、可燃物，周边环境，气象因素，用火不慎，放火致灾，吸烟不慎，建筑高度，建筑用途，建筑面积，内部装修，消防扑救条件，防火间距，防火分隔，防火分区，疏散通道，耐火等级，消防给水，灭火器材配置，防排烟系统，火灾自动报警系统，自动灭火系统，消防设施维护，消防安全责任制，消防应急预案，消防培训与演练，隐患整改落实，消防组织管理机构等相关内容(图 6-4～图 6-6)。

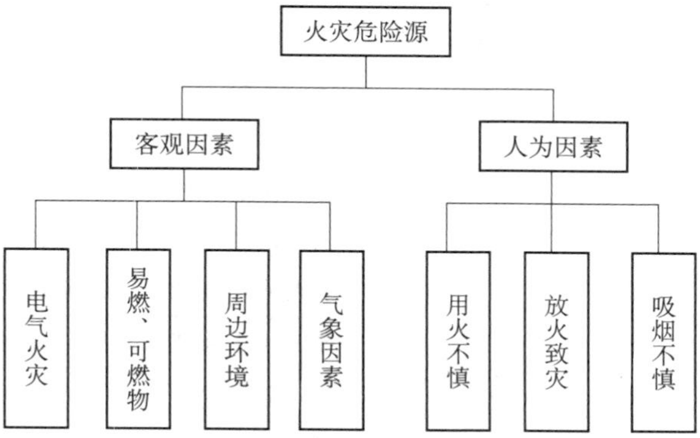

图 6-4　火灾危险源对应的三级指标因素集

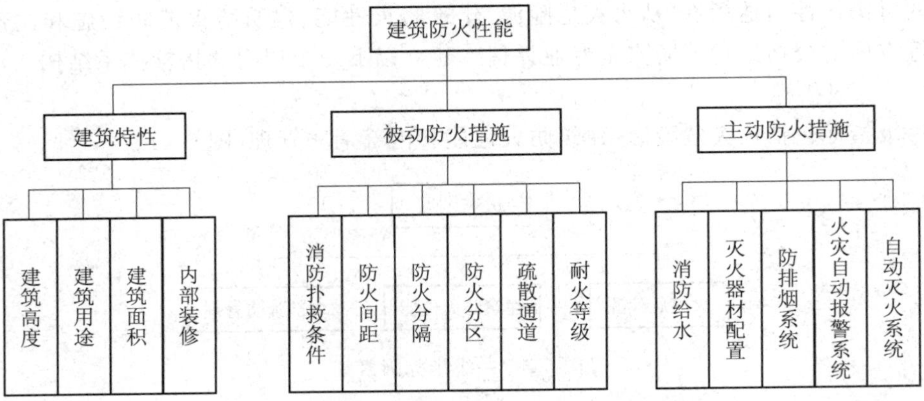

图 6-5　建筑防火性能对应的三级指标因素集

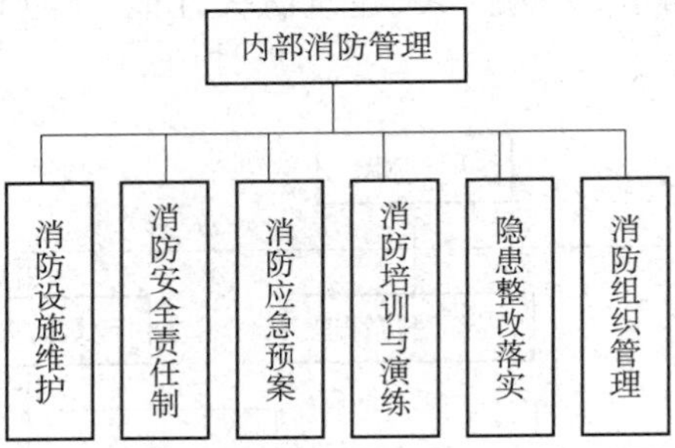

图 6-6　内部消防管理对应的三级指标因素集

5. 评估方法的确定

采用本书第三章第一节介绍的专家评分综合评估法确定指标权重，并展开评估和分析。具体评估模型这里不再赘述。

通过多次讨论和征求专家意见，确定建筑火灾风险评估中指标因素的评分标准见表 6-11～表 6-16。

表 6-11　火灾危险源评分标准（客观因素）

指　标	权重	建议评分标准			
		危险源类别	权重	状　　态	评分
电气火灾	0.4	电线	0.3	使用年限 0～3 年	0～3
				使用年限 3～8 年	3～7
				使用年限＞8	7～10
		用电设备	0.4	最大使用荷载与设计荷载比值 0～0.8	0～3
				最大使用荷载与设计荷载比值 0.8～1	3～7
				最大使用荷载与设计荷载比值＞1	7～10
		防护	0.3	有漏电保护	0
				无漏电保护	10

续表

指　标	权重	建议评分标准			
		危险源类别	权重	状　　态	评分
易燃、可燃物	0.4	厨房	0.4	与周边建筑间距合理；操作间与燃气瓶间可燃物数量较少或天然气排管规范（调压装置设置合规）	0～2.5
				与周边建筑间距较近；操作间与燃气瓶间可燃物数量较少或天然气排管规范（调压装置设置合规）	2.5～5
				与周边建筑间距合理；操作间与燃气瓶间可燃物数量较多或天然气排管不规范（调压装置设置不合规）	5～7.5
				与周边建筑间距较近；操作间与燃气瓶间可燃物数量较多或天然气排管不规范（调压装置设置不合规）	7.5～10
		仓库	0.6	与周边建筑间距、总平面布置、防火分区、安全疏散合理；物品堆放合规；存储周转量有限	0～2.5
				与周边建筑间距、总平面布置、防火分区、安全疏散合理；物品堆放合规；存储周转量较大	2.5～5
				与周边建筑间距、总平面布置、防火分区、安全疏散存在不合理；物品堆放比较乱；存储周转量大	5～7.5
				与周边建筑间距、总平面布置、防火分区、安全疏散不合理；物品堆放不合规；存储周转量大	7.5～10
周边环境	0.1	无较大火灾危险性的建筑；无临时建筑；无可燃绿化带			0～2.5
		无较大火灾危险性的建筑；无临时建筑；有可燃绿化带			2.5～5
		无较大火灾危险性的建筑；有临时建筑			5～7.5
		有较大火灾危险性的建筑			7.5～10
气象因素	0.1	建筑有避雷设施			0～3
		建筑避雷设施设置不规范			3～7
		建筑无避雷设施			7～10

表 6-12　火灾危险源评分标准(人为因素)

指　标	权重	建议评分标准			
		危险源类别	权重	状　态	评分
用火不慎	0.5	燃气	0.25	使用不经常;用量少	0～2.5
				使用不经常;用量大	2.5～5
				使用经常;用量少	5～7.5
				使用经常;用量多	7.5～10
		电气	0.25	使用不经常;电气少	0～2.5
				使用不经常;电气大	2.5～5
				使用经常;电气少	5～7.5
				使用经常;电气多	7.5～10
		明火	0.25	使用不经常;明火少	0～2.5
				使用不经常;明火大	2.5～5
				使用经常;明火少	5～7.5
				使用经常;明火多	7.5～10
		人员素质	0.25	经过岗前培训;有上岗证	0～2.5
				经过岗前培训;无上岗证	2.5～5
				未经过岗前培训;有上岗证	5～7.5
				未经过岗前培训;无上岗证	7.5～10
放火致灾	0.2	监控系统	0.4	完善且先进	0～3.5
				数量足够、水平一般	3.5～7
				有缺陷	7～10
		人员素质	0.2	高	0～3.5
				中	3.5～7
				低	7～10
		安全制度	0.4	健全	0
				不健全	10
吸烟不慎	0.3	有可燃物场所(如仓库等)内不许吸烟			0～2.5
		允许吸烟;有专用吸烟区;有人巡视			2.5～5
		允许吸烟;有专用吸烟区;无人巡视			5～7.5
		允许吸烟;无人巡视			7.5～10

表 6-13　建筑防火性能建议评分标准(建筑特性)

指　标	权重	建议评分标准	
		状　态	评分
建筑用途	0.2	无仓储;办公,办公人数较少	0～2.5
		无仓储;办公,办公人数较多	2.5～5
		有仓储,仓储量小;办公,办公人数较少	5～7.5
		有仓储,仓储量大;办公,办公人数较多	7.5～10

续表

指标	权重	建议评分标准	
		状态	评分
建筑高度	0.1	单层建筑、多层建筑	0～3
		高层建筑	3～7
		超高层建筑	7～10
建筑面积	0.1	≤1 200m^2	0～2
		1 200m^2～4 800m^2	2～4
		4 800m^2～6 000m^2	4～6
		>6 000m^2	8～10
内部装修	0.2	全部区域采用不燃或难燃材料	0～2.5
		用火区域全部采用不燃或难燃材料，其他大部分区域采用不燃或难燃材料	2.5～5
		有少部分区域采用了可燃材料，大部分区域采用不燃材料	5～7.5
		大部分区域采用可燃材料	7.5～10

表 6-14 建筑防火性能建议评分标准(被动防火措施)

指标	权重	建议评分标准	
		状态	评分
防火间距	0.15	防火间符合《建筑设计防火规范》要求	0～3
		防火间不符合《建筑设计防火规范》要求，采用了其他有效措施	3～7
		防火间不符合《建筑设计防火规范》要求	7～10
耐火等级	0.15	建筑耐火等级为 1 级，全部构件均达到 1 级	0～2
		建筑耐火等级为 1 级，部分构件降级使用	2～4
		建筑耐火等级为 2 级，全部构件均达到 2 级	4～6
		建筑耐火等级为 2 级，部分构件降级使用	6～8
		建筑耐火等级低于 2 级	8～10
防火分区	0.15	仓库(丙类)最大防火分区面积<1 200m^2	0～3
		仓库(丙类)最大防火分区面积位于 1 200～4 800m^2	3～7
		仓库(丙类)最大防火分区面积>4 800m^2	7～10
消防扑救条件	0.15	有环形消防车道，有良好的消防扑救面	0～3
		有环形消防车道，消防扑救面较差	3～7
		无消防车辆可以接近的扑救面	7～10
防火分隔设置	0.1	全部采用防火墙和防火门	0～2.5
		部分采用特级防火卷帘	2.5～5
		部分采用普通防火卷帘并设置水喷淋冷却防护	5～7.5
		部分采用普通防火卷帘未设置水喷淋冷却防护	7.5～10

续表

指　标	权重	建议评分标准			
		状　态			评分
疏散通道	0.3	疏散宽度	0.3	百人宽度指标大于等于 1m	0～2.5
				百人宽度指标大于等于 0.65m,小于 1m	2.5～5
				百人宽度指标大于等于 0.5m,小于 1m	5～7.5
				百人宽度指标小于等于 0.3m	7.5～10
		疏散路径	0.3	路径简捷,步行距离不大于 30m	0～2.5
				路径简捷,步行距离大于 30m,不大于 40m	2.5～5
				路径复杂	5～7.5
				路径曲折且步行距离大于 40m	7.5～10
		疏散防护	0.2	有符合规范防排烟措施,防火门功能正常	0～2.5
				有符合规范防排烟措施,防火门有轻微缺陷	2.5～5
				有符合规范防排烟措施,防火门有缺陷	5～7.5
				无防排烟措施,或防排措施有缺陷	7.5～10
		诱导系统	0.2	设置有高、低位结合灯光疏散指示,连续性好	0～2.5
				设置有高、低位结合灯光疏散指示,连续性一般	2.5～5
				设置高位灯光疏散指示,结合低位非灯光疏散指示	5～7.5
				其他情形	7.5～10

表 6-15　建筑防火性能建议评分标准(主动防火措施)

指　标	权重	建议评分标准	
		状　态	评分
消防给水	0.15	有消防水池,容量大,补水水源可靠	0～2.5
		有消防水池,容量不足,补水需其他方式满足	2.5～5
		无消防水池;管网基本合理	5～7.5
		其他情形	7.5～10
防排烟系统	0.15	大空间具有良好的机械排烟系统(换气次数、补风方式、排烟口位置)	0～2.5
		大空间具有基本的机械排烟系统	2.5～5
		大空间具有良好的自然排烟系统(排烟口面积比、补风方式、是否联动)	5～7.5
		大空间具有基本的自然排烟系统	7.5～10

续表

指　标	权重	建议评分标准	
		状　　态	评分
火灾自动报警系统	0.15	有报警；有视频监控；有人值守	0～2.5
		有报警；无视频监控；有人值守	2.5～5
		有报警；无视频监控；无人值守	5～7.5
		无报警	7.5～10
自动灭火系统	0.1	有自动喷淋(快速响应喷头)；大空间有智能灭火装置	0～2.5
		有自动喷淋(标准响应喷头)；大空间有智能灭火装置	2.5～5
		有自动喷淋(快速响应喷头)；大空间无智能灭火装置	5～7.5
		其他情形	7.5～10
灭火器材配置	0.15	按严重危险级标准配置，布局合理	0～2
		按中度危险级标准配置，布局合理	3～5
		按轻度危险级标准配置，布局合理	6～7
		其他情形	8～10

表 6-16　内部消防管理建议评分标准

指　标	权重	建议评分标准	
		状　　态	评分
消防设施维护	0.2	配备专业消防设施维护人员，长期维护	0～2.5
		未配备消防设施维护人员，有定期检查维护计划，落实较好	2.5～5
		未配备消防设施维护人员，有定期检查维护计划，但落实有部分缺陷	5～7.5
		没配备消防设施维护人员且无定期检查维护计划	7.5～10
消防安全责任制	0.2	责任制明确落实，业主非常重视	0～2.5
		责任制落实情况较好，业主较重视	2.5～5
		责任制部分未落实，业主选择性重视	5～7.5
		责任制大部分未落实，业主不重视	7.5～10
消防应急预案	0.1	有科学合理、详尽细致、可操作性强的应急预案	0～2.5
		有较为科学合理、详尽细致、可操作性强的应急预案	2.5～5
		有较为科学合理的应急预案，尚有部分缺陷	5～7.5
		未建立消防应急预案	7.5～10
消防培训与演练	0.2	有定期人员培训和预案演练计划，落实好	0～2.5
		有定期人员培训和预案演练计划，落实较好	2.5～5
		有定期人员培训和预案演练计划，落实有部分缺陷	5～7.5
		未进行培训，也未定期演练	7.5～10

续表

指　标	权重	建议评分标准	
		状　态	评分
隐患整改落实	0.1	业主非常重视，对消防部门的隐患整改意见逐条完全落实	0～2.5
		业主较重视，对消防部门的隐患整改意见大部分落实	2.5～5
		业主重视，对消防部门的隐患整改意见小部分落实	5～7.5
		业主不重视，对消防部门的隐患整改意见逐条完全未落实	7.5～10
消防组织管理	0.2	建立了健全的消防管理组织机构	0～2.5
		建立了较为健全的消防管理组织机构	2.5～5
		建立了消防管理组织机构，尚有部分缺陷	5～7.5
		未建立专门的消防管理组织机构	7.5～10

6. 仓库火灾事故分析

公司在运营过程中涉及卷烟、纸箱等可燃物品，储存在库房内其主要危险因素是火灾危险性。仓库储存物质价值较高作为公司重点防火部位，本次消防专业评估采用事故树方法进行定性分析，以找出导致事故发生的直接原因和间接原因，为安全对策措施的制定提供参照依据。仓库火灾事故树如图 6-7 所示。

事故树分析过程如下：

$$
\begin{aligned}
T=A_1A_2 &=(B_1+B_2+B_3)(X_8+X_9)=(C_1)(X_8+X_9)\\
&=(X_1+X_2+X_{10}+X_{11}+X_3(X_4+D_1))(X_8+X_9)\\
&=(X_1+X_2+X_{10}+X_{11}+X_3(X_4+X_5+X_6+X_7))(X_8+X_9)\\
&=(X_1+X_2+X_{10}+X_{11}+X_3X_4+X_3X_5+X_3X_6+X_3X_7)(X_8+X_9)\\
&=X_1X_8+X_2X_8+X_8X_{10}+X_8X_{11}+X_3X_4X_8+X_3X_5X_8+X_3X_6X_8+X_3X_7X_8\\
&\quad+X_1X_9+X_2X_9+X_9X_{10}+X_9X_{11}+X_3X_4X_9+X_3X_5X_9+X_3X_6X_9\\
&\quad+X_3X_7X_9
\end{aligned}
$$

得到 16 个最小割集，分别为：

$\{X_1,X_8\}$、$\{X_2,X_8\}$、$\{X_8,X_{10}\}$、$\{X_8,X_{11}\}$、$\{X_3,X_4,X_8\}$、$\{X_3,X_5,X_8\}$、$\{X_3,X_6,X_8\}$、$\{X_3,X_7,X_8\}$、$\{X_1,X_9\}$、$\{X_2,X_9\}$、$\{X_9,X_{10}\}$、$\{X_9,X_{11}\}$、$\{X_3,X_4,X_9\}$、$\{X_3,X_5,X_9\}$、$\{X_3,X_6,X_9\}$、$\{X_3,X_7,X_9\}$。

结构重要度分析是分析基本时间对顶上事件的影响程度，为改进系统安全性提供信息的重要手段。事故树结构重要度分析过程如下：

$I(1)=(1/2)+(1/2)=1$

$I(2)=(1/2)+(1/2)=1$

$I(3)=(1/2)^2+(1/2)^2+(1/2)^2+(1/2)^2+(1/2)^2+(1/2)^2+(1/2)^2+(1/2)^2=2$

$I(4)=(1/2)^2+(1/2)^2=0.5$

$I(5)=(1/2)^2+(1/2)^2=0.5$

$I(6)=(1/2)^2+(1/2)^2=0.5$

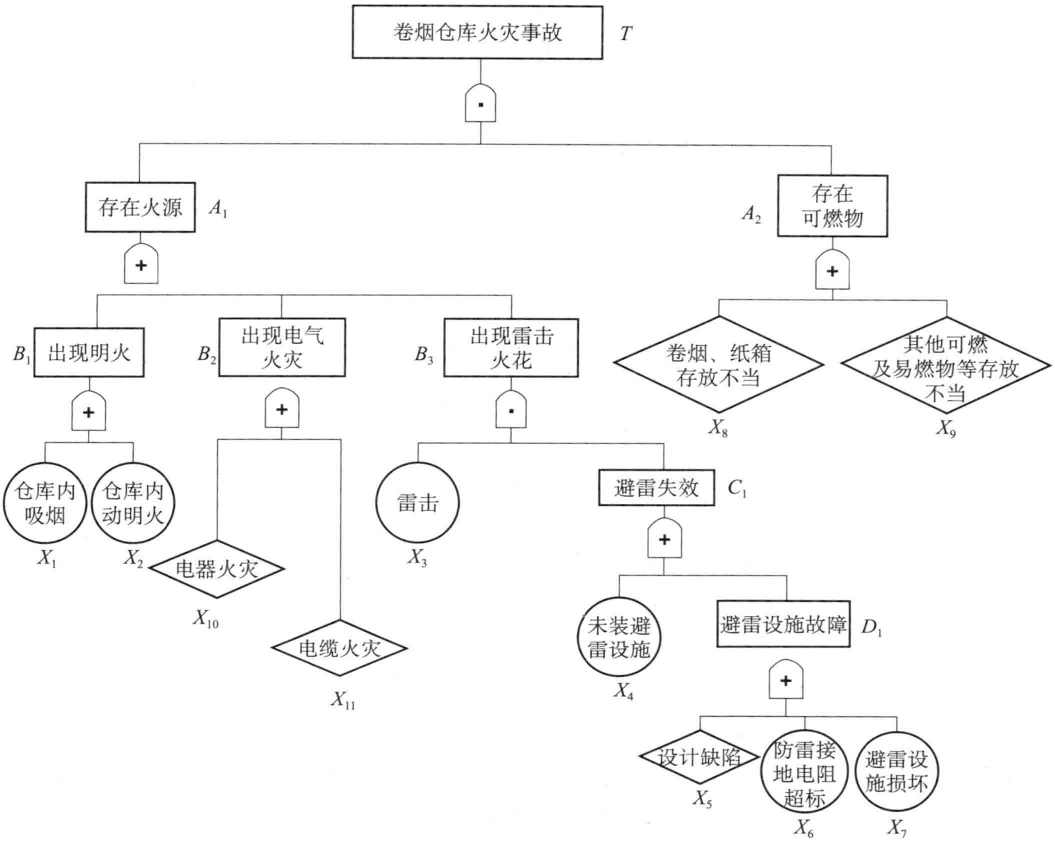

图 6-7　仓库火灾事故树

$I(7)=(1/2)^2+(1/2)^2=0.5$

$I(8)=(1/2)+(1/2)+(1/2)+(1/2)+(1/2)^2+(1/2)^2+(1/2)^2+(1/2)^2=3$

$I(9)=(1/2)+(1/2)+(1/2)+(1/2)+(1/2)^2+(1/2)^2+(1/2)^2+(1/2)^2=3$

$I(10)=(1/2)+(1/2)=1$

$I(11)=(1/2)+(1/2)=1$

$I(8)=I(9)>I(3)>I(1)=I(2)=I(10)=I(11)>I(4)=I(5)=I(6)=I(7)$

由此可初步判断，加强仓库内可燃物（卷烟、纸箱等）和其他可燃、易燃物堆放管理十分重要，应确保卷烟、纸箱的堆放高度，与照明灯具或其他电器保持适当距离；控制存放数量以及仓库电气设施的防火作为防火管理的重点。要加强安全管理，严格控制火源，严禁吸烟和动用明火，电气装置要符合防火要求，选择高质量的电气装置和电线电缆，严防电器电缆火灾和电火花产生；设置完善的防雷防静电措施等。

7. 初步评估结论

（1）火灾风险等级评估结论

采用集值统计法计算出直属公司、各县分公司、物流中心四级风险指标的最终等分以及利用加权平均法求得上级指标的得分，通过对各项风险指标的逐级求和，计算得出各区局、物流中心火灾风险的最后得分，并按照火灾风险分级表确定市局、各区局、物流中心火灾风险等级。市局、各区局、物流中心火灾风险等级评估过程详见附录“消防专业评估过程”，评估结果见表6-17。

表6-17 市局、各区局、物流中心火灾风险等级评估结果

区局 / 量化值	直属公司	南分公司	东分公司	西分公司	北分公司	物流中心
分值	79.12	78.09	78.15	76.13	77.85	82.05
风险等级	Ⅱ级					

评估结果显示，直属公司、各县分公司、物流中心的火灾风险皆处于中风险水平，影响火灾风险水平的共性主要因素分别为用火不慎、内部装修、建筑面积、电气火灾，个性突出的主要因素为：某县分公司的火灾自动报警系统与疏散通道，物流中心的建筑用途。

（2）事故树评估结论

加强仓库内可燃物（卷烟、纸箱等）和其他可燃、易燃物的堆放管理对预防火灾十分重要，应确保卷烟、纸箱的堆放高度，与照明灯具或其他电器保持适当距离；控制存放数量以及仓库电气设施的防火作为防火管理的重点。

8. 风险控制措施

为了进一步降低各单位的整体火灾风险（即提高火灾风险评估价值），从提高建筑防火安全性能出发，通过深入分析建筑用途、建筑面积、内部装修、消防扑救条件、防火分区、疏散通道、消防给水、灭火器材配置、火灾自动报警系统、自动灭火系统、消防设施维护、隐患整改落实、易燃与可燃物等因素，从火灾危险源控制的角度出发，提出以下建议。

（1）电气火灾风险的控制

① 各区局单位在仓库中存放卷烟等可燃物时，垛与用于商品养护的电器设备间距不小于1m，主要通道宽度不小于2m。可燃物应避免布置在高温照明灯具的正下方，并与高温照明灯具及其他高温设备保持足够的安全距离，避免因长时间烘烤或灯具爆裂引起火灾。

② 电气装置、电源线路必须符合国家现行的有关电气规范的规定。车间电源线路应当安装在架线支架内，与各设备连接的动力线必须采用穿管连接方式。库房的电源线路应架设在库外，引进库房内的线路，必须装置在金属或非燃塑料管内。线路和灯头应安装在库房通道上方，距堆垛水平距离不应小于0.5m，严禁在堆垛上方架设电源线路，严禁在库房门顶内敷设配电线路。

③ 无人值守仓库内要切断非生产用电源，控制终端要设在室外（远离仓库）。

（2）易燃、可燃物火灾风险的控制

① 各单位在仓库中存放卷烟等可燃物时，堆放要整齐并分类、分垛储存。每垛占地面积不宜大于$100m^2$，垛与垛间距不小于1m，垛与梁和柱的间距不小于0.3m，垛与墙间距不小于0.5m。

② 燃气使用单位对燃气使用人员进行全员安全培训和教育，制定燃气使用的操作规

程和燃气使用人员的岗位职责。

③ 加强仓库、物流区域的安全管理，除值守人员外，禁止其他无关人员进入仓库。

(3) 气象因素火灾风险的控制

在大风、高温、雷雨、暴雨等恶劣天气情况下，应加强区域内电气设施和易燃可燃物的检查和维护管理，尤其是变配电室的检查，及时发现和上报可能引发火灾的险情和隐患，采取可靠的应对措施予以处置，避免造成火灾事故。

(4) 用火火灾风险的控制

① 仓库等场所严格执行动火审批制度，确需动火作业时，作业单位应按规定向消防工作归口管理部门申请“动火许可证”。并清理用火现场周围的可燃物，用阻燃材料进行分隔，并派专人进行现场看护。

② 保持厨房内消防设施完好有效，制定厨房工作人员的班组计划，做好上岗人员的消防安全教育工作，杜绝不安全行为，同时严禁非工作人员进入厨房区用电用火。

(5) 关于吸烟火灾风险的控制

仓库等禁烟场所内严禁吸烟并张贴禁烟标识，每一位员工均有义务提醒其他人员共同遵守公共场所禁烟的规定。

(6) 疏散通道

合理布置安全疏散设施：①合理布置安全疏散路线；②合理设置疏散出口；③合理布置疏散指示。

四、复核审查

评估组重点审查了火灾风险辨识情况、最终自评情况，火灾风险等级评估确认，管理的标准化，自查报告的讨论与评估，现状调查报告所提出问题的整改情况和整改计划、方案，整改项目以及费用评估，现场补充审核，消防器材使用周期的管理方法，消防安全管理制度的完善等。

结 束 语

实践表明，消防安全评估作为一个动态过程，能反映建筑消防安全现状及当前状况下建筑火灾事故的预测结果，定性或定量评估可能发生的火灾危险性，确定其真实的消防安全等级，可反映相对安全与绝对危险的关系，并能发现建筑消防安全隐患，找准突出问题，进而为提出有针对性的整改措施提供依据。但是，消防安全评估方法种类繁多，各有优缺点，每种方法都有一定的局限性，给出的最终结果不尽相同。如基于消防安全检查表和火灾风险重点场所定量动态模拟分析的评估方法，集成了定性评估方法与定量评估方法的优点，通过消防安全检查表方法能够定性给出建筑单位各区域的消防安全等级、分数及火灾风险重点场所。当采用基于性能化的定量动态模拟分析手段时，能够给出场所消防安全的微观细节和时移变化。截至目前，现有消防安全评估技术与方法存在以下几点问题和不足。

(1) 尽管现有的方法中有一些是定量的，但并不是完全意义上的定量评估。如基于模糊数学的层次分析法(AHP)，事故树分析法，事件树分析法等；都缺乏较完整的建筑单位消防安全评估量化方法。

(2) 目前所有建筑消防安全评估方法，均没有建立建筑消防设施系统可靠性系统模型，展开系统可靠度、可用度等定量分析；只是考虑了消防设施系统的设置完整性。

(3) 目前的建筑消防安全评估实践中，缺少一些火灾实验数据，限制了评估工作的实效性。

(4) 目前常见的建筑消防安全现状评估方法模型中，很少能针对建筑场所的实际特性建立火灾、烟气、疏散、救援等数学模型；尚做不到仿真模拟分析。

结合上面总结出的问题，展望未来，建筑消防安全评估技术与方法今后的发展方向应包括以下几个方面。

(1) 建立建筑消防设施系统可靠性系统模型，展开系统可靠度、可用度等定量分析。

(2) 补充和完善火灾实验数据，建立建筑火灾大数据平台，提高评估工作的实效性。

(3) 在建筑消防安全现状评估中，借鉴建筑物性能化防火设计与评估技术，针对建筑场所的实际特性和典型火灾隐患；建立火灾、烟气、疏散、救援等数学模型，开展仿真模拟分析。

参 考 文 献

[1] 公安部消防局．消防安全技术实务[M]. 2 版．北京:机械工业出版社，2016.

[2] 公安部消防局．消防安全技术综合能力[M]. 2 版．北京:机械工业出版社,2016.

[3] 公安部消防局．消防安全案例分析[M]. 2 版．北京:机械工业出版社,2016.

[4] Thomas F. Barry, P. E. Risk-informed, Performance-based Industrial Fire protection[M]. North Miami Beach, FL, U. S. A.: Tennessee Valley Publishing, 2002.

[5] A basic introduction to managing risk(HB142-1999): AS/NZS4360: 1999[S/OL]. [1999-05-09]. https://infostore. saiglobal. com/en-au/Standards/HB-142-1999-568716/.

[6] Vincent Brannigan, Carol Meeks. Computerized Fire Risk Assessment Models[J]. Journal of Fire Sciences, No. 3, 1995.

[7] National Fire Protection Association. Guide on Alternatives Approaches to Life Safety: NFPA 101A: 2013[S/OL]. [2015-12-28]. http://www. doc88. com/p-9425291358377. html.

[8] 赵敏学,吴立志,商靠定,等．石化企业的消防安全评价[J]. 安全与环境学报,2003,3(3):54-57.

[9] 李志宪,杨漫红,周心权．建筑火灾风险评价技术初探[J]. 中国安全科学学报,2002,12(2):30-34.

[10] 李杰,等．城市火灾危险性分析[J]. 自然灾害学报,1995,9(2):99-103.

[11] 张一先,卞志浩．苏州古城区火灾危险性分级初探[J]. 消防科技与产品信息,2003,2:10-12.

[12] 李华军,梅宁,程晓舫．城市火灾危险性模糊综合评价[J]. 火灾科学,1995,4(1):44-50.

[13] 全国风险管理标准化技术委员会．风险管理原则与实施指南:GB/T 24353—2009[S]. 北京:中国标准化出版社,2009.

[14] 杜兰萍．火灾风险评估方法与应用案例[M]. 北京:中国人民公安大学出版社,2011.

[15] 陈国良,王玮．火灾风险评估相关概念辨析:华北、东北、西北地区消防协会第四届联席会议论文集[C]. 长春:吉林科学技术出版社,2008.

[16] 王爱平,陈国良．火灾风险评估在消防工作中的作用及存在问题探讨[J]. 武警学院学报,2010,26(4):69-71.

[17] 陈国良,陶端霞．重大活动场馆火灾风险评估指标体系研究[J]. 消防技术与产品信息,2011,7:45-48.

[18] 范维澄,孙金华,陆守香．火灾风险评估方法学[M]. 北京:科学出版社,2004.

[19] 刘铁民,张兴凯,刘功智．安全评价方法应用指南[M]. 北京:化学工业出版社,2005.

[20] 李引擎．建筑防火性能化设计[M]. 北京:化学工业出版社,2005.

[21] 李引擎．建筑防火安全设计手册[M]. 郑州:河南科学技术出版社,1998.

[22] 李引擎．建筑防火工程[M]. 北京:化学工业出版社,2004.

[23] 陈国良,曹建旺,袁春．运用风险评估理念,提高灭火救援水平[J]. 中国安全科学学报,2004,14(11).

[24] 陈国良,胡锐,卫广昭．北京市火灾风险综合评估指标体系研究[J]. 中国安全科学学报,2007,17(4).

[25] 中华人民共和国公安部．建筑设计防火规范:GB 50016—2014[S]. 北京:中国计划出版社,2015.

[26] 李国强,韩林海,楼国彪,等．钢结构及钢-混凝土组合结构抗火设计[M]. 北京:中国建筑工业出

版社，2006.
[27] 霍然，胡源，李元洲．建筑火灾安全工程导论[M]. 2版．合肥：中国科学技术大学出版社，2009.
[28] 范维澄．火灾科学导论[M]. 武汉：湖北科学技术出版社，1993.
[29] 范维澄，孙金华，陆守香，等．火灾风险评估方法学[M]. 北京：科学出版社，2004.
[30] 蒋永琨．中国消防工程手册[M]. 北京：中国建筑工业出版社，1998.
[31] 公安部上海消防学科学研究所，上海市消防局．上海市建筑防排烟技术规程：DGJ08-88-2006[S]. 上海：上海市建筑建材业市场管理总站，上海市新闻出版局内部资料准印证2006年第042号，2006.
[32] 中国工程建设标准化协会．建筑钢结构防火技术规范：CECS 200—2006[S]. 北京：中国计划出版社，2006.